芦老师简易求真看猪病

芦惟本 著

中国农业出版社
北 京

图书在版编目（CIP）数据

芦老师简易求真看猪病 / 芦惟本著. — 北京：
中国农业出版社，2019.3
ISBN 978-7-109-25371-1

Ⅰ.①芦… Ⅱ.①芦… Ⅲ.①猪病－诊疗
Ⅳ.①S858.28

中国版本图书馆CIP数据核字（2019）第053561号

中国农业出版社出版
（北京市朝阳区麦子店街18号楼）
（邮政编码 100125）
责任编辑 周晓艳

北京中科印刷有限公司印刷 新华书店北京发行所发行
2019年3月第1版 2019年3月北京第1次印刷

开本：700mm×1000mm 1/16 印张：20.25
字数：250千字
定价：130.00元

作者简介

芦惟本（曾用名卢惟本），男，1966年毕业于华中农业大学兽医专业。于1968年创建了湖北省最大的兽医院，当时门诊、住院的马牛每日达一二十，许多县市与部队都慕名送马牛前来就诊，影响甚大；1980年欧盟（原欧共体）兽医代表团慕名前往考察，并给予高度评价。经过不断努力，兽医院得以不断完善，设有室内室外诊疗室、手术室、中西药房、常规检验室、生化检验室、血清学检验室、病理检验室、细菌检验室，并配有X射线检查仪、眼底检查仪等设备。中国兽医界、养猪界名人——陈焕春院士、邓昌彦教授、宁宜宝研究员等均曾在该兽医院见习，或完成毕业实习与毕业论文。

笔者1990—1994年任广三保养猪公司、英伟预混剂公司顾问。此后，一直工作在养猪第一线，工作重心与研究方向转向猪病诊治与猪场管理，倡导福利养猪，极力推进中国养猪业的数字化建设。

笔者1987年被评为高级兽医师，1990年出版《家畜症状鉴别诊断》一书（广东科技出版社出版，30万字），2007年出版《中国福利养猪》一书（与他人合著）。2009年出版的《跟芦老师学看猪病》，受到了业界一致欢迎与好评。2011年出版的《跟芦老师学猪的病例剖检》，以专业的视角为业内提供了大量、翔实的猪的大体病理图片，部分图片为兽医界首次见到。2013年出版了《跟芦老师学养猪系统控制技术》，在中外业界第一次倡导养猪系统控制技术。在国内一级期刊发表了以《霉菌毒素是中国猪群健康的第一杀手》《论底色病》《六论“养猪业呼唤顶层设计”》为代表的论文百余篇。

笔者在兽医界首创“底色病”的概念；第一次指出霉菌毒素的性质是阴毒，是猪群健康的第一杀手，中国猪群的群体体质是阳虚内寒，对猪病防治思路与技术路线的制订产生了重要改变；同时，也是养猪界系统撰著养猪系统控制技术第一人，体现了著者养猪的全新境界。

本书有关用药的说明

随着兽医科学研究的发展、临床经验的积累及知识的不断更新，治疗方法及用药也必须或有必要作相应的调整。建议读者在使用每一种药物之前，参阅厂家提供的产品说明书以确认推荐的药物用量、用药方法、所需用药的时间及禁忌等，并遵守用药安全注意事项。出版社和作者对动物防制中所发生的损失或损害，不承担任何责任。

序言

医道又曰岐黄之术，为众技之精，非真学问真识见者出而为医，医道方真而不伪。人畜一理，猪医之道，谓可非乎！正如清代名医徐大椿所言："夫禽兽之脏腑经络，虽与人殊，其受天地之血气，不甚相远，故其用药亦与人大略相同……此理亦广博深奥，与治人之术不相上下"（《医学源流论》卷下·古今）。然，业内书籍与言论，对如此广博深奥，真而不谬猪医之道要么重末不重本，要么多伪而不真，隔一隔二为言，推说反说见意，因袭雷同，徒令养猪人茫乎不知其津涯，浩乎不知其所济，孰真孰伪，莫衷一是，致猪病久扑不灭，猪病防治乱象丛生。

猪病果无真相乎？

历经十余寒暑，重温《易经》《内经》，力排众议，摒伪阐真，辨讹存实，发前人之所未发，指今人之所言过，行他人不屑之实践，挽千万猪命于余之工拙，成《芦老师简易求真看猪病》一书，还猪病之真相于希言，驭猪病于简易。

该书有上、中、下三篇，上篇为猪病简易篇，中篇为猪病求真篇，下篇为习医篇。

上篇阐述猪病防治得以"简易"，全在三要素技术之成熟，特别是归元散的成功问世，打破了长久以来不能有效防治霉菌毒素危害猪群体质的局面。掌握三大要素技术，便可依芦氏简易猪病分类法简易防治猪病。

中篇是依芦氏简易猪病分类法论述常见猪病，力争每病摒伪辨讹，还猪病之真相于正声。另外，还附有笔者在临床中拍摄的常见猪病临床症状与病理剖检照片近200余张，其中部分图片为世之未有，每张图都附有说明，便于读者掌握猪病之真谛。

下篇略述学习中医医道之浅悟，供有志后生参阅，亦觉醒偏见中医人士之魂魄。之所以能做到发前人之未言，今人亦之未发的猪病求真与简易，全得益于中医医道。

自我冠以本书为全新之作，并非哗众取宠，亦非妄自尊大，乃求实是也。拙著若能于无声处响惊雷，惊醒迷茫的业界，还养猪人一个干净、真实的养猪环境便是吾生最大之愿景；更期望业界有更完美的、求本的简易养猪法问世，为养猪人带来更好的福音；亦更期望业界能开展有关猪病与养猪认识论的大讨论，于百家争鸣中探求真理，创立国人原创的有别欧美的养猪技术，为我国养猪业从养猪大国走向养猪强国打下坚实的基础。

付梓前，曾将拙稿送多位同人望赐郢斫，其中不乏高学历者，然难读之声仍依稀可闻。习医之道虽难，若能难其所难，便不见为难，愿读是书者无畏难也。

当然，自知学识浅薄，必有舛误之处，万望读者不吝赐教为幸。

爬格期间，老伴黄惠珍女士以七旬又五的手疾之病体操持全部家务，望余潜心笔耕，无负读者；子女芦一祥、芦怡霞深夜为书稿打字，制作图片。没有他们的奉献无以成此书。

本书出版得到中国农业出版社的领导与周晓艳编辑的大力支持，襄助良多；同时，对本书初稿提出宝贵意见的众多同人一并致以诚挚的谢意。

芦惟本

戊戌仲秋于南湖正觉斋堂

目 录

中篇　猪病求真篇

下篇　习医篇

上篇

猪病简易篇

上篇

猪病简易篇

第一章 芦氏简易猪病分类法

无论是与猪病有关的著作，还是教材，其中介绍的猪病均是以亚学科分类的，如内科病、外科病、雌畜科病、产科病、传染病等。该传统分类法有益于各亚学科在各自领域里开展深入的研究，利于从业者系统学习猪病知识；其讲述方式是在“形而下”的思维指导下对各病进行分讲。当猪病是以单一的、典型的疾病出现时，其诊断容易，防治单一；可是，当有其他猪病混发或继发时，尤其是有基础性疾病（如霉菌毒素中毒病）存在时，猪病的防治效果就不理想了。这充分显示出“形而下”思维的局限性。近 10 多年，中国猪病肆虐，久扑不灭的现实绝大多数是单纯“形而下”思维支配的结果。

现实养猪生产中，疫病继发、混发现象极为普遍。如果能找出疫病继发、混发的共同原因，那么以防治共同病因为基础，配以各类疾病分治的措施，就可能达到以一种防治模式防治同一类型多种猪病的目的，从而达到猪病防治的简易化，以更有利于生产中掌握与操作。

例如，发生伪狂犬病时，血液检验表明疫苗抗体水平离散度大，部分个体疫苗抗体不合格，部分个体抗体缺如；即或多次接种疫苗，抗体滴度依旧缺如，而底色病（复合霉菌毒素中毒病）就是造成这种病理现象的直接病因。因此，用防治底色病的特效药——归元散 + 伪狂犬疫苗，其防治效果就决然改观。

如果发生多种病毒性疾病的混合感染，上述措施（归元散 + 伪狂犬疫苗）就显然不行。而干扰素（interferon，IFN）诱导技术是当今防治病毒性感染最有效、最廉价的措施。然底色病仍然是诱发多重感染的直接原因，因此归元散 + IFN 诱导技术就可以发挥最好的疗效。

笔者临床实践表明，有的猪病，如链球菌病、副猪嗜血杆菌病的发生不仅与底色病相关，还与创伤感染直接相关。因此，归元散 + 规范的创伤管理就可以成功防治这类猪病。

随着防治霉菌毒素所致底色病的技术——归元散的成功问世，随着防治病毒性疾病技术——IFN 诱导技术的成熟，随着养猪系统控制技术的不断完善，创立新的猪病分类法的条件已经具备。循上述分类防治的思维，将猪病重新分类，便可以达到以简驭繁、防治猪病的目的。

这便是芦氏简易猪病分类法诞生的历史背景。

第一节　芦氏简易猪病分类法的三大要素

归元散的问世使得最具普遍危害性的底色病有了彻底、有效的防治手段，打破了国内外不能彻底防治底色病的现状；也使得芦氏简易猪病分类法（以下简称“芦氏分类法”）有了坚实的理论依据与临床防治基础。归元散从根本上消除了底色病——这一基础性疾病或原发病的危害，恢复了猪体的正气，为防治其他猪病的继发提供了体质保证。IFN 诱导技术弥补了归元散不能直接快速抗病毒的短板；再加上有关的养猪系统控制措施，因此便组成了芦氏分类法的三大要素，即归元散、IFN 诱导技术和相关的养猪系统控制技术。

依据三大要素的不同组合将相应的猪病进行分类防治，猪场可以依

据自身猪群的临床症状，对号入座，操作简单，易学易行，避免各病分治的弊端，从而达到简易防治猪病的目的。

第二节　芦氏简易猪病分类法

芦氏简易猪病分类法将猪病分类如下：

（1）归元散可以彻底防治的底色病。

（2）归元散 + IFN 诱导技术 + 疫苗可以防治的猪病　　有猪瘟、猪伪狂犬病、口蹄疫、日本乙型脑炎、猪细小病毒病。

（3）归元散 + 疫苗可以防治的猪病　　有猪支原体肺炎。

（4）归元散 + IFN 诱导技术可以防治的猪病　　有猪繁殖呼吸障碍综合征、圆环病毒病、猪流感、病毒性腹泻（猪传染性胃肠炎、猪流行性病毒性腹泻、猪轮状病毒性腹泻、博卡病毒性腹泻、细环病毒性腹泻），其他病毒性感染疾病。

（5）归元散 + 局部用药可以防治的猪病　　有猪传染性萎缩性鼻炎、猪鼻支原体病、猪滑液支原体关节炎。

（6）归元散 + 喷雾吸入 + 改善管理可以防治的猪病　　有猪传染性胸膜肺炎、猪巴氏杆菌病。

（7）归元散 + 必要的系统控制技术 + 适当用药可以防治的猪病　　有猪链球菌病、副猪嗜血杆菌病、胃溃疡、梭菌性肠炎、血痢、劳累氏菌病、细菌性肠炎、细菌性肺炎、弓形虫病。

（8）归元散 + IFN 诱导技术可防治的腹泻病　　有高死亡率乳猪腹泻、经典三病毒性腹泻。

（9）归元散可防治的生殖性疾病　　有母猪不发情，母猪延期分娩与滞产，母猪缺乳，母猪产弱仔、死胎，母猪产后感染。

（10）归元散防治的疑难杂症　有母猪消瘦症，低体温症（植物神经功能失调症），脱肛，乳腺水肿，顽固性免疫应答低下症。

欲深刻理解芦氏简易猪病分类法，欲深刻理解猪病的简易与求真，必须首先走进被养猪人称之为“神药”的归元散的世界，娴熟掌握IFN诱导技术。

第二章　归元散的问世

进入21世纪，猪病横行，尤其是底色病的肆虐，使养猪人蒙受了巨大损失。善于瞄准商机的外国人，率先引进吸附剂以防治猪的底色病。应用吸附原理让吸附剂在胃内吸附毒物早就见于人的急性中毒抢救中，如用活性炭内服治疗误服毒物引起的中毒。初始，笔者对吸附剂吸附霉菌毒素防治底色病抱有极大期望，特别是用比活性炭分子筛作用强大的蒙脱石作为吸附剂，进而又作改性处理，其吸附作用更大，吸附谱更广。就这样，笔者在期望中观察，在观察中期望，但结果却令人大失所望。无论是外国人研发的吸附剂，还是我国生产的吸附剂，都不能明显改善猪底色病的症状，更谈不上彻底消除其对实质脏器的损伤与危害。

生产吸附剂的商家当然看到了这种实际状况，于是陆续推出内含酵母细胞壁或酵母细胞壁提取物的二代吸附剂。这类吸附剂不仅价格上扬许多，而且用量也日趋加大，但底色病症状的表观改善率却依旧如此低下。其后更是在高科技名目下扬言增加了酶解技术，可以降解霉菌毒素。这种第三代吸附剂的效果又如何呢？同样让人失望，事实上当今流行的霉菌毒素吸附剂只是养猪人的心理安慰剂而已。

在期望、观察、失望中度过了几年之后，至2011年笔者萌发了重启20世纪六七十年代本人用中药治疗耕牛霉稻草中毒的经验。说来也巧，正准备启动之时，2011年5月，一家中兽药企业的总经理来访，言称其产品可以防治底色病，希冀我以顾问的名义加入。总经理的坦诚终于让我放弃了重启的念头，心想世界上只要有这种好产品造福养猪人就达到目的了，何苦还分你我呢。同样，我在相信的期望中观察，在观察中相信期望的到来。此时，正值高死亡率乳猪腹泻流行，该中药制剂必须配合干扰素诱导技术才能防治，不配合干扰素诱导技术则疗效几无，并且母猪背部出血等底色病的症状不见明显改善。这无疑使我怀疑该制剂纠正母猪阳虚内寒体质的效果。体质得不到恢复，也就意味着母猪对霉菌毒素无以解毒。至于市面上流行的其他同类中兽药制剂的疗效更是不实之言。

高死亡率乳猪腹泻是霉菌毒素广泛危害猪群最为严重的写照。在底色病的危害下，母仔两代呈现阳虚内寒、阴阳双虚的体质，给养猪人带来巨大的损失与心灵的创伤。而无药可防可治的现实，再次震憾笔者内心。如果我还在等待，如果我仍然不启动几十年前治疗耕牛霉稻草中毒的中医经验，不发挥自身创新潜能，面对养猪人何颜以堪?

笔者终于被逼上了梁山，于2014年启动了治疗耕牛霉稻草中毒的中医经验。当时，我以自身50余年从事兽医临床与中医的经验，从未怀疑过归元散的效果，但最担心的却是其适口性。以前治疗马牛，煎好中药径直灌下去便是了，谁管马牛愿意不愿意喝?如今对象不同，猪服中药非讲究适口性不可。为此笔者不仅重新温习待选的几十味中药的性味，还从药铺买回这几十味中药的饮片，并逐味、反复品尝，依据猪的生物学习性和中医医理选择适者组成归元散；最后又据中药性味，各方药在归元散的地位，确定各组分，各中药之间的剂量比例，力图做到无一味虚设之药，无一厘不斟酌之分量。

苍天不负我心。2015年6月5日下午，我同学生刘文康先生一起到湖南省宁乡市花明楼镇汤老板猪场（450头母猪）做试验。途中刘文康问我："芦老师你最担心的是什么？"我说："是适口性。"这有点出乎刘文康的意外，因为一般人担心的是疗效，而我却担心的是适口性。这次现场试验结果表明，归元散有良好的适口性。我悬着的心终于放下来了，因为我从来未担心过归元散的疗效。我会永远记住这一天。

截至本书付梓之日，已有10万头以上母猪应用该制剂。这证明归元散有良好的、广泛的医学与生物学效应，达到了简易防治猪病的初衷。

第一节　归元散的简要说明

（注册商标：芦惟本十三味；商品名：弍元康）

一、主要成分

有陈皮、甘草等十三味中草药组成。

二、作用

具有敛阴扶阳、养血疏肝、和胃健脾的作用。

三、适应证

阴毒（霉菌毒素）中毒症（阳虚内寒证）或底色病。

四、临床应用

（1）彻底防治阴毒中毒的底色病，可以迅速消除底色病引起的所有表观症状（阴翳），如流红色眼分泌物、眼结膜红肿、背部皮肤出血、背部皮炎皮疹、尿石症、阴唇红肿等。

（2）预防底色病引起的滞产，缩短产程，使产程维持 2 ~ 3h，提高母猪的如期分娩率。

（3）用于治疗因底色病导致的新生仔猪均匀度差的母猪，使新生仔猪均匀度一致；避免母猪产弱仔，提高新生仔猪活力与成活率；减少乃至杜绝白死胎。

（4）用于治疗因底色病导致的泌乳功能低下的母猪，提高其泌乳力（饲料因素、热应激等病因除外）。

（5）预防母猪产后感染，常规应用归元散的母猪群产后几乎未再受感染。

（6）减少泌乳掉膘，促使母猪断乳后正常发情。

（7）预防转群发病，在转群前 10 ~ 20d 用药即可预防发病。

（8）用于消瘦母猪的增膘复壮。

（9）用于病后猪群复壮，减少病后残次淘汰率。

（10）用于发病猪群的基础用药，以缩短病程，尽快变成安定猪群。

（11）用于安定猪群，提高生产性能。

（12）防治因底色病导致的后备母猪不发情。

（13）防治因底色病导致的免疫抑制，提升免疫接种的抗体水平，提高阻断率，缩小离散度。

（14）结合 IFN 诱导技术防治由引种而诱发的各种传染病，以及转群发病与固定阶段的发病。

五、注意事项

（1）通常首次应用归元散必须为 1% 的用量（饲服），30d 后转为

0.5%（饲服）的低剂量，常年用药。

（2）发病猪群用药量为 1.5%（饲服），用药 15 ~ 20d 后，视健康状况转为 1% ~ 0.5%（饲服）。

（3）归元散是能彻底处理霉菌毒素的处理剂，应用时不必添加其他任何霉菌毒素处理剂。

（4）归元散配方独到，与市场上流行的任何一种中药制剂无相融之性。应用归元散，既不能与其他任何中药制剂同用；也不能在同一猪群，不同阶段分段分别应用，否则定会影响疗效，甚至造成不应有的损失。

（5）归元散是强大的体质恢复剂，上述的众多疗效是猪体质恢复正常后的后生效应。这个过程一般需 4 周，中毒严重的需要更长时间。因此在猪体质恢复前，也就是说在用归元散后、体质恢复前的这段时间，猪群仍有发病风险，务必注意。

（6）对于底色病尚未得到有效控制的后备母猪，在雌霉烯酮毒素的毒害下，其乳腺已经呈现显性或隐性间质增生，归元散难以消除这种乳腺的间质增生，即使母猪在产前一个月应用归元散，其产后仍极有可能发生少乳，养殖户务必注意。欲避免，至少应对 120 日龄的后备母猪开始应用归元散，且越早应用效果越好。

（7）归元散增乳的功能是建立在母猪哺乳期合理的营养供给基础上的。如果哺乳料质量低劣，母猪营养供给不足，饮水不足，归元散增乳作用会受到影响，务必注意。

（8）母猪应用归元散，体质得到恢复后，可以增强一定的抗热应激能力。但如果舍内环境温度过高，则同样会影响其采食量、增乳作用的发挥和膘情，务必注意。

（9）归元散对任何疫苗接种只有正面效应，无任何负面效应。

（10）应用归元散恢复猪群体质后，可省去蓝耳病疫苗、圆环病毒病疫苗的接种。此举已为众多猪场证实是极为安全的，可节省大笔药费。但不可轻易省略猪瘟、伪狂犬病、口蹄疫，乙型脑炎、细小病毒病等疫苗的接种。

（11）在极端的恶劣环境下，如极重度霉菌污染的饲料、恶劣的高热应激、恶劣的低温应激、重度的高密度应激、缺水应激等都会严重影响归元散的生物学效应与医学效应的综合发挥。

第二节　归元散应用概况

与当今“治已病”的众多中兽药制剂不一样，归元散是为遵循“治未病”的原则而设计的。欲达到“治未病”之目的，必“治病求其本”。这“本”就是“平调阴阳”。由于把握住当今猪群“阳虚内寒”的病本，因此归元散在彰显彻底防治底色病的同时，具有防治多种疾病的功效，充分体现“大道为体，常道为用，天下之能事毕矣”的经旨。从 2015 年应用至今，已逾十万头母猪受益。

一、防病

1. 底色病　归元散是当今能彻底防治底色病的药物。在饲服 1% 归元散 1 ~ 1.5 月已经恢复正常体质的猪群，继续饲服 0.5% 归元散即可预防底色病。

2. 高死亡率乳猪腹泻　发生高死亡率乳猪腹泻时，霉菌毒素是根本性的原因，其率先损伤母猪的实质脏器，继而经宫胞损伤胎儿的实质脏器，致使新生乳猪一出生就呈现肝木克脾土、脾阳不振的泄泻。因此，新生乳猪发病后应用归元散治疗是不现实的，而预防用药可以防止本病

的发生，即母猪产前 30d 饲服 1% 即可。

十万多头母猪的应用效果表明，归元散良好的预防效果非常理想。

3. 缩短母猪产程　母猪产程延长（滞产）是现代养猪的顽疾。在现代养猪环境下，母猪受霉菌毒素损伤后，形成了阳虚内寒的体质。母猪产前 30d 饲服 1% 归元散可使产程维持在 2 ~ 3h 的正常范围。

4. 减少乃至消除弱仔与白死胎　母猪产前 30d 饲服 1% 归元散可以达到该目的。

5. 防治母猪少乳或无乳　霉菌毒素致使后备母猪乳腺间质增生，同时也会打破哺乳期雌激素与泌乳素的平衡，从而发生少乳或无乳现象。归元散消除了霉菌毒素的危害，自然能预防少乳或无乳（其他原因的少乳或无乳不在此列）。

6. 预防母猪产后感染　母猪发生产后感染的主要原因是产程过长，以及随之而来的不当的人工助产。归元散将产程维持在 2 ~ 3h，无人工助产之虞，自然基本预防了母猪产后感染的发生。

7. 防止哺乳期母猪过度掉膘　母猪哺乳期掉膘是正常生理现象。现代基因型种猪过度掉膘是因为体储（背膘）原本就少，胃容积小，哺乳期采食量小，泌乳性能较老三系提高，加之霉菌毒素损伤五脏真气，致使哺乳掉膘过度。归元散祛除阴毒，扶脾健胃，另外又有良好的适口性，从而能有效防治母猪哺乳期过度掉膘。

8. 预防母猪断奶后不发情　哺乳母猪掉膘正常时，仔猪断奶后 95% ~ 100% 的母猪在 3 ~ 7d 内发情。

9. 预防后备母猪不发情　后备母猪在 120 日龄时应用归元散后其发情率可达到 95% ~ 100%。

10. 预防某生长阶段的特殊发病　连续生产的猪场容易在某固定生长阶段发病，如在 40 ~ 50 日龄和 70 ~ 90 日龄时，在发病前 20d 饲服

1% 归元散可以预防。若在发病前 10d 再结合 IFN 诱导技术，则预防效果更好。

11. 预防引种发病 引种前 30d 本场种猪群饲服 1% 归元散，引进的种猪进场后第 2 天开始饲服 1% 归元散；再结合双方种猪群实施 IFN 诱导技术，对引种发病的预防效果更好。

二、治疗

1. 后备母猪不发情 后备母猪到 230 日龄左右，体重达 130kg 以上仍然不发情是现代养猪中越来越常见的顽疾。无论是采取强烈的应激措施，还是用激素、中药均无效果。给不发情的母猪饲服 1% 归元散 1 ~ 6 周后其便陆续发情，并可配种成功，取得了令人难以置信的效果。

2. 治疗底色病 1% 归元散饲服 1 ~ 1.5 月，底色病表观症状消失，肝功能与体质恢复正常。

3. 治疗残次猪 对于疫病流行后留下的残次猪，许多猪场饲喂 1.5% ~ 2% 的归元散半月后，绝大部分残次猪可陆续恢复健康。

4. 治疗顽固性疫苗抗体低下与缺失 先用 1% 归元散饲服 1 个月，再接种疫苗，尔后继续常规饲服 0.5% 剂量，高水平抗体效价可得以恢复。

三、解毒

现有的解毒技术不能解除全价饲料中的霉菌毒素，饲料厂唯有将归元散加入饲料中，做成特色母猪料与保育料，才可以实现这一愿景，真正实现归元散防治未病的初衷与价值。

归元散防与治的各种适应证，在中篇的各章节有详尽论述，读者可参阅。

第三章 归元散的哲学渊源

大量的临床实践表明，归元散达到了笔者制方的初衷，系一定要做到以简驭繁，不仅药味简练到只有十三味，更要做到一剂防治多病。正如华岫云在《临证指南医案》指出：“医道在乎识证立法用方，此为三大关键，一有草率，不堪司命，往往有证既识矣，却立不出好法来，或法既立矣，却用不出至当不易好方者，此谓学业不全。然三者，识证尤为紧要，若法与方，只在平日看书多记，至于识证需多参古圣先贤之精，由博返约，临证方能有卓然定见，若识证不明，开口动口便错矣。”

也正如清朝名医周岩所言：“人知辨证之难，甚于辨药，孰知方之不效，由于不识证者半，由于不识药者亦半。”

笔者从20世纪60年代，从事兽医临床至今50余年，更没有偏执西医，而是中西并收，在并收中更注重培育自身对中医临证的观察力。如此经年之积累，方能做到“变通生乎智巧，又必本诸绳墨也”（清名医张璐言）。故在妄言高热病盛行之时，悖千万兽医之俗见，独识霉菌毒素中毒症，首创底色病之概念，挽救千万猪之生死系余之工拙。

既证已识，未必能成就至当不易的好方。好在笔者从未放松中医理论的学习。也正如清代名医吴仪洛所言：“夫医学之要，莫先于明理，其次则在辨证，其次在用药，理不明，证于何辨？证不辨，药于何用？”

理、法、方、药都明其要，便能制出至当不易的好方吗？本人之实践表明还需具备两个条件：其一，要有仁心。如张璐言：“我愿天下医师慎勿妄持己长，以希苟得之利。”何故？因为“夫生者，天地之大德也；医者，赞天地之生者也”（《医道传承丛书》）。原来医者实代天生生者，是借天之功，来平其生者疾憾之人，是替天行道，何矜之有？虽曰是人，若论性命，人畜一理。其二，要知易理。正如《类经附翼》：“医易相通，理无二致，可以医而不知易乎。”

易理，便是归元散的深厚哲学渊源。本人正是遵此教诲，孜孜不倦地学习《易经》。虽自知学识浅薄，但仍力图用易理分析养猪生产中的千百现象，用易理明晰理、法、方、药在归元散中的应用与变通。如此既遵医理之绳墨，又智巧合符现证。从而，归元散方有作用广泛、疗效卓著的口碑。

第一节　《易经》哲学观上的指导意义

《易经》又称《周易》，习惯上认为是周文王姬昌所著，经多代多人完善成书。《易经》是一部讲述玄妙的阴阳八卦之书，具有深刻的中式哲学思想和思维，对中华传统文化有广泛而深远的影响；不仅主导了中国哲学的发展，而且对传统中医药学、文学、音乐、建筑、气功等众多领域有引水掘源的巨大作用。

据司马迁述，孔子晚年习《周易》，六十学《周易》大恨其晚；反复阅读《周易》的竹简，将串联竹简的皮带弄断了三次，这便是“韦编三绝”的由来。孔子将他学习《周易》的心得体会，编辑成书，并由

后来弟子们加入部分内容，集成《系辞传》上、下两传（《说卦传》和《杂卦传》），这就是俗称的《易经大传》。孔子曾曰：“加我数年，五十以学易，可以无大过矣。”由此可见，《周易》对指导人们认识论上的重大意义之一斑。

《周易》内涵的东方哲理与思维，对全人类知识界产生了巨大影响。德国哲学家黑格尔，称《周易》代表中国人的智慧；发明微积分和计算机原理（二进制）的科学家莱布里兹，将二进制的开创归功于《周易》（阴、阳是二进制之原型）。

通过学习这本玄妙的经书，笔者越发感到《易经》就在生活工作中。它的玄妙之处就在于言简意赅地论述并指导笔者在临床上少犯过错；指导笔者能更深刻地理解《内经》精髓与博大精深的中医药宝库及丰富的哲学内涵；指导笔者设计符合当今变化着的养猪环境的独创的中药方剂；教诲笔者永远要戒骄戒躁，不能走到上九爻。总之，《周易》是平民易，生活易，工作易；《周易》在笔者心中。

一、《周易》使笔者更深刻地认识中医的阴阳学说

（1）乾卦的卦辞：“大哉乾元，万物资始，乃统天”，是指万物开始于阳气（乾）的运动。气的运动是永恒不变的规律，这便是“天行健，君子以自强不息”。《系辞传》中“天尊地卑，乾坤定矣，卑高以陈，贵贱位矣”，进一步明确了阳主阴从的阴阳二气的关系。既然气的运动，阴阳二气的刚柔相摩，是万物生死壮老的最根本规律，那么在临床上必然要将阴阳辨证列入首辨。而归元散成功的根本在于对当今猪群群体阴阳二气的正确辨证，即阳虚内寒。既辨明二气虚实，又强调阳主阴从在归元散中的体现。

（2）怎样才能设计出一方多用的方剂？《周易》如是说：“易则易

知，简则易从，易知则有亲，易从则有功。”这里的“易”讲的是事物不断在变化，只有用“不易”（阴阳相搏）解析变化中的事物，才能获得正确的认知。人们不仅要明白这个道理，更要弄清楚这变化的内涵。人们只有顺从（易从）这种变化“易”，方能化万变于简。怎样顺从其变化呢？即要亲，要亲近它、观察它、了解它，而这一过程是需要人们辛勤付出的，否则人们对变化的事物仍然无知。当人们顺从事物的阴阳之道（易从）便能获得成功。

遵循《周易》的教导，告诫自己，不可偷懒，不可学习当今业内一些人不深入临床的做法。故而，笔者一直深入养猪生产，深入临床，在顺从现代养猪的浪潮中，不是只观察猪与猪病，而是了解整个养猪系统，最终设计出能顺从当今养猪环境、不改变当今养猪环境条件，却能一方除众病的中药方剂。这便是笔者50余年亲近临床而获得的“易知”。

当今流行的治疗猪病的众多中药方为什么疗效平平，就在于制方人不知“易则易知”的道理，无视养猪环境与猪体的变易，更不知道“简则易从”的内涵。既无从求简，便有各病分治的不同方剂出笼，终因不识“易知”。这些方剂而未可久，未可大。这便是孔子说“有亲则可久，有功则可大”。

（3）学习《周易》，要学会观察，分析阴阳二气消长。《周易》六十四卦，卦卦有结果，结果在上九爻、九五爻，或者上六爻、六五爻。但是《周易》更讲究过程，从初九到上九、从初六到上六，都是讲事物发展的过程。正如孔子在《系辞传》（上）所言：“爻者，言乎变者也”“一阖一辟谓之变”；又言道：“刚柔相推而生变化”“变化者，进退之象也”。均旨在讲阴阳消长，即“易”。

本人极为注意观察猪病新的发展过程，而不是动辄用药物，特别是

用抗生素、退热药、肾上腺皮质激素去干预这一过程，从“简则易从”中观察到阴阳消长的玄机。猪蓝耳病流行时笔者发现，发病猪群都是阳气大虚，养猪人见状便用抗生素、退热药、肾上腺皮质激素。殊不知这些药物更直折猪体阳气，越用猪的阳气越损。笔者不用药物，而是将猪群放归自然，让猪只可以在外自由活动，可以接触草木、土壤、沐浴阳光。如此，猪群阳气大增，1～2周蓝耳病便不治而愈。这便是“简则易从”的魅力。

笔者还发现，集约化养猪条件下猪群的阳气不如传统养猪那么充实，显然与缺少充足运动的集约化环境有关，但也不至于体质如此脆弱，能诱发各种疫病，且所见猪群无一例外。思度此等阳气衰弱原因尚不可完全归结于集约化的猪舍环境与猪先天弱的体质。

“有诸内必形诸外”的中医告诫令本人不放松每次剖检机会，看到的是现代猪群中猪的肝、肾等实质脏器及肾上腺损伤极为严重，炎症、变性、出血、贫血是其共同特点。《内经》指出：“饮食不洁，起居不时阴受之，阴受之则入五脏。”故在饮食起居上找原因，最终找到是饲料的霉变，而玉米的霉变是导致猪群阳气虚弱的最大病因。

《普济方》指出：“朽木生蕈，腐土生菌，二者皆阴湿之地气蒸郁所生也，既非冲和所产，性必有毒。”明确指出霉菌是阴物，有毒；而霉菌毒素为阴物之产物，故为阴物之阴物，阴毒之最。阴毒无疑损伤猪体阳气，长期阳气衰弱，猪体真阴也必衰，故呈现阴阳俱虚，阳虚内寒证。

笔者10余年前论述的当今猪群阳虚内寒证如今已得到广泛共识。长期观察分析在外邪影响下猪群阴阳二气消长态势，正确分析阴阳二气消长的本因，是构建该论断正确性的基石。正所谓：“一阴一阳之谓道，继之者善也，成之者性也。”学习阴阳学说，继承之用于实践，必然能成为善成者；成为善成者也就必然养成用阴阳分析事物之思维个性，这必将裨益一生。

二、《周易》升华人生道德，修养仁性，方有仁术

前述已讲到，学中医要有仁心。这仁心如何体现在临床实际中？不恃医技之长，傲物敷衍，不恃医技之长以希苟得之利是最起码的仁心。

2007 年本人应友人高远飞之邀，赴广西壮族自治区贵港市讲课，课毕又到现场指导。在某专业户猪场，该场买进 500 余头仔猪，准备年关当作育肥猪售卖，可进场后这些仔猪便疾病不断。当地的一位高级兽医师到猪场后略看一下，便说："我带有好药，用了就会好。"于是收了钱便走了。过了几天该兽医又来了，此时猪场只剩下 300 余头猪，他又拿出自配的药说："这次的药比上次的好，你再赶紧用吧。"收了钱便又走了。就在本人去的头两天，该兽医又来到该场，那时猪场只有四五十头猪了，他转了一圈说："今天带来最好的药，可惜你没猪了，也用不上了。"说完后就走了。

在湖南省宁乡市花明楼镇，有个赵老板猪场，一天来了一个饲料公司的技术服务专员，赵老板说猪群有点不安定，怀疑是得了伪狂犬病。这位专员一听便说："伪狂犬病好诊断得很。"赵老板问："怎么诊断？"专员说："你去牵只狗来，见狗就跑开的猪便是得了伪狂犬病。"

还有那对蓝耳病说教几次变脸的先生，均难觅仁心，最终都被现实所抛弃，不为天亲，不为人近，成为业界茶余饭后的笑料。

有仁心方有仁术。

扶医者，乃代天生人。虽所言贱畜贵人，然若论生命而言，爱命人畜一也。如何代天生人生畜，也就是说如何才能代天去医治病人病畜呢？即"循生生之理，用生生之术，助生生之气，达生生之境"（《医

道传承丛书》)。

何谓“生生”?《系辞传》(上)曰:“生生之谓易。”“易”者变也,一阴一阳乃变之道。故《太极图说》曰:“二气交感,化生万物,万物生生而变化无穷焉。”清代哲学家戴振曰:“气化流行是生生不息的总过程。”因此,不难看出,“生生”就是阴阳二气相互感作。这种感作是天生的,达到维持阳主阴从、阴平阳秘,即阴阳平衡的自然状态。

医者必须遵循阴阳二气交感,阳主阴从、阴平阳秘的道之理,利用阴阳调整之术,扶助机体尚存阴阳生气,而不是戕伐这一生气,使之达到阴阳平衡、阴平阳秘的佳境。

归元散的制订便是遵此经旨,全方十三味药中无一味戕伐猪的生发之气,无一味不助猪的生生之气;既无珍贵之补药,更无寒凉戕伐之药;重在调理扶助脾肺后天生生之气,以补充元气与真阴,以驱逐阴邪于无形。

仁心仁术,这便是归元散成功的哲学总纲。

第二节　学习《周易》必知的基本知识

本节阐述笔者是怎样应用《周易》中相关卦来进一步明白《内经》所讲述的脏腑之间生理与病理的关系,进而指导组方用药。

《周易》这本玄妙、言简意赅又晦涩难懂的经书对于现代人,特别是年轻人还是比较陌生而神秘敬畏的。因此,在讲述前必须先简略介绍学习《周易》必备的知识;否则,真的如同看天书一般。

一、《周易》组成

《周易》由六十四卦组成,每一卦由如下部分组成。

1. 卦名　即卦的名称。每个卦名都是形象取义，譬喻取类，即取象比类之意。如蒙卦䷃，即艮坎卦，上卦艮为山，下卦坎为水，水在山里面，自然有待挖掘才能流出来，故象征启蒙，故曰蒙卦。再如泰卦䷊，即坤乾卦，上卦坤为地为阴，下卦乾为天为阳，阴在上，阳在下，阴重浊下沉，阳清上扬，阴阳交感生生不息，自然康泰，故曰泰卦。

2. 卦画　两两八卦相重组成卦画。如此，卦画就有六个爻组成，成为卦形，卦形中每个爻都有示意。

3. 卦象　即各卦的象征。如乾卦卦象象征天、父、首、马；坤卦卦象为母、地、母牛。此在《周易》正文是没有的，是为了理解经文后人加上的。

4. 卦德　从卦象中体现出事物的性质与特征。例如，乾卦的卦象为天，天从来就日夜运行不息，是天行健，卦德为健；坤卦的卦象为地，地球围绕太阳转，表示顺从，故坤卦卦德为顺。

5. 卦辞　是用以解说全卦内涵的文字。

6. 爻辞　是用以解说每一个爻内涵的文字。

二、《周易》中卦的基本元素“爻”

爻是组成卦的基本符号，其形有二：其一为阳爻，画作“—”，象征万物归一，为大合之数；其二为阴爻，画作“- -”，象征一分为二，为小分之数。阴阳二爻来源于《易经》中的“易有太极，是生两仪，两仪生四象，四象生八卦”。阳爻代表阳性事物，如男人，刚健，动态，具有积极、进取、刚健向上的特征。阴爻代表阴性事物，如女人、母牛，具有温驯、向下、消极退守的特征。

二爻相重又生四象，阳爻与阳爻相重，为太阳；阴爻与阴爻相重，为太阴；太阳中的下爻变为阴爻，为少阳；太阴中的下爻变为阳爻，为

少阴。太阳、少阳、太阴、少阴就是四象。

四象上再重一爻即生八卦。

太阳上重一阳爻☰，曰乾卦

太阳上重一阴爻☱，曰兑卦

少阳上重一阳爻☴，曰巽卦

少阳上重一阴爻☵，曰坎卦

太阴上重一阴爻☷，曰坤卦

太阴上重一阳爻☶，曰艮卦

少阴上重一阴爻☳，曰震卦

少阴上重一阳爻☲，曰离卦

故八卦即乾、兑、巽、坎、坤、艮、震、离。

爻在八卦之间再相重就演变成六十四卦。

爻在八卦中有两种功能：一是展现天、地、人三位一体的空间，即上爻为天、中爻为人、下爻为地；又名天道、人道、地道，合称三才之道。此即《三字经》所言的“三才者，天地人”。二是展示过去、现在、未来三个时间，由下爻代表事物初端发韧、中爻代表事物发展过程、上爻为事物之结局。

爻在六十四卦中同样有这两种功能，上两爻表示天道、中两爻表示人道、下两爻表示地道，从而展示事物的空间；下两爻表示过去、中两爻表示现在、上两爻表示未来，从而展示时间。

八卦卦形、卦象、卦德的基本内涵如下：

乾卦象征天，天行健，自强不息；

兑卦象征泽，水能润泽万物，故兑卦卦德为悦；

巽卦象征风，上两爻为阳爻，轻扬之气向上形成风，风无孔不入，故巽卦卦德为入；

坎卦象征水，水可载舟，亦可覆舟，所以卦德为险。但非绝对，亦可险而后安；

坤卦象征地，万物生息之母，厚德载物；

艮卦象征山，下爻与中爻均为阴爻，质重聚而为山，山屹立不动，故艮卦卦德为止；

震卦象征雷，轻扬之气向上，重浊之气向下，二者相碰撞而震动，有电闪雷鸣之意，卦德为动；

离卦象征火，火焰的中心温度最低，故两阳爻夹一阴爻，火要依附在可燃物质上才可发生，故卦德为附。

第三节　学《周易》明白脏腑关系，指导组方用药

传统中医典籍中有诸多关于脏腑学说的论述。隋代萧吉撰《五行大义》："肝以配木，心以配火，脾以配土，肺以配金，肾以配水，膀胱为阳，小肠为阴，胆为风，大肠为雨，三焦为晦，胃为明……，脏者，以其藏于形体之内，故称为脏。亦能藏受五气，故名为脏。腑者，以其传流受纳，谓之曰腑。"《灵枢·邪客》："心者，五脏六腑之大主也，精神之所舍，其脏坚固，邪弗能容也。"《素问·痿论》："肺者，脏之长也，为心之盖也。"《素问·逆调论》："肾者水脏，主津液，主卧与喘也。"《素问·玉机真脏论》："脾居中土，灌溉四傍，不独主时。"《素问·五脏生成篇》："故人卧血归于肝，目受血而能视，足受血而能步，掌受血而能握，指受血而能摄。"

近代众多中医名家对脏腑学说亦有浅明详尽的论述。清·黄宫绣·《本草求真》："心有拱照之明，凡命门之水与三焦分体之火，无

不悉统于心而受其载，故曰君火……第心无气不行，无血不用；有气以运心，则心得以坚其力；有血以运心，则心得以神其用。”

虽然现代中医教材对脏腑学说有更为系统、全面的论述，那么为什么还要去读艰涩难解的《周易》与《内经》？何况中医书籍均渗透《周易》之精微，医易已相通。但笔者以为，尽管关于脏腑学说可以一书言尽，但要深刻理会其哲理与原理内涵，还是必读《周易》，并化为自身的体会。

一、读未济卦䷿和既济卦䷾，明白心肾关系

经曰：“诸虚百损，莫不自心肾而言然”。对于五脏俱损的底色病而言，自然要搞清心与肾病理及生理的关系。心在五行中属火，为离卦☲；肾属水，为坎卦☵。正常时，水火必既济，而既济全在于肾水（阴精）上奉，心火之阳气下藏，此即心肾相交、水火相济，应既济卦䷾。出现底色病时，猪心、肾俱损，脏器色淡少血，变软变形，肾无以藏精，故肾水不能上奉；心火无以下藏，水火未能相济，此即心肾不交，应未济卦䷿。

先看未济卦卦辞：“火在水上，未济，君子以慎辨物居方。”既然火在水的上面，心火便不能将肾水升腾气化，津血缺少肾气的推动，便无以循经运行，不仅进而不能濡养五脏六腑，四肢百骸，还出现心之虚火上延头面。故临床上见到底色病的患猪，毛焦肷吊，贫血，有生长性能与繁殖性能障碍，以及虚火上延的眼结膜红肿等证。

从卦画上看，第二、四、六爻均为阳爻，按天、地、人空间分析，均不能与第一、三、五爻的水相交，都是一支虚火。从时间上分析，从初始到终结，也仍是一支独火。虽然每两爻也可以看成刚柔相应，但终因各爻不当位（阳爻为阴爻所占，或阴爻为阳爻所占曰不当位），因

此“无攸利，不续终也”。由此可见，心、肾不交自始至终是危险的病机。

鉴于此，如何解释“君子以慎辨物居方”？那就是要慎重辨别物类，使万物各居其位，各得其所。如是，只能将离坎卦䷿颠倒过来，变成坎离卦䷾，各爻便当位了、水火相济了、心肾相交了。

再看既济卦卦辞：“利贞，刚柔正而位当也，终止则乱，其道穷也。水在火上，既济；君子以思患而豫防之。”其意是既济卦的阴爻与阳爻都当位了，这是利好的正事，这种阴阳之统一不可中止，中止则生乱，中止则生命终结，其“生生之道”便走到头了。做到水火相济，心肾相交，就意味着可以成功预防多种疾患。这或许就是归元散有广泛疗效的根本原因。

在此不妨深入一步阐明心肾相交的本质。心属火，肾属水；火为有形之阳，水为有形之阴。以有形理解无形，有助理解心肾相交的本质就是阴阳相交。如此，心火能将肾水（肾精）气化（阳气），津血在阳气的推动下得以循经运行，五脏六腑，四肢百骸方能得到濡养，神方能有所附，体充神附何病之有？这就是“生生”。可见在诸虚百损证，心肾的辨证就是阴阳的辨证，是本质的辨证，当为临证的首辨。其辨证的正确与否，决定归元散的制方之根本。

前述已讲到底色病的证是阴阳双虚，阳虚内寒，因此要真正做到心肾相交，还必须明白阴阳之间的微妙关系。

其一，阳易生，阴难长。以人为例，婴儿时期，无论是好人还是歹人逗婴儿笑一下，他都会天真无邪、灿烂无比地微笑，这是与生俱来的阳气之笑，没有丝毫的阴气；当感觉冷时，一进餐便立马感到温暖，或去运动也立马感到不冷，这便是阳易生。阳易生、阴难长的关系必然要体现在归元散的用药组方上。

其二，心火升腾肾水是以大火呢，还是小火呢？柯韵伯曰：“命门之火，乃水中之阳，夫水体本静，而川流不息者，气之动火之用也，非指有形者言也。”这是讲右肾命门之火，是肾水升腾之气，故为水中之阳，即阴中之阳。好譬水性本静，之所以川流不息，升腾为云雾，乃太阳之火蒸发升腾方为气。但是这种医学哲理的命门之火却别于太阳晒蒸之水汽，却是无形之火、无形之气啊！

柯韵伯又讲：“然少火则生气，火壮则食气，故火不可亢，亦不可衰。”如小火煮水，可见到缕缕水汽上升，这便是少火则生气；发生火灾时，冲天大火，烧红了天，一盆水泼上去，连一丝气都看不见，这便是火壮则食气。因此，该证下，壮阳助火之药必慎用；否则，适得其反，大火烁阴，阴更虚。

但是火要小到何种程度才恰如其分呢，柯韵伯曰：“肾家之少火游行其间，以息相吹耳。”这是讲，肾家少阴之火，它是如呼吸般平和之气产生，也以平和之气循经游行其间。这无疑告诉人们欲助少阴之肾火，必用可以“息相吹耳”之药，方可助“生生之气”，使之阴平阳秘。这就是归元散为什么初次使用要大剂量，且持续用药30天以上的玄机。

《周易》六十四卦，首卦是乾卦，仲卦是坤卦。乾卦讲天，讲阳气；坤卦讲地，讲阴气。而既济卦与未济卦则是次末卦与末卦，这两卦是讲水火阴阳交感。不同的是，既济卦讲的是水火相交，生生不息；而未济卦讲的是水火分离，心肾不交。可见《周易》六十四卦以讲阴阳开篇，又以阴阳交感与不交感为结尾，通篇贯穿这永恒不变之阴阳、变化莫测之阴阳、万变归一的水火之阴阳。正如经曰：“诸虚百损，莫不自心肾而言然。”《周易》的核心哲理是，不易、变易、简易，在此极为明白地得以昭示。笔者正是秉承这一哲理，用阴阳观去看猪与猪病及其整个系统，用阴阳变易观去分析之，最后又以阴阳简易观去解决之，从而达到一剂防治多病、以简驭繁的简易之境界。

二、读复卦䷗和豫卦䷏，明白肝脾关系

患底色病的猪，其肝脏或肿大，或萎缩，或硬化，然色泽均惨淡，表明肝血虚。血属阴，肝血虚则肝脏阴阳失调，阴不能制阳，肝气过盛。依五行之理，肝木旺必克脾土（从树木生长旺盛必耗散土壤更多营养这一点去理解），脾土受克，水谷精微的运化功能必减弱，进而影响其他脏腑。木性喜疏泄条达，故治则上应疏肝理气，平其过旺。学习复卦和豫卦应该有更深刻的认识。

肝属木，应雷、应震☳；脾属土，应坤☷。肝木尅脾土应复卦䷗，又名坤震卦，地雷复。

复卦卦辞："彖曰：雷在地中，复；先王以至日闭关，商旅不行，后不省方。"

先要理解"复"字。《说文》："复，往来也。"引申为反复，重复，返还，恢复。复卦的前卦是剥卦，阴剥阳仅剩一丝阳气，依阴阳消长回复的规律应该到了阳气恢复生发的时候，这便是复卦。联系中医哲理看，应理解为反复与恢复机体的阳气。

从卦象上看，雷在地下，雷本来应在地上，现在却在地下反复发生，那不是地震吗？其结果呢？帝王下令终日关闭城门，商贾交易停止，一切往来中断，帝王没事做了，也不上朝了。可见雷在地中复带来的后果有多么严重。推理至肝气横逆尅脾土的后果同样严重，从医书中知道的肝木尅脾土是属于脏腑病变发生相克太过或反克的病位传移，名曰"不间脏"传变。由于肝气过旺，乘其脾土，因此影响脾胃的运化功能，出现腹胀痛、泛酸、泄泻等症状，哪会知道有全身气机郁滞，如同

“至日闭关”般的严重后果？因此，学习《周易》有助加深对疾病传变的认识。

对于肝病传脾的治疗，那都是基于太过的一方，即用疏肝理气药缓其肝气。复卦却告诉人们：“复亨，刚反动而以顺行，是以出入无疾，朋来无咎。”

这里的“复”，不再是反复之意，应是恢复、回归之意。只有恢复到正常生理状态，才能亨通，必须相反行动才能健顺。如此居家出门都不会生病，朋来戚往也不会有什么灾祸。

怎样才能恢复到正常生理状态呢？将上下卦颠倒过来，成豫卦☳☷即可。

豫卦☳☷，震坤卦，雷地豫，卦辞彖曰：“天地以顺动，故日月不过，而时不忒，圣人以顺动，则刑罚清而民服，豫之时义大矣哉！”

读懂肝、脾关系必须将复卦与豫卦联系起来，若分割开便难以弄清“复”是什么，“反动”是什么，要复到哪里去；“顺动”是什么，要顺动到哪里去。这里的顺动当然是复卦的反动，即脾土生肝木。

可是，在五行生克规律示意图中，脾土只能生肺金，怎么又出来一个脾土生肝木呢？这令人难解。

清·程芝田《医法心传》有一段话可帮助理解《周易》之精髓：“惟颠倒五行之理，人所难明，然治病之要全在乎此。如金能生水，水亦能生金，金燥肺痿，须滋肾以救肺是也。水能生木，火亦能生木，肝寒木腐，宜益火以暖肝是也。火能生土，土亦能生火，心虚火衰，益脾以养心是也。土能生金，金亦能生土，脾气衰败，须益气扶土是也。木可克土，土亦可克木，脾土健旺，则肝木自平。”

这便是《周易》辨证哲理在医学中的应用与扩展。人们在用疏肝理气药缓其肝气之时，还可以通过培脾土反乘肝木，而使肝脾关系恢复正常。这不仅仅是多了一个治疗途径的问题，更重要的是明白培植脾土在治病防病中极为重要的地位。于是《周易·豫卦》曰：“介于石，不终日，贞吉”“不终日，贞吉，以中正也”。这是告诫人们培植脾土是“介于石”的大事（古时人类记录文字是刻在金石上，曰“介于石”）。“介于石”的大事一天也不能中断，每天都要维护这一中正之气（脾气），方可康泰贞吉。

如此顺动，天地日月才不会降过于人，也不会因为未反动而忐忑不安。圣人曰：“天地之间，二十有五人，上五有神人，真人，道人，至人，圣人……圣人者，以目视，以耳听，以口言，以足行。庄子曰：“以天为宗，以德为本，以道为门，明于变，谓之圣人。”顺动以应天地阴阳之道，则民众诚服，可见豫之时义太大了。圣人都要顺动以应天地阴阳之道，何况杏林之黎民，焉有不遵之理（《五行大义》）。

豫卦的重大意义提示在治病时，培植脾土不仅仅是肝病传脾中的有效治疗措施，更重要的是在任何病情中都应该极为注意之病机，天天要做，一刻不可停顿之事。归元散将培植脾土置于极重要地位，临床应用中方能见到肝功能恢复正常、病猪营养状况得到改善、皮红毛顺、消瘦猪变肥壮等脾土兴旺、肝木疏泄条达之象。

三、读解卦䷧和屯卦䷂，明白肝肾关系

从医书中知道肝脏的生理功能为肝藏血，肝主疏泄，并且肝主筋，肝开窍于目，肝在液为泪，肝在志为怒；肾的生理功能为肾藏精，肾主水，肾主纳气，且肾生髓主骨，肾开窍于耳和二阴，肾在液为唾，肾在志为恐。而对肝肾之间的相互关系也表述得极为明白，即“肝肾同源”。《五行大义》：“肝肾二脏，诸经并同。”“同”的含意有两方面：其一，肝藏血，肾藏精，精血相互转化，故精血同源；其二，肝主

疏泄，肾主封藏，因此肝肾之间又存在相互制约，故肝肾存在紧密的生克关系。

患底色病的病猪其肝肾均变性、肿胀或萎缩变形，颜色惨淡，这无疑表明肝肾同病。《五行大义》指出："肝者……阴中之小阳，肾者……阴中之太阴。"此阴中之脏，阴不足是主要病证，肾阴不足导致肝阴不足，阴不制阳的肝阳上亢之证多见，称之为"水不涵木"。

今以"水不涵木"为例，进一步明白"水不涵木"的含义及其治疗原则。

肝属木，应震卦☳；肾属水，应坎卦☵；水不涵木，为解卦䷧。解卦卦辞："解，险以动，动而免乎险。解，解利西南，往得众也。"

首先弄懂"解"（读 xie）的含意。说文："解，判也，从刀，判牛角。""解"字由牛、角、刀三部分组成，用牛角磨成锋利的刀，将其一分为二，即判也（判字右为刀，左为半），因此"解"为解脱之意。

从卦辞中可以得知，此卦必须拆开，虽然这种拆开是有风险的，但是又只有动（拆开）才能免乎险。如何动？向西南方向动，便能得到众多利亨。为什么要向西南方向动呢？在八卦方位上，西南属土，木有土方可生根，水有土方可涵养，所以要向西南土动。

如此，将坎卦换成坤卦，即震上坤下，为豫卦䷏。原来，解卦卦象是水在木之下，无土涵养，水尽流失，肝木自得不到滋养，原本柔软疏泄之性因少水变得乾脆可以生火（虚火）。当"解"成豫卦，肝木有土方能枝繁叶茂，有水方能条达疏泄，此为天地之顺动。

豫卦的重大意义前文已详述，在此脾土生肝木便使"水不涵木"得解。脾土旺，水谷之精微化为肾水肾精，则肾水生，水则可涵养肝木。

学习解卦，能从另一侧面更深刻理解培植脾土的重大意义。

水不涵木的治则还可以屯卦方式展现。

屯卦䷂，水雷屯，坎上震下。卦辞："屯，刚柔始交而难生。动乎险中，大亨贞。"

先还是解析"屯"字的含义。说文"屯，难也"。如草木之初，显示艰难。看初九爻，阳气与九二爻阴气始交，但九三爻却是阴爻，不当位，故阳气生存艰难，好在九四爻当位，刚柔又交，这样终于在九五爻成就九五之尊的阳气。在此艰难过程中有风险，但终于成功了，故仍是好结局。这一过程漫长，充满艰辛。譬如骑马，马不前进，而是原地转圈（《易经》曰：乘马班如）；又如女子已订婚，却十年后才结婚（《易经》曰：婚媾，女子贞不字，十年乃字）。

这里要首先明白，下卦震卦的初九爻是阳爻，理应言阳气。作为肝木应震卦看，肝以血为本，肝血旺肝气方不会亢，肝木方可疏泄条达。气血同质，因此初九爻在此可以视为肝阴肝血。屯卦所言阳气生长之艰难，即为肝阴肝血生长艰难。在水不涵木的治疗中，得到印证。前述已阐述阳易生，阴难长之道理。"水不涵木"，乃肾阴亏损所致，养肾阴之药物，如六味地黄丸、左归丸等非长期服用不可见效。而从根本上治疗，必从培植脾土着眼，方不绝肾水生发之源，而养肾阴之药则作为治标之应用。

学习解卦和屯卦，不仅帮助明白了肝肾关系，还明白了养阴之难，明白了单纯养肾阴是治标，治本仍在培植脾土。为了进一步明白先天之本与后天之本二者的关系，以及对组方遣药上的重大指导意义，请看比卦。

四、读比卦䷇，明白先天之本与后天之本的关系

中医书籍中有"脾阳根于肾阳"之说，其意是肾是先天之本，脾

为后天之本，脾之健运，化生精微，须借助肾阳的推动。然而，肾中精气亦有赖于水谷精微的培育和补充，才能不断充盈成熟。因此，脾与肾生理上是后天与先天的关系，相互资助促进，在发病的病机上亦相互影响，互为因果。

比卦，给人们更多关于脾肾关系的哲理信息。

比卦，坎上，坤下，水地比。卦辞："比，吉也，比，辅也，下顺从也。"

首先要弄懂"比"字的含意。"比"字由两个并向而立的"匕"组成，好像两个拿匕首的战士向一个方向去冲锋，故"比"有相互并列行进、相互辅弼之意，进而有比翼齐飞、比肩接踵、比比皆是等成语。

知道"比"有同心协力、相辅相成之意，再看卦辞就容易了。"比"是吉利的，是相互辅弼的。既然是辅助，当然有一个地位主次之分，下卦是顺从上卦的。

上卦是坎，属水，应肾；下卦是坤，应脾。脾与肾的关系不仅是相互辅佐的关系，而且是脾土辅佐肾水。《周易》的哲理思维并未到此为止，卦辞还讲述："不宁方来，上下应也，后夫凶，其道穷也。"

要理解这段话，必须看卦画来解读。下卦全是阴爻，六四爻也是阴爻，在诸多众阴的培育下才生成九五的阳气（九五爻的阳爻，正当位，并不是代表肾阳，而是表示脾辅弼肾成功，否则会对阳易生，阴难长产生曲解）。还表示，医生用药已经将病治愈，不应再用药了，这谓之"中病即止"。可是庸医却偏偏续用其药，故在上六又出现阴爻，其后果呢？是后用之药过头了，形成凶相，也表明庸医之道走到了尽头。

比卦以中医哲理表明，中医极为重视先天之本，从整个地位看先天之本高于后天之本，在具体遣方用药时又极为重视后天之本，这种朴素辩证思维贯穿归元散的组方选药之中。

从卦画上看，比卦是水在土上，表明水土之间的辅弼关系。地无水则干涸成沙漠，失去脾土的生机，水无地的涵养则流失，后天之本将无以生化成肾精和肾气。学习比卦，不仅加深明白先天之本与后天之本的关系，还明白要化生肾精、肾气须要长期的脾土扶持。但是，用药又不可过，中病即止。

五、学习剥卦，明白阴如何损阳

剥卦䷖，上卦为艮☶，为山，应胃；下卦为坤☷，为土，应脾。卦辞："剥，剥也，柔变刚也。不利有攸往，小人长也。顺而止之，观象也。君子尚消息盈虚，天行也。"

首先弄明白"剥"字的含意。说文："剥，裂也，从刀，从彔，刻割也。"因此，剥就是层层剥割，依次剥落，乃至腐脱之意。

既然是层层剥落，那当然是有害的。靠什么去剥呢？靠小人（阴气）。这阴气本性为柔，皆因阴气太重（卦画可见，五个阴爻），其损阳的作用也显得特别利害，似乎柔也变成刚（马尾柔软，但一根马尾可以如利刀一样割破手指皮肤，注意，这里"刚"不能理解为"阳"）。层层剥离有个过程，应顺其剥的过程，通过阴阳消长，适而终止其剥。这便是顺应天，"易与天地准"。

剥卦，当然可看成是脾胃不和。但是笔者认为，既然是阴剥阳，不妨将其视为霉菌毒素（阴毒）剥割猪体之阳气。

剥卦将这一过程描述得极为详尽，它是以阴湿之气腐剥家具与人体为例阐述的。首先，阴湿之气从下起，最先腐蚀床的支架（剥床以足，初六爻），次剥床垫（六二爻，剥床以辨），再剥人体肌肤（六四爻，剥床以肤凶）；好在六五爻为阴爻，正当位，保留了上六爻一丝阳气。

这一过程与霉菌毒素逐日损伤猪机体阳气何其相仿。有鉴于此，

笔者在防治高死亡率乳猪腹泻证时，将归元散的应用定格在阴毒长期剥蚀母猪阳气，并通过宫胞3个月之久剥蚀胎儿阳气，导致高死亡率乳猪腹泻发生的剥卦哲理上。这一病本被众人忽视，将继发性病毒性腹泻误认是病本，导致针对仔猪的药物、疫苗滥用。然而新生仔猪的阳气衰败是历经3个月之久而形成的，若针对其用药，又岂能几天起死回生？

而归元散也只能在母猪产前应用30d方可生效，正是遵循剥卦而为之。只要是受霉菌毒素的危害，都是阴剥阳、都是慢性毒素的蓄积。针对慢性中毒，要应用归元散，头一个月必须大剂量持续用药，这样才能让剥蚀的阳气得以逐渐恢复。

六、学习泰卦的智慧

前述已讲到培植脾土以生后天之本的重要性，然后天之本的培育绝非脾土单一可以为之，请看泰卦如何解。

泰卦☷，上坤，下乾，地天泰。脾土应坤，肺金应乾。脾土生肺金。卦辞曰："泰，小往大来，吉亨。则是天地交而万物通也，上下交而其志同也。"

"泰"的含义是什么？《周礼·泰誓》孔疏曰："泰者，大之极也。"引申为安泰，康泰，因"与天地准"，故泰。

泰卦是十二消息卦中的正月卦。正月立春，象征春天到来，原来蛰伏地下的阳气逐渐散发，阴气慢慢消减，万物复苏；到了十月，阴气又复长，阳气又渐消，此为天道。消就是往，长就是来。阳气之来多于阴气之往，万物方能欣欣以向荣。此天地阴阳之交便是"一阴一阳为之道"。阴阳相交，看似相对而行，实则来源一体，统于"泰"。

如何以医道解析泰卦？

第一层意义，要康泰，必须天地阴阳相交，即“天地之大德曰生”“生生之谓易”。养猪也好，看猪病也好，都必须维护这一“生生之气”。只有天地交，阴阳交感，水火既足，气血得资，而无亏缺不平之憾，水火气血自尔安养何病之有？

第二层意义，这种阴阳交感，不是势均力敌的简单交汇，而是阴阳互有消长的“生生之道”。以“小往大来”方能保障机体的生命活动。猪的脾脏，1d运化水谷10kg左右，将其生化为精血；肺脏1d呼吸空气约40kg，将脾脏化生之精血化为精气。这便是“小往大来”。若脾肺有病，这一“小往大来”的“生生之道”便会受损，或水衰而致血有所亏，或火衰而气有所歉。

“小往大来”不仅是阴阳消长的规律，亦是智慧。做生意不能“小往大来”便亏本，学业不能“小往大来”便难以蕴积深造。用药、接种疫苗都是这一道理。泛用药物、疫苗就会打破“小往大来”的平衡，如《易经》言“百姓日用而不知，君子之道鲜矣”。

完成“小往大来”的“生生之道”仅仅依靠脾脏是不能实现的，没有肺脏的宣发肃降气机的推动是不可能完成的。归元散极为重视培育脾肺二气。肺喜寒，不可过寒；脾喜燥，不可过燥。选其药物合其性，并斟酌其分量，使之吻合“小往大来”的阴阳消长规律。

第三层意义，学习“拔茅茹，以其汇”的智慧。远古时，春天来了，人们却不知道春天来了，因为并未见百草冒芽，仍然沉浸在冬闲的休养与嬉闹中。只有伏羲走到地里，扒开泥土，挖出草根，看见幼芽已在根部萌发，才知道春天已经来了，于是呼唤休闲嬉闹的人们“春天来了，要准备春耕农事了”。

这便是“拔茅茹，以其汇”的智慧。笔者遵循这一显微见著的思维，如同“拔茅茹”一样，大量剖检病猪，尤其是外观未发病的“平

猪”（此源于《金匮要略》“夫男子平人，脉大为劳，极虚亦为劳”，言外观无病、实则脏腑气血已经亏损之人；笔者引申外观正常、实则阴阳气血已经俱损之猪，此与《内经·平人气象论篇第十八》论述相悖；笔者从张仲景义，扩展于猪病用之，特此注明），均见五脏俱损，肾上腺肿大、变性、出血，始发现底色病是百病之源。

第四节　“三易”指导临床实践

“三易”是《周易》的基本大义，即不易、变易、简易。

“天地交而万物通”“天地不交，而万物不通”“天地交，泰”“天地不交，否”“变化者，进退之象也”“刚柔者昼夜之象也”“易与天地准”“一阴一阳之谓道”，这些论述都是讲“不易”、讲永恒不变的自然法则，是不以人们意志为转移的。人们只能顺应自然法则，而不可逆而行之。

现代集约化养猪，违背了猪的生物学习性，其环境中损阳因素，即阴邪众多，猪群“阳虚内寒”的体质是不争的事实，猪群实际上是带病生产，这无疑是逆阴阳的作为。为了追求最大的经济利润，人们妄而不顾，欲顾者又苦无解法。归元散就是用中药于逆境，恢复猪群体质的良方，在不改变当今饲养环境的前提下实施，可谓顺应天道。

“变易”，是指自然法则（阴阳交感，生生）不是静止不变的，永恒的“变”是“变易”在“不易”中的体现。现代集约化养猪使得猪的体质发生了质的改变，遗憾的是人们并没有发现其改变。对猪病久扑不灭，将药物、疫苗使用效果不佳的原因简单归结于药物、疫苗本身，归结于病毒的变异，导致新药物、新疫苗虽然层出不穷，但却效果平平。

现代养猪环境，使得六淫（暑热除外）为病者极少。然而，大量中药方剂仍然是针对六淫为病的，不少苦寒攻伐的中药摧残了猪体残存的阳气。

作为进化初级阶段的病毒，变异是绝对的。但是，由量变到质变却是相对的，发生的概率极低。当今业界夸大了病毒变异的寓意，导致假性的“变异强毒株”层出不穷。

现代化养猪生产的环境充满阴邪。例如，终身限位、高密度、不良的舍内空气、每天都要采食的霉菌阴毒，都是与传统养猪不一样的“变易”。

所有的这些环境“变易”，必然导致猪群体质的“变易”，进而演变出群体性“阳虚内寒”的体质。

上述任何事物矛盾的对立面，都可以归结于阴与阳的矛盾、正与反的矛盾、正气与邪气的矛盾。在纷纭复杂的事物矛盾中，只要抓住根本矛盾，那么复杂的问题就会变得简单，这便是“简易”。计算机可以演变万千世界，却简单得只有“0”和“1”两个数字；《周易》讲述的大千世界，却只用阴爻和阳爻表示。“简易”既是归纳，也是演绎。只有学会这一思维方法，才可以简驭繁地驾驭事物。

笔者遵循“三易”的哲理，在猪病的诊疗中，不为假象所迷惑，创立了“底色病”的概念，研发了归元散，融合了西医的IFN诱导技术，独创了芦氏简易猪病分类法，使得难以防治的猪病变得容易。

当所谓“高热病”肆虐，“全国一片蓝”，逢病必言蓝耳病甚嚣尘上之时，笔者冷静地观察、思索。既然“不易”是绝对的，那么原本就存在于猪群中的猪瘟、猪流行性感冒、经典三病毒腹泻、猪链球菌病等疾病，蓝耳病一来，难道都不见了？显然，这不符合“变易”与“不易”的统一性。大量实践表明，那些原本流行于猪群的疾病仍在流行。

截至今日，笔者接诊300余场次，但只见到临床症状、病理剖检、血清学检测完全符合的蓝耳病特征的共8例，其余都是原本就存在于猪群中的那些疾病。

既然绝大部分疾病都不是新发病，那为什么这些疾病在所谓“高热病”流行期间会大范围出现呢？而且死亡率如此之高？笔者自然没有附和“全国一片蓝”的臆想谰言，而是在养猪环境中寻找“变易”，在猪的体质中寻找“变易”。

最初，从大量剖检中发现猪体体质的变异。无论是病猪还是外观健康的猪，其实都有实质脏器与肾上腺严重的损伤（炎症、变性、出血、坏死等）；同时，猪群出现前述底色病的症状。所有这些表现均是笔者从医几十年未见过的变异，并且这些变异极为广泛地存在于猪群中。为什么会发生这种“变易”？

《素问·至真要大论》指出：“必伏其所主，而先其所因。”旨意要制伏疾病之根本，必先探明发病的根本原因。

《内经》曰：“外感风寒湿邪，阳受之；饮食不洁，起居不时，阴受之。阳受之则入六腑，阴受之则入五脏。”笔者明白，内脏损伤的原因应在饮食起居环境中查找。

方向既明，查找便不难。终于发现饲料霉变，尤其是玉米霉变是罪魁祸首，“底色病”之说便油然而生。

发现根本病因后，如何用“不易”之阴阳辨析病因的性质？《普济方》：“朽木生蕈，腐土生菌，二者皆阴湿地气蒸郁所生也。既非冲和所产，性必有毒。”明白霉菌与霉菌毒素不仅都是阴物，而且还是有毒的阴物。

那阴毒又是如何损伤猪体的呢？必须用“不易”的阴阳相搏分析，而剥卦的逐步阴剥阳便是霉菌毒素慢性损伤猪体阳气的写照。这便有了

“阳虚内寒”证的诊断。

病证既明，那么是针对底色病复杂症状分别用药还是针对病本用药？针对症状（如体表出血、皮炎、皮疹、红色眼露、不发情、滞产等）组方用药容易，见效快，短期商业效益好，但却不能治本，更是陷于各病分治的“形而下”的老路。这不是笔者追求的目标。

清·纳兰性德《渌水亭杂识》卷四：“以一药治众病之谓道，以众药合治一病之谓医。”当然，没有一药可以治疗众病，能治众病者只能是“道”，这个“道”就是“简易”。《普济方》：“阴毒虽缓而难治，尤不可忽。”且医书古籍并无治疗阴毒的成方，特别是针对霉菌毒素的成方。可见，欲用阴阳之道遣方用药防治底色病难度之大。

笔者坚信，只要坚持用“易理”分析脏腑关系，传变机理和药物性味就能开出以一剂防治众病的好方子。在传承与创新的融合中归元散终于问世了，并且取得了以简驭繁的效果。

综上所述，笔者先用“变易”观察猪群与个体和猪群生活环境；然后用“不易”分析病因、病情；最后以“简易”的哲理完成遣方用药。总之，应用“三易”发现了底色病，成就了归元散，成就了芦氏简易猪病分类法。

第五节　归元散的时代意义

一、养猪业告别霉菌毒素危害的时代到来

霉菌毒素对人畜的危害都是严重的，彻底防治是世界性的难题。距今 5000 年前，人类就知道利用真菌酿酒；但在科技高度发达的今天人们却对真菌的污染及其霉菌毒素的危害一筹莫展。

人们又曾几何时想到，老祖宗留下的《易经》与中医药宝库成就了国人与外国人梦想未实现的事情。归元散的问世，向世界宣告：养殖业告别霉菌毒素危害的时代到来！

二、“简易”养猪时代到来

集约化养猪是时代潮流，顺应这一潮流就是“与天地准”。任何事物都有双重性。现代集约化养猪的双重性是以牺牲猪群体质为代价，换取最大利润。人们无论是利用遗传技术，还是环境改善措施都无法改变这一现实。猪群带病生产是业内共识，在此基础上诱发各种传染性和非传染性疾病，催生了大量的疫苗与药物，但却迎来了养猪业的高死亡率，养猪难的呼声不绝于耳。

归元散顺应了历史潮流，成功解决了在不改变外三元猪先天虚弱体质的条件下、在不改变现有饲养管理环境条件下，消除了底色病引发的“阳虚内寒”证，恢复了猪群健康的体质，让猪群彻底摆脱带病生产的困境，摆脱继发病的危害，从而达到“简易”养猪、快乐养猪的高尚境界。

归元散的问世，使得芦氏简易猪病分类法三要素齐备。养猪人只要按分类法对号入座就能“简易”防治本场猪病，且易学易做。

三、真正无抗养殖时代到来

“无抗养殖”这一响彻云天的口号，不仅是养猪人的愿景，更是消费者的期盼。但是，当人们对底色病束手无策、对继发的传染性疾病与非传染性感染性疾病非用抗生素类药物不可之时，无抗养殖只能是一句空话。

归元散彻底恢复了猪群的体质。由于不必给猪接种蓝耳病、圆环病毒病等多种疾病的疫苗，需用的抗生素类药物大大减少，特别是育肥期几乎无疾病发生，因此肉品中无抗生素。

归元散是当今难觅的治未病的中药制剂，只有治了未病，养猪业无抗养殖的愿景才能得以真正实现。

以归元散为核心的简易养猪技术能助饲料企业配制作用更广泛的、更安全的、更有效益的特殊功能的母猪饲料；能助养猪企业轻松通过粪、尿抗生素与重金属残留的国家检测，实现养猪人真正快乐养猪的梦想。

四、归元散的问世，翻新了业界对当今猪病的认识，去却了业界认识论的顽疾，展示了中华文化瑰宝的无限生命力

归元散在临床的成功应用，无可辩驳地证明，笔者提出的非传染性疾病主宰当今猪群健康的论断的正确性，颠覆了传染病是养猪业最大威胁的论调。惯用的“形而下”思维是该论调得以长期统治业界思想理论体系的根源。恢复“以大道为体，以常道为用”的认识论与方法论，是业界思想领域辩证唯物论的胜利。

总之，归元散的问世，是顺应历史、是“与天地准”的产物。养猪人当然更注重其效果；而业界知识层更应关注其哲学内涵，关注其认识论内涵，唤醒良知，不要在以后的新情况中重蹈错误认识论的覆辙，这便是对养猪人最大的慰藉。

第六节　对归元散的正确认识

归元散自问世以来，因适应证广泛，疗效确实，所以深受广大养猪人称誉。

在一片“神药”的赞誉声中，最紧迫的问题是：如何正确认识归元散？归元散真是神药吗？

归元散不是神药！世间也没有神药！这是笔者必须慎重告诫读者的。

笔者非常理解养猪人称其神药的心情，那是因为市场上真正顺应天地的药太少了。

归元散适应证广泛、疗效显著确实是不争的事实。成功之源全在制方之时，遵循“与天地准”，不戕伐猪体生气；而是“助生生之气”，达到代天生猪祛病的目的。只要人们遵循此原则来制方用药，那么笔者相信这种“神药”遍地都是。

尽管归元散可以作为最有效的霉菌毒素处理剂应用，可以作为最好的体质恢复剂应用，可以作为最好的催情剂应用，可以作为最好的母猪生产性能促进剂应用，可以作为最好的免疫促进剂应用，以及应用在其他方面，但却不能直接抗病毒、抗细菌，更不能杀灭寄生虫。尽管归元散是真正的高效体质调节剂，但是仍然难以常规剂量百分之百地对抗超常的恶劣环境（如极重度霉菌污染的饲料、超高热应激、超低温应激、超高密度应激等）对猪体的损伤，从而影响其生物学效应与医学效应的发挥。同任何事物一样，归元散也具有双重性，因此永远不是“神药”。若不遵守说明书的用法，超大剂量长期用药还会有风险。

另外，归元散还有许多不足之处，如间接抗病毒、抗细菌的作用有待进一步提高，需要进一步提高诱食性以增加采食量，缩短初次应用见效的时间。总之，归元散不是神药，也永远不能成为神药。

行笔至此，读者还会疑问：中医临证是辨证施治，依个体而开方，何来一方可治群体？可治众病？此问甚为切要。

明代名医张介宾在《景岳全书》中讲到治则的景岳八阵，其中一阵为"因略"，言道"因方之制，因其可因也"。意译为白话：一般临诊是以证开方，然而也有临诊是以某医方治病的，即以方论证。这样并不与辨证施治相悖，因为有其共同的病因与病证。归元散就是在"因略"的指导下成功实践的，"因略"对于养猪业的群体诊断、群体防治特别有指导意义。

总而言之，归元散是笔者50余年"读经典，做临床"的产物，是"以大道为体，常道为用，天下之能事毕矣"的产物。经典赋予归元散绳墨，临床赋予归元散不囿于绳墨，大道加常道赋予归元散深邃的中式哲学内涵。

当读者明白这些道理，还会认为归元散是神药吗?

第四章　干扰素诱导技术

一、至今没有真正的抗病毒药物

病毒性疾病让养猪业蒙受了巨大损失，养猪人谈病毒变色，因此也应运而生了抗病毒药物的研究热。翻开满天下飞舞的药品推介书、访单，映入眼帘的有如下抗病毒药在猪病临床的浊流中飘浮：转移因子、集落刺激因子、白细胞介素、免疫核糖核酸、植物血凝素等。它们都具有提高免疫功能与抗病毒的作用，但是它们同样不是真正的抗病毒药，同时还有许多未成熟技术环节有待完善，离兽医临床应用还有遥远的路要走。它们要么半衰期过短，不持续静脉给药不能奏效；要么有物种种属特异性或者病谱特异性，普遍应用受到限制；要么有耐受性，反复应用剂量必须不断加大；要么价格不菲，兽医临床根本用不起（参阅《跟芦老师学养猪系统控制技术》第三章第六节）。

至于被某些人炒作的抗病毒新秀的反义寡核苷酸，其治疗效果又是如何呢？

反义寡核苷酸（antisense oligonucleotide，ASON）是指进行了某些化学修饰的短链核酸（15 ~ 25 个核苷酸组成），它的碱基顺序排列与特定的靶标 RNA 序列互补进入细胞后，按照 Watson-Crick 碱基互补配对的原则与靶序列形成双链结构。结合后通过3种不同的机制影响靶标基因的表达：第一，ASON与引物前体结合，阻止正常引物的产生，使DNA的复制不能进行；第二，ASON与mRNA5′结合，形成类似转录终止信号的Ⅱ级结构，使转录中止，水平低下；第三，ASON与mRNA的SD序列和/或编码起始区结合，直接抑制翻译；另外，ASON还可与mRNA非编码区结合，使mRNA分子构象发生改变而不能与核糖体结合，从而间接抑制翻译。

因此很清楚，ASON是一种影响靶细胞基因功能而对抗病毒的基因治疗药物，但是ASON的临床应用存在诸多有待解决的问题。

第一，ASON的作用具有双重性。ASON与mRNA结合形成的mRNA Ⅱ级结构既可抑制其翻译，也可促进基因的表达。如何克服其双重性是临床应用中的一道门槛，否则病毒的表达可能更强烈。

第二，ASON具有专一性。众所周知，不同病毒基因其序列不同，每一种ASON的碱基序列必须要与特定靶序列的RNA序列互补。因此，不可能有一种ASON能针对多种病毒来设计，不可能具有广谱性，这无疑限制了其应用中的实用性。

第三，ASON必须修饰极化。裸露的ASON必须要进入靶细胞与同源基因结合才能发挥作用。这种进入细胞的过程是一种内化过程，效率很低。要使之成为高效主动吸收过程一定要将ASON极化，若缺乏此修饰过程，ASON的功效会大为降低。

第四，ASON具有明显的剂量依赖性。即或有成熟的ASON产品，随着连续应用，其剂量必须逐步增加，否则达不到疗效，这种连续应用的成本递增让养猪人望而生畏。

第五，ASON会被酶解，在体内难以达到有效浓度。

第六，ASON对非靶细胞有副作用。

因此不难看出，至今难有真正抗病毒药物面市，而既廉价又实用有效的 IFN 诱导技术自然受到兽医临床工作者的欢迎。

二、IFN 的概况

1957 年，Isaacs 在研究紫外线照射对接种流感病毒的鸡胚绒毛尿膜组织培养的影响时发现，数小时后组织培养液中虽然没有病毒颗粒，却含有一种可溶性的蛋白质，其能抑制活流感病毒的繁殖，这种蛋白质被称之为干扰素。以后观察到很多的细胞培养物、鸡胚或者实验动物在感染任何一种动物病毒，无论是 DNA 病毒还是 RNA 病毒，都有 IFN 产生，可见 IFN 的产生是需要病毒等诱生剂诱生的。

IFN 的理化特性如下：

（1）不能透析。

（2）100 000r/min 离心 4h 不沉淀。

（3）用胰蛋白酶、胃蛋白酶、胰凝乳蛋白酶处理后可以被灭活，但不能被 DNA 酶、RNA 酶、脂酶、受体破坏酶灭活。

（4）在 pH 为 2 ~ 10 时都很稳定，特别是在 pH 为 2 的环境中可抵抗很久时间。4℃时稳定，50℃时可抵抗 1h，70℃ 1h 活力下降 1/2。

（5）IFN 蛋白质中含有所有氨基酸，但不含核酸；单体相对分子质量为 12 000 ~ 19 000 的没有毒性；抗原性很弱，应用同种动物的 IFN 一般不引起免疫应答；不为病毒抗血清中和；不能自我复制。

（6）IFN 对细胞表面的 IFN 受体有高度亲和力。IFN 与受体的相互作用可激发靶细胞合成新的 mRNA，产生多种效应蛋白，发挥抗病毒、抗肿瘤及免疫调节的作用。故而可以认为 IFN 是细胞基因组自我稳定的反应产物，是除免疫系统以外的另一防御系统。

（7）IFN 是非特异性防卫因子，并不能直接作用于病毒颗粒，但可以保护敏感的宿主细胞抵抗病毒感染，即能抑制病毒在寄主细胞内复制。这种抑制作用没有特异性，因此抑制病毒的范围甚广，即对多种病毒有抑制作用。在病毒感染的早期，机体尚未产生特异性抗体之前就产生了 IFN。因此，IFN 在抗病毒感染中起重要的作用。

（8）IFN 通过以下途径发挥抗病毒的作用

①与特异性受体结合，活化细胞膜腺苷环化酶，促使 cAMP（环腺苷－磷酸）形成，以激活细胞内抗病毒的作用，产生下列抗病毒物质：出现寡核苷酸组成的 2′-5′A 系统，进而活化 2′-5′A 依赖 RNA 酶，从而降解病毒 RNA；产生蛋白激酶，蛋白激酶磷酸化后可阻断病毒蛋白质的合成；导致磷酸二酯酶（2′-PDi）增多，抑制病毒蛋白质的翻译。

②可抑制 mRNA 帽的甲醛化与氨基酸的酯化，干扰病毒蛋白质的合成。

③增强细胞毒性细胞，包括细胞毒性 T 细胞、吞噬细胞、杀伤细胞与自然杀伤细胞的功能，促进淋巴因子的释放，有利于机体清除病毒与病毒感染的细胞。

④增加细胞表面抗原的表述，提高免疫反应的强度。

三、IFN 的诱生（诱导）

1. 诱生剂（诱导剂） 由于机体内只有很少的细胞可以自发产生低浓度的 IFN，因此高效地产生 IFN 一般需经诱生。那些可以激发靶细胞产生 IFN 的物质称之为诱生剂或诱导剂，主要分为以下两类：

（1）A 级诱导剂　即病毒核酸（双股 RNA 诱导最强）与人工合成的 dsRNA，其诱导力强，无论是在活体内或离体培养细胞均可产生高浓度的 IFN。

（2）B 级诱导剂　当动物体内有布鲁氏菌、立克次氏体、支原体、

分枝杆菌等细胞内感染的微生物，脂多糖等微生物代谢产物，环己亚胺，卡那霉素等低分子量物质，促有丝分裂原等时，才产生 IFN。

2. 诱生阶段　IFN 的诱生分为两个阶段：第一阶段为诱导期，为 1 ~ 8h，首先是诱导剂与细胞膜接触，激发抑制状态的 IFN 基因去抑制；第二阶段为产生期，包括 IFN mRNA 转录、蛋白质的翻译与 IFN 的分泌。任何诱导剂其诱导 IFN 产生的曲线基本相似，呈抛物曲线，但各期的长短则因细胞和诱导剂的不同而不同。笔者从临床实践中体会到，以猪瘟疫苗病毒和鸡新城疫苗病毒诱导产生 IFN 的持续最长，约 3 周之久。

3. 诱导阶段　诱导 IFN 的过程有规律可循，并对临床应用有指导意义：

（1）IFN 的产生与释放在细胞首次感染病毒后持续 20 ~ 50h，其后不再产生 IFN，即使再感染病毒也不产生，此期可称之“不应期”，约持续 72h。因此，第二次应用 IFN 诱导剂必须在第一次应用后 72 ~ 120h 进行。

（2）首次应用 IFN 诱导剂只能产生低浓度的 IFN，第二次应用才能产生高浓度的 IFN。

（3）IFN 产生的量与诱导剂的量在一定范围内成正比，因此要产生高浓度的 IFN，必须用适当的大剂量诱导剂。

（4）灭活病毒的诱导作用比活病毒强。

（5）吮乳幼畜产生的 IFN 比成年动物的少得多。

（6）热应激有碍 IFN 的产生，甚至不产生 IFN。

四、兽医临床上为什么不直接用 IFN，而是采用 IFN 诱导技术抗病毒感染

IFN 的半衰期短，必须每天或隔天给药，且价格亦不菲。以人类

重组 IFNα-2b 治疗慢性活动性乙型肝炎为例，每日需皮下注射 200 万 ~ 500 万 IU 或隔日注射 1 000 万 IU。300 万 IU 的普通 IFN 的价格为 50 ~ 80 元，至少须隔日一针，而长效干扰素的价格为 1 200 ~ 1 500 元，1 周 1 针，如此高昂的价格是不可能用于兽医临床的。

但是，兽医有最优秀的、廉价的 A 级 INF 诱导剂——猪瘟弱毒疫苗病毒与鸡新城疫疫苗病毒。据笔者临床观察，其产生的 IFN 浓度高，持续期长，没有任何副作用，适于所有的病毒感染和适于所有年龄段的猪。

五、猪病防治中应用 IFN 诱导的重大意义

防治病毒性疾病是猪病防治中的大难题，笔者通过几十年的探索，不仅应用 IFN 诱导技术成功治疗了猪的多种病毒性疾病，而且可以预防猪的病毒性疾病和净化病毒性疾病，并且形成了一整套技术应用方案。其 IFN 诱导技术临床意义如下：

1. 治疗相关病毒性疾病 当猪发生繁殖呼吸障碍综合征（Porcine reproductive and respiratory syndrome，PRRS），伪狂犬病（Porcine pseudorabies，PR），猪瘟（Classical swine fever，CSF），流行性感冒（Swine influenza，SI）时等病毒性疾病时，除 CSF 可以用活的猪瘟疫苗作为诱导剂外，其他病毒性疾病均用死疫苗作为诱导剂。

2. 可作为净化病毒性疾病的手段之一 猪场净化工作无非是接种疫苗，淘汰阳性猪，但是没有一种检测手段有 100% 的特异性，难保阳性个体漏检；而 IFN 诱导技术可以在多次应用前提下，使阳性个体转为阴性个体。针对 PRRS 自然阳性猪场，笔者每 2 个月对全群母猪实施 INF 诱导一个疗程，大半年后难以检测出 PRRS 阳性猪。

3. 可以阻止病毒病的发生 不少猪场发病集中于某一阶段或某两个

阶段，笔者在猪发病阶段的前 7d 对相关猪群进行全群 IFN 诱导，每次均可以阻止疫病的发生。结合清除环境中的诱因，效果更好。

4. 为模糊治疗增加了措施　猪病的临床症状少有诊断价值，众多养猪人又不懂病理剖检，只能靠症状作出模糊诊断，估计用抗素类药物治疗，但效果常不理想，除了霉菌毒素损伤肝肾功能影响抗生素类药物的疗效外，未能控制病毒感染也是重要的原因。而 IFN 诱导技术可以克服此等不足，有效对抗病毒感染，从而提高模糊治疗的疗效。在笔者的指导下，不少被判无救的猪场获得了重生。

六、IFN 诱导技术的临床应用

1. 抗病毒感染　除受猪瘟病毒感染外，一律用灭活猪瘟普通细胞疫苗，即将猪瘟疫苗放在沸水中 10min 左右，或放在阳光下直射数小时，或放置于紫外灯下 50cm 处数小时以灭活。乳猪 20 头份、保育猪 40 头份、中大猪 60 头份、母猪 80 ~ 100 头份作肌内注射，72h 后重复肌内注射一次。若采用鸡新城疫 Ⅰ 系疫苗或Ⅳ系疫苗，则同样将其灭活，使用剂量为乳猪 40 羽、保育猪 80 羽、中大猪 160 羽、母猪 200 羽。

若是治疗或预防 TGE 或 PED，则改为交巢穴注射，使用剂量同上。

对于抗病毒感染，72h 后重复应用一次极为重要，只有第二次给予诱导才能产生高浓度的 IFN，才能有效抗病毒感染，才能是一个完整的疗程。

2. 用于净化蓝耳病和圆环病毒 2 型引起的病毒病　净化的对象主要是种猪，包括种母猪和种公猪。每 2 ~ 3 个月对种母猪和种公猪进行一个疗程的 IFN 诱导，需持续半年至 1 年以上。

灭活猪瘟疫苗的超大剂量接种安全问题是大家关心的，笔者与同仁在近百万头母猪的应用证明，只要按操作规程实施，任何妊娠阶段的母猪均无一头流产，死胎率未见上升，也不会早产。IFN 的诱导对母猪是安全的，但一定是灭活疫苗。此举还可防止蓝耳病病毒的垂直传播。

3. 预防保育猪发生蓝耳病和圆环病毒 2 型引起的病毒病，或预防蓝耳病病毒与圆环病毒 2 型干扰 CSF 疫苗的接种效价 保育猪、中猪之所以发生蓝耳病和圆环病毒 2 型引起的病毒病，是由于母猪带毒，因此控制的关键环节在于做好母猪的清毒工作。在做 IFN 诱导净化的猪场，应将每 2 ~ 3 月一个疗程的 IFN 诱导工作安排在怀孕母猪的产前 1 周，以保证哺乳期母猪不排毒感染乳猪。

如果完成对母猪的上述疗程后仍不放心，可对 20 日龄乳猪实施 IFN 诱导。须要注意的是，猪瘟疫苗的首免要在仔猪 45 日龄时实施，过早接种会干扰效价。

4. 预防中大猪阶段的病毒性疾病 可在发病阶段前一周实施一个疗程的 IFN 诱导，必要时 3 周后重复一次。

5. 预防口蹄疫感染 笔者只进行了一个猪场的试验（众多学生对众多猪场进行了试验），在口蹄疫（Foot and mouth disease，FMD）发生后立即对未发病猪（约 60 头）进行 IFN 诱导，未做 IFN 诱导的同舍猪很快发生了 FMD，但 20 余天后，进行过 IFN 诱导的猪也发生了 FMD。试验结果表明，IFN 诱导产生的 IFN 可以持续 3 周，比直接 IFN 给药持续期长得多，可以延缓口蹄疫病毒（Foot and mouth disese virus，FMDV）的感染与发病。然而这是在同舍病猪没有清除、隔离的情况下的试验，其消毒工作也并不尽如人意。如果封锁、隔离、消毒工作做得到位，环境中病毒富集量小，猪就可能不再发病；如果全群都进行 IFN 诱导，那么延缓的 3 周为实施疫病防治预案赢得了宝贵的时间。因此说，IFN 诱导在防止 FMD 流行中的作用仍值得深入探索。

七、实施 IFN 诱导技术中其他注意事项

（1）IFN 是机体的非特异性防卫机制之一，其诱生量多受机体健康状况的影响。IFN 诱导技术同样是疫病系统控制技术的一个组成部分，如果不控制霉菌毒素的危害，IFN 诱导的效果就会有差异。当肝脏受损严重时，甚至出现诱导失败，无效。

（2）应激亦会影响 IFN 诱导的效果，特别是热应激对其的影响最为严重，以使对母猪、育肥猪的诱导效果不佳。如果夏季发生疫病，需要用 IFN 诱导技术时，一定要规避或减轻热应激。

（3）乳猪的免疫功能尚未发育完善，应用 IFN 诱导技术效果稍差一些。因此，防止乳猪的病毒性疾病，仍须从母猪的 IFN 诱导做起。

（4）除确认为猪瘟的病例可以用活的猪瘟疫苗进行 IFN 诱导外，其他情况一律不可用活疫苗，只可用灭活疫苗进行 IFN 诱导。如此，不仅 IFN 诱生量大，而且可以避免超大剂量的活疫苗使用可能引发的争议。

（5）以猪瘟疫苗的普通细胞苗作为诱导剂最好，亦可用鸡新城疫Ⅰ系疫苗或鸡新城疫Ⅳ系疫苗作为诱导剂。

（6）IFN 诱导后的 20d 内不宜接种其他活疫苗。

中篇

猪病求真篇

中篇

猪病求真篇

第五章 归元散彻底防治底色病

第一节 底色病的发现过程

人们演戏要化妆，女同胞走亲访友爱化妆。演员化妆可使得颜貌演谁象谁，女同胞化妆显得更年轻美貌，气质高雅。总之，化妆可以让被化妆的对象失去原本的真面目，掩盖瑕疵。

化妆如何才能掩盖瑕疵，让真相掩蔽呢？第一步必须先上底粉或底色。将底粉在上妆的部位涂抹均匀，俗称打底粉或打底色；第二步再上妆色，将妆色涂抹得浓妆淡抹相宜而止。底粉在此起什么作用呢？不上底粉直接上妆色不可以吗？底粉起到让妆色好上的作用，否则无以做到浓妆淡抹总相宜；妆色一旦涂抹，再也见不到白色的底粉了，底粉之色被后上的妆色所掩盖了。

养猪生产中，有一种疾病如同粉底一样，猪体一旦罹患，便会易感其他疾病，特别是传染病。继发病一旦发生，其明显之症状，必将掩盖底色样原发病的表现，故而这种疾病谓之底色病。

当今，复合性霉菌毒素中毒病就是底色病。复合性霉菌毒素中毒病摧毁了猪体的防卫功能，广泛损伤猪体所有的系统、脏器，使得猪易感其他疾病，特别是传染病。一旦继发其他疾病，继发病的症状就掩盖了底色病的症状，没有丰富的临床经验是发现不了原发的复合性霉菌毒素中毒病的。该中毒病可造成其他疾病，特别是以传染病为原发病流行的假象。

由于缺乏对原发的复合性霉菌毒素中毒病的认知，因此人们只重视继发病的防治，终因治标不治本，未能终结之，形成用现代高科技手段仍不能阻止猪病肆虐的怪现象。

那么，笔者是如何发现底色病的呢？

自从2006年所谓“高热病”（蓝耳病的代称）流行期，笔者一直深入猪场、养殖户进行观察和诊断。短短数月中，便有三点不同市井之言的认识。第一，并非所有病猪体温升高都在高热范围，因为还有体温正常的病猪，所以用高热病囊括所有的猪病显然是极其偏颇的。第二，“高热病就是蓝耳病”是绝顶的误诊。笔者2006年下半年出诊数十场次，只见到真正的蓝耳病3例，数十场次猪的治愈率在95%以上，与传言的高热病就是不治之症的流言相差甚远。第三，笔者临诊中发现，无论发病猪群还是未发病猪群均存在许多以前少见的而当今却常见的症状，如小母猪阴唇红肿、末梢组织的干性坏死、呕吐；另外，还发现许多以前从未见过的新症状，如眼流红色分泌物，脊背皮肤充血、出血，对称性皮炎皮疹，猪群体温普遍偏高1℃左右但食欲正常，且长期如此。诸多现象，均不能凭以往临床经验来诠释，而当时业界将这些症状均划归为高热病。但是发病猪群与非发病猪群均存在前述症状之事实，极易否定蓝耳病的诊断。剖检发现，病猪与不发病猪实质脏器均有明显的眼观病变（如炎症、变性、出血等），又从病理层面否定蓝耳病之诊断。其发生的普遍性不得不怀疑是猪中毒，且是饲料中毒，进而直指霉饲料中毒。

循此思维，笔者检查所到猪场、养殖户的饲料，均发现玉米胚芽霉

变严重，其黑色的霉变部分嚼之苦味难当，因此更加坚定诊断方向。遂动员猪场、养殖户用无霉变糙米取代玉米喂猪，经月余，上述症状相继消失，彻底排除这些症状是蓝耳病、附红细胞体病之谣言，霉菌毒素中毒病的诊断自然成立。

复习有关霉菌毒素中毒病的相关文献，提高对该病广泛损伤猪体免疫系统，以及所有系统与所有脏器的认识；结合临床现实，霉菌毒素中毒病有极易继发其他疾病，尤其是继发传染病的发病特点；而传染病的流行又使得霉菌毒素中毒病被掩盖，隐而难明。至此，给霉菌毒素中毒病冠以底色病代之再恰当不过。

随着时间的推移及笔者对认识的深化，霉菌毒素中毒病复杂多样的症状不是某一种霉菌毒素危害的结果，而是多种霉菌共同感染作物籽实，产生多种霉菌毒素危害猪体的结果。底色病的内涵至此更为丰富，它代表的必然是复合性霉菌毒素中毒病。

由于饲料霉变现象广泛存在，而人们又无法将其彻底清除，进而更谈不上彻底清除底色病，因此底色病自然广泛存在中国猪群中，成为当今猪群中普遍存在的最根本的原发性疾病。

第二节　底色病

一、病因

1. 污染作物概况　所有的霉菌毒素都是底色病的病因。霉菌毒素是霉菌的代谢产物。霉菌是真菌的重要组成部分，广泛存在自然界中。目前，已发现45 000余种霉菌，但绝大多部是非致病性的。只有少数霉菌（200余种）是产毒霉菌，它们可产生400余种霉菌毒素，其中在自然条件下能引起动物和人中毒的霉菌有50余种。而主要与猪有关的霉菌毒素有 13 种，它们分别是玉米赤霉烯酮（F–2 毒素），脱氧雪腐镰刀菌烯醇（deoxynivalenol，DON，即呕吐毒素），伏马毒素（fumonisin，FB，此处主要指 FB_1 和 FB_2），黄曲霉毒素，T–2 毒素，二醋酸藨草镰刀菌烯醇，雪腐镰刀菌烯醇，麦角生物碱，橘青霉素，黑葡萄穗霉毒素（S 毒素），串珠镰刀菌素，青霉震颤毒素（S 毒素）和赭曲霉毒素。

近几年，多份相关检测报告表明，污染作物籽实与饲料频率高的霉菌毒素主要是伏马毒素、玉米赤霉烯酮、呕吐毒素、T–2 毒素、黄曲霉毒素 B_1。《2013 年我国部分地区饲料及原料霉菌毒素污染调查报告》（以下简称《报告》）表明，伏马毒素的污染率最高达 95%，玉米赤霉烯酮污染率为 91%，呕吐毒素污染率为 88%，T–2 毒素污染率为 80%，黄曲霉毒素 B_1 污染率为 75.9%。

该《报告》还表明，上述霉菌毒素阳性检出率（表示阳性样品中 50% 样品毒素含量低于该数值，50% 样品毒素含量高于该数值）分别为：FB_1 为 5 678.5μg/kg，玉米赤烯酮为 62.1μg/kg，DON 为 838.8μg/kg，黄曲霉毒素为 0.5μg/kg，都分别低于国家规定的饲料卫生标准，阳性样品毒素平均值只有呕吐毒素超标，伏马毒素 B_1 平均值为 18 419.20μg/kg，数值最高，但无标准可参考（笔者注：霉菌毒素检测值未超标与结合态的霉菌毒素未被检出有关，详见本章第八节）。

另外该《报告》还指出，检出霉菌毒素联合污染率为：3 种联合污染率为 75.73%，2 种联合污染率为 16.83%，仅 1 种毒素污染率为 7.44%。

2. 霉菌毒素理化特点　霉菌毒素分子质量小，对猪体不引起免疫应答；有较强的耐热性，饲料制粒的温度不能破坏其结构与毒性；耐酸，在碱性环境中容易被破坏；半衰期长，可在机体组织内蓄积，当蓄积到一定数量时引发中毒。因此，即使客观上长期饲服符合国家标准的含有

霉菌毒素的饲料也并非安全，仍存在蓄积中毒的事实，更何况当今检测手段只能检测出饲料中毒素的部分含量（约占 1/3 量的游离毒素）。

二、症状

1. 急性中毒　当猪一次性采食高含量的霉菌毒素引发疾病时，出现典型临床症状者谓之急性中毒。临床上，由于多种霉菌联合污染作物，尤其是作物籽实，因此急性中毒的症状呈现复杂化，但在复杂之中仍有明显的择重。

猪急性中毒后常表现为：以出血性胃肠炎为主的，吐血或呕吐物呈咖啡色，排黑便；以急性胃刺激症状为特点的，采食或吃奶后立即呕吐；以黄疸、转氨酶升高为特点的肝胆损伤，巩膜乃至皮肤发黄，尿液呈栀子水样颜色；以急性肺水肿为特征的，突发呼吸困难，有两侧淡桃红色泡沫样鼻露；以蛋白尿和管型为特征的肾功能损伤，多尿，尿液浑浊，尿检有蛋白，管型；以流产为特点的，母猪在妊娠早、中、晚期均可发生，且无症状，流产胎儿有明显肝肾损伤或器官出血，绒毛晕坏死，脱落。

急性霉菌毒素中毒病，临床上少见。

2. 慢性中毒　猪长期采食较低含量霉菌毒素饲料，甚至毒素含量符合国家标准，毒素在猪体内蓄积到一定程度时，猪也会逐步呈现中毒症状。虽然广泛应用霉菌毒素处理剂，饲料中的霉菌毒素在被吸收前得到部分处理，但却处理得极不彻底，故而慢性中毒最为常见。

猪慢性中毒后的临床表现为：小母猪乃至初生小母猪阴唇红肿；眼结膜红肿，流红色眼露；小猪背中线皮肤呈红色条带状，背中线两侧皮肤出血，背部与腹侧部皮肤有对称性皮炎或皮疹；小母猪乳腺假性发育，肥大；母猪尿石症；母猪产仔后无乳或少乳或产后 3 ~ 4d 突然无乳；

反复免疫其抗体水平仍然低下乃至缺如；排除高热天气，母猪产程仍然超过 3h；排除传染因子后死胎率仍然超过 8%；超过 10% 的后备母猪乃至整群后备母猪到发情年龄仍不发情；排除膘情因素与隐性感染后经产母猪断奶后不再发情；排除传染因素后公猪出现睾丸炎，睾丸与附睾萎缩，精液量与品质下降，性欲减退，包皮水肿；新生猪肛门周围皮肤呈黑色或青色，眼睑、股后部和腹下水肿；排除传染因子后猪群体温普遍升高至 39.5 ~ 40℃，但食欲基本正常。

病理剖检时发现，肝肾实质变性、出血，色淡少血，心肌缺血、松软、变性，脾脏白髓减少，肾上腺肿大、出血。

三、发病特点

1. 慢性中毒的表观症状有强烈的个体性 发生慢性霉菌毒素中毒时，只有部分猪或个别猪出现上述某一种或几种症状，大部分猪只没有表观症状。但若剖检这些外观正常猪，均可见到与有症状的猪只一样的实质脏器的变性，如肾上腺肿大、出血，脾脏白髓消失。笔者将这种外观正常而实则五脏俱损的猪称之为“平猪”。这无疑证明霉菌毒素危害猪群的潜在普遍性与严重性。同时也告知养殖户，猪发生慢性霉菌毒素中毒时，不能因多数猪只无症状而不重视之，不能以只有少数猪乃至个别猪有症状而不为之。

2. 霉菌毒素之间有加合作用 一方面，农作物被几种霉菌联合污染的事实极为普遍，因此饲料广泛存在几种霉菌毒素污染的现象；另一方面，一种霉菌可能产生多种霉菌毒素，因此饲料中同时存在多种霉菌毒素污染的现象也极为普遍。多种霉菌毒素对猪体的危害远远大于单一霉菌毒素对猪体的危害，其危害性是单一毒素的几倍、十几倍乃至几十倍，这便是霉菌毒素之间的加合作用。这也是全价饲料各单项霉菌毒素含量

合格，但饲喂后猪群仍然广泛存在底色病症状与脏器损伤的原因之一。

3. 各种环境应激因子可降低猪体对霉菌毒素的解毒能力　常常表现为即使霉菌毒素含量低于危害标准也能损伤猪体，这些环境应激因素是热应激、高密度饲养、寒冷、污秽的空气、营养不全或缺乏、注射与接种、分娩转群、限位等。

4. 当改用无霉变饲料后上述表现症状逐渐消失　笔者曾用无霉变糙米取代玉米喂猪，在半月甚至超过 1 个月的时间内，上述慢性霉菌毒素中毒的表现症状相继消失。

5. 具有群发性　猪发生慢性霉菌毒素中毒时具有群发性，而不具传染性，也不具备免疫原性。

猪发生底色病的相关临床照片见图 5–1。

呕吐物呈咖啡色，皮肤苍白，胃出血

群体呕吐，皮肤充血

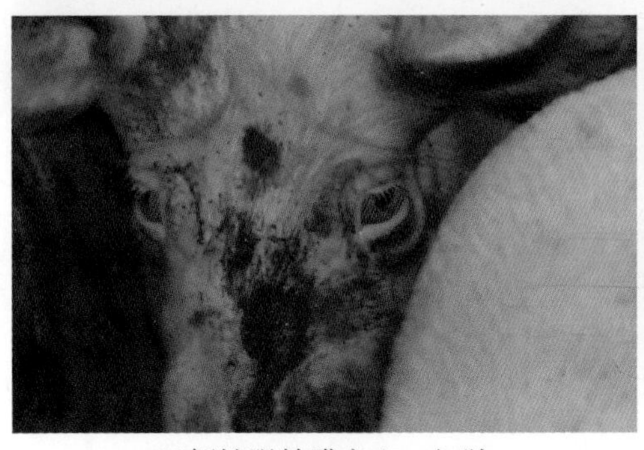

双侧性眼结膜充血，红肿

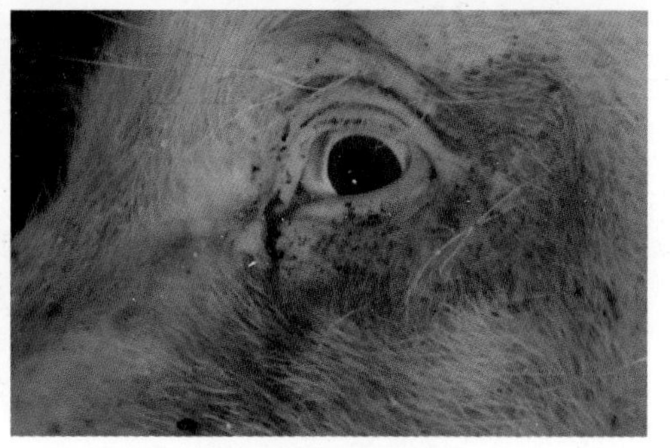

眼流出红色分泌物

图 5–1（a）　底 色 病

黄疸，巩膜黄染

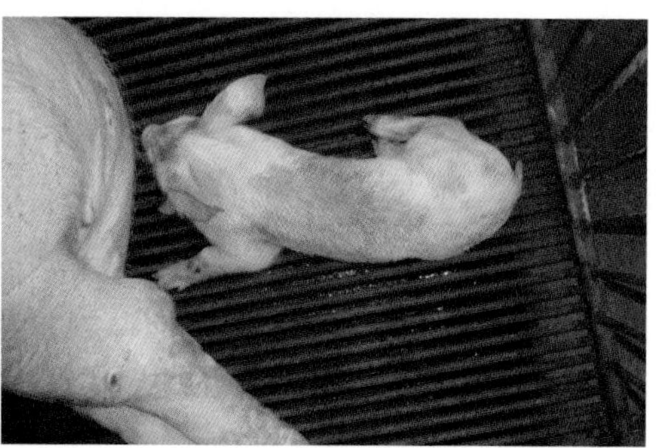
黄疸，全身皮肤黄染

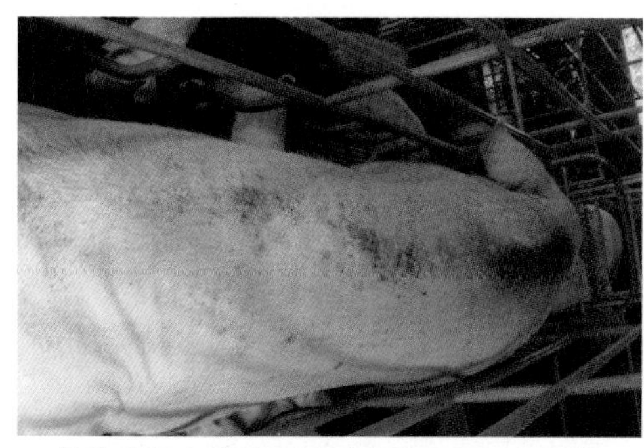
母猪背部皮肤陈旧性融合性出血，呈黑色

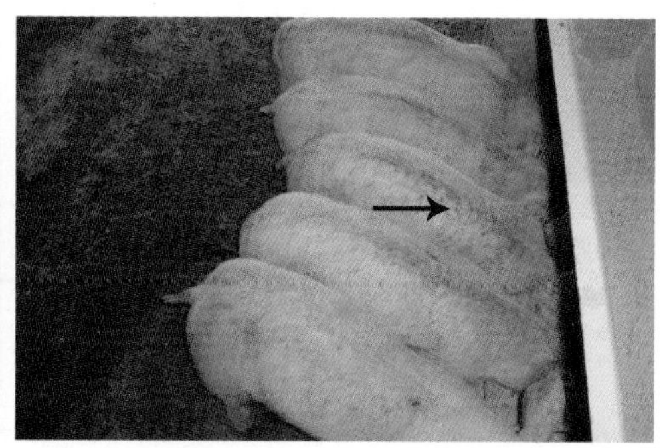
背部皮肤新鲜出血，呈红色

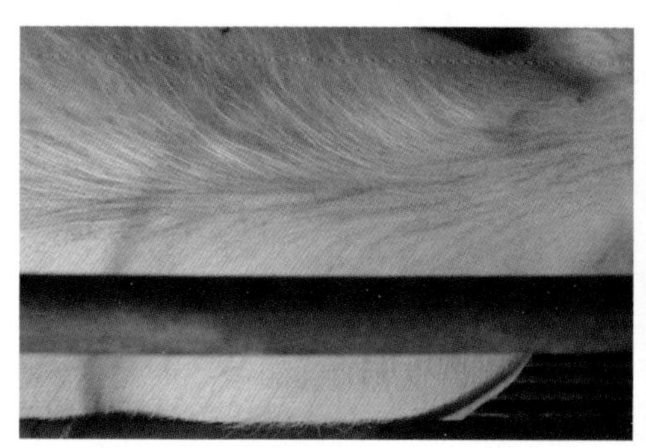
背部皮肤次新鲜出血，呈黄红色

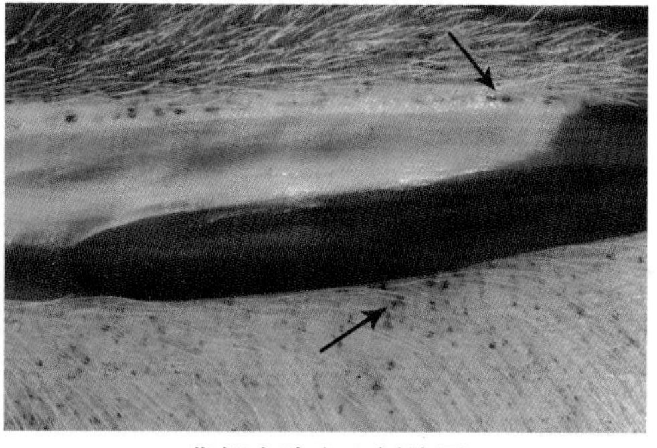
背部皮肤出血剖检图

图 5-1（b） 底色病

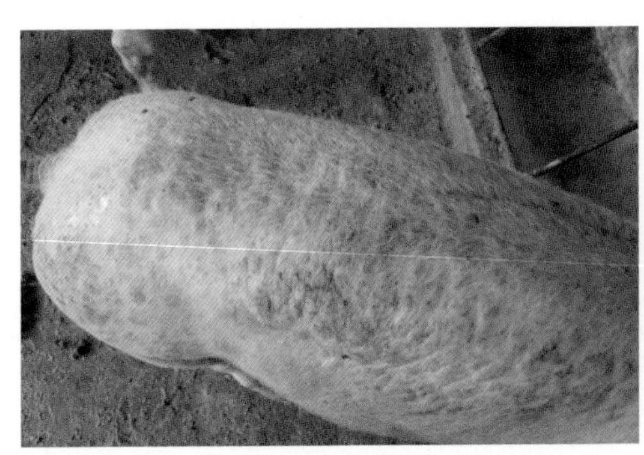

背部皮炎与皮疹

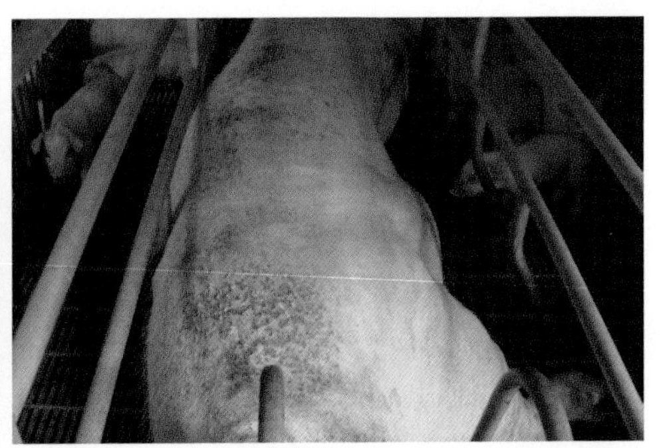

荐部皮肤皲裂

皮　疹

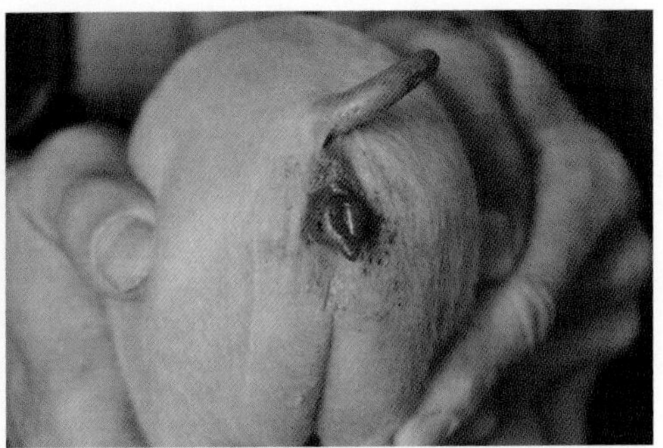

出生乳猪阴唇红肿，股部水肿

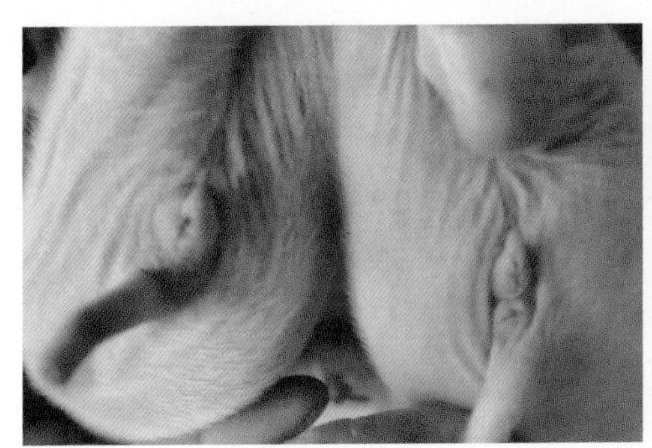

以阴唇肿大为主，充血、红色为次

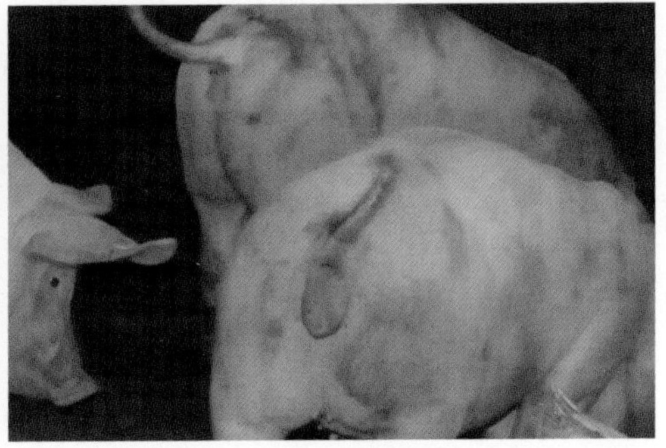

阴唇只肿不红

图 5-1（c）　底 色 病

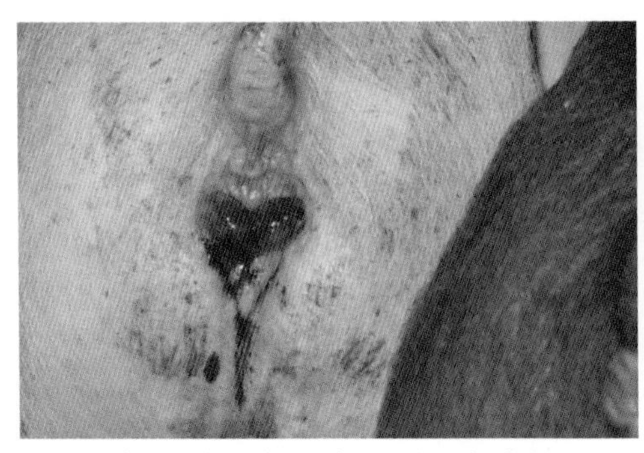

脱肛，直肠水肿脱出，为肛门嵌闭

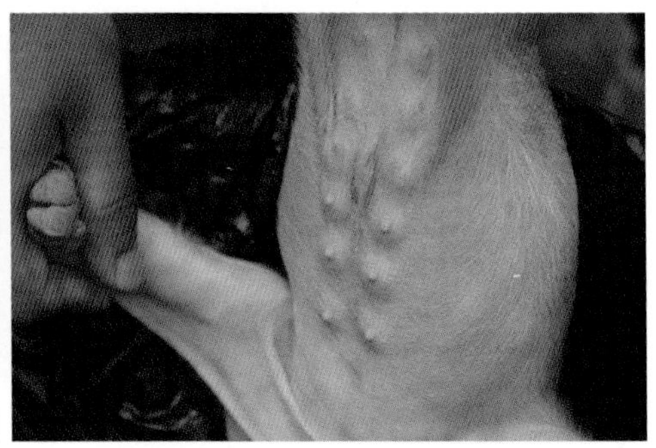

乳猪乳腺假发育，乳腺间质增生

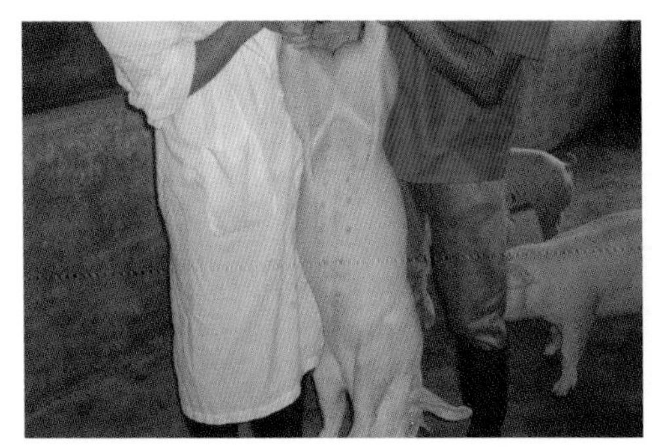

中猪乳腺假发育

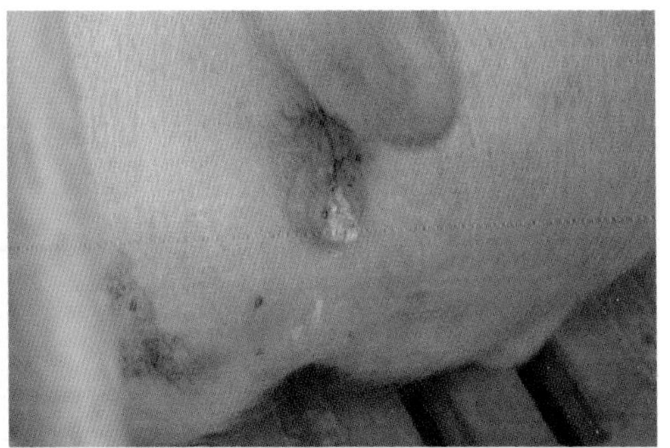

尿石症，尿渍上有石灰粉样沉积物

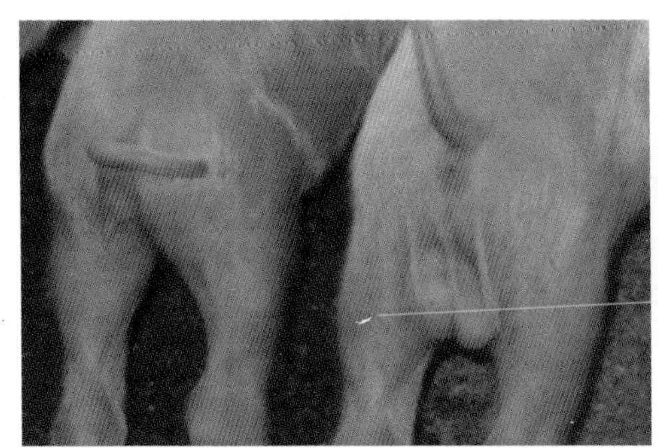

出生公猪睾丸下坠，出生母猪阴唇红肿

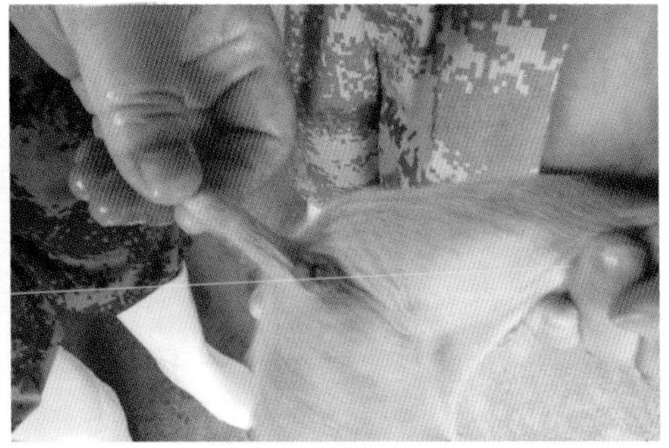

出生猪肛门皮肤呈蓝青色

图 5–1（d） 底 色 病

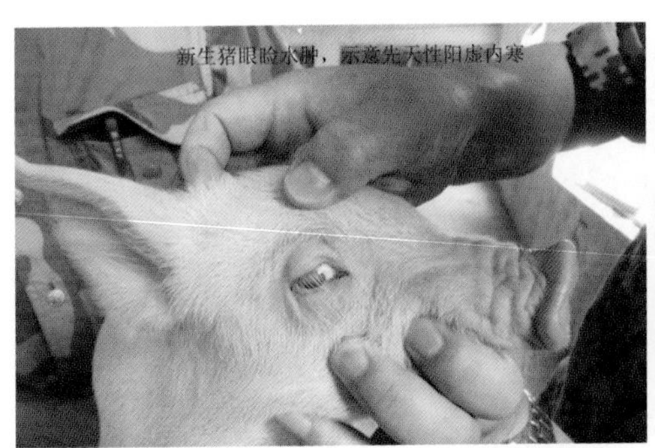

出生猪眼睑水肿，有红色眼分泌物

怀孕母猪流产，产出畸形胎儿

怀孕母猪流产

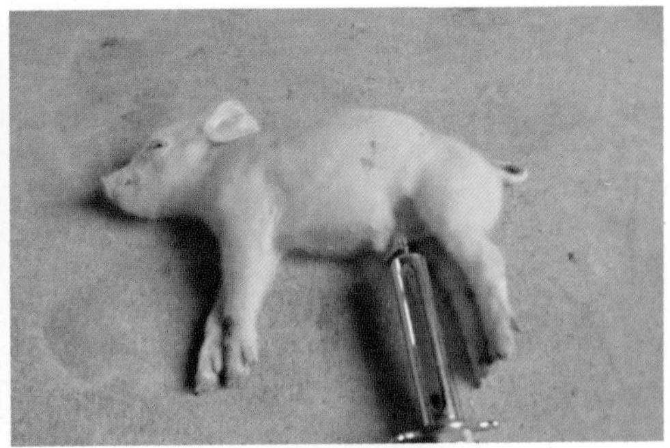

肝硬化腹水（1）

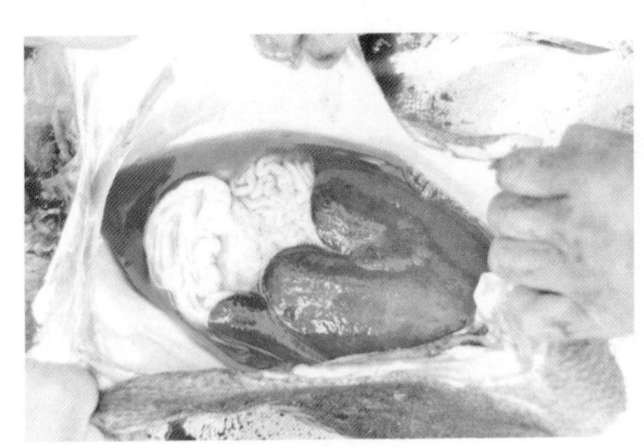

肝硬化腹水（2）

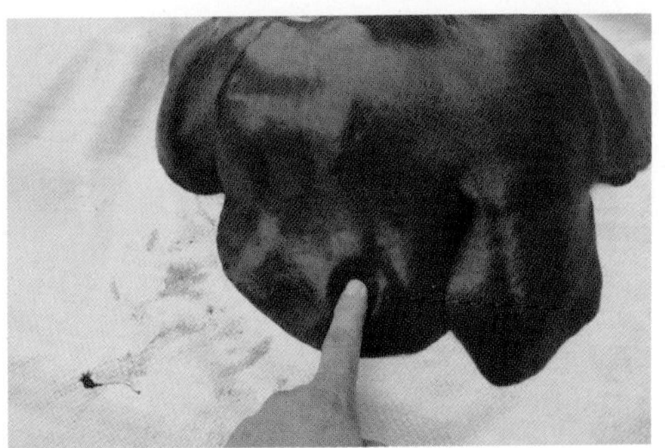

肝脏实质变性

图 5–1（e）　底 色 病

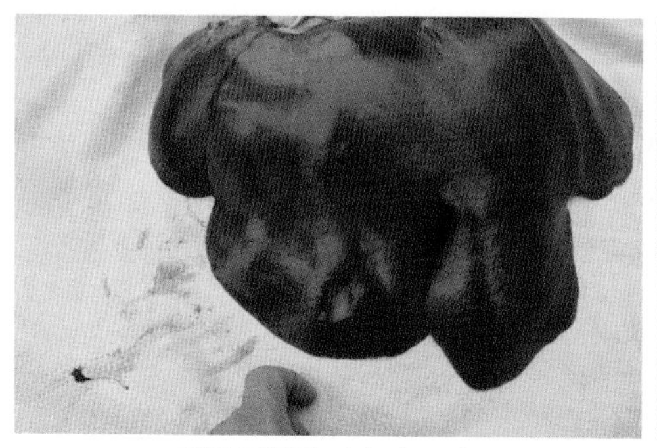

手按压肝脏后留有压痕

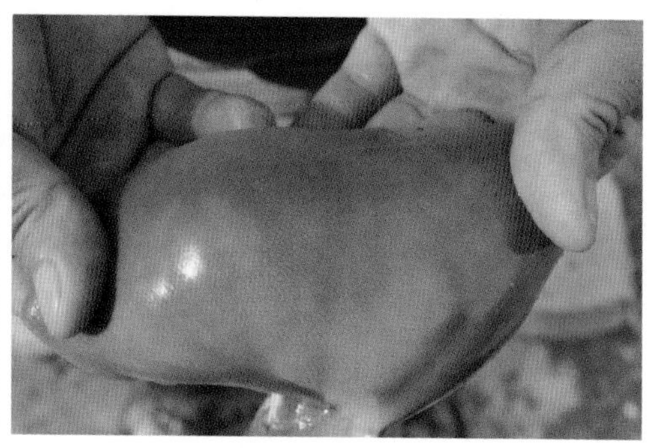

肝脏实质变性，缺血肝

缺血肝脏剖面

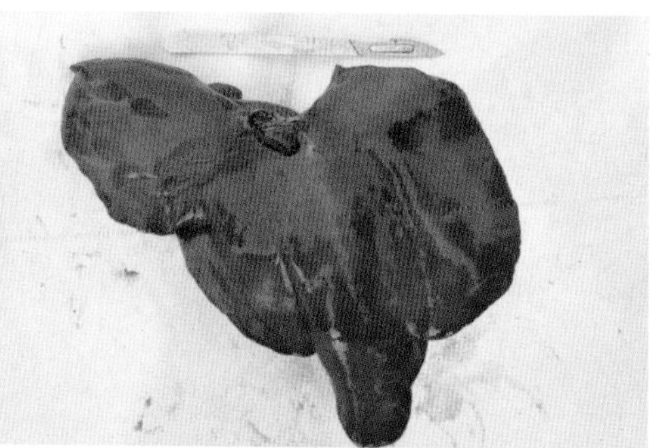

中毒性肝炎，急性黄色肝萎缩，肝坏死

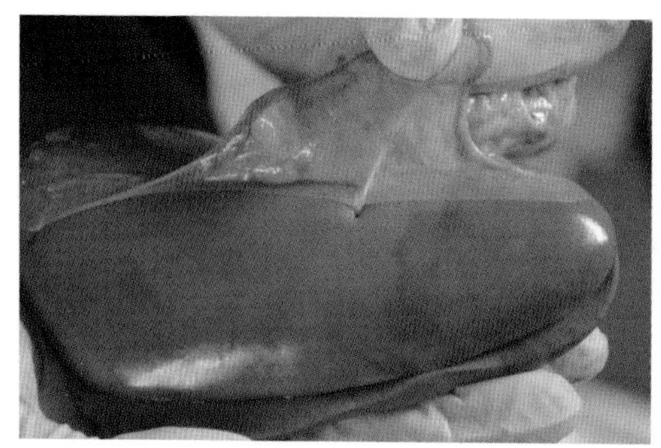

肾脏实质变性

实质变性肾脏剖面，皮质与髓质变性融合，失去正常外观

图 5–1（f） 底 色 病

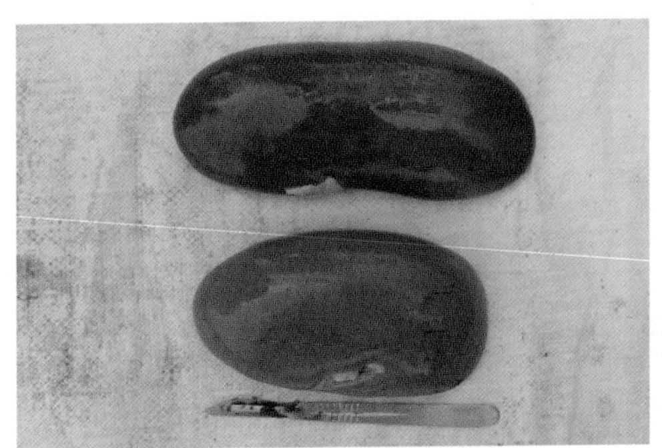

变性肾脏实质，大小不一

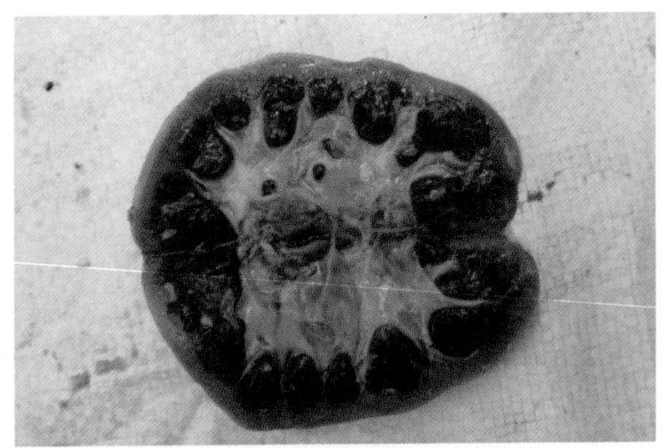

肾脏萎缩，皮质菲薄，肾脏乳头肿大，出血

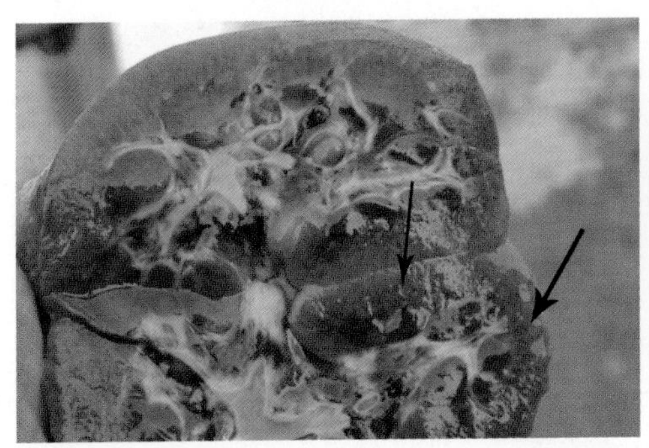

肾小球肾炎（箭头所指为红色发炎肾小球颗粒）

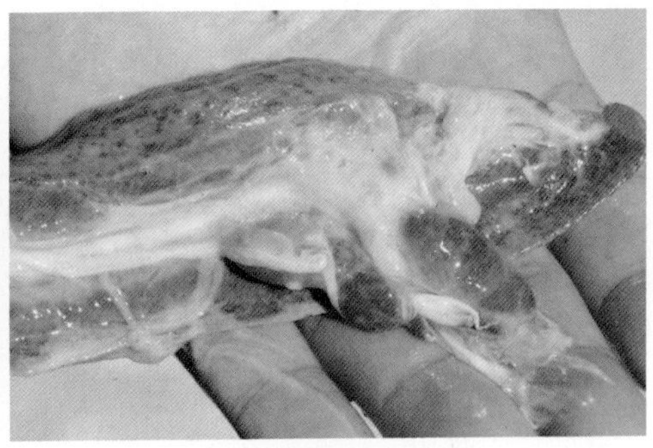

出生乳猪增生性脾炎

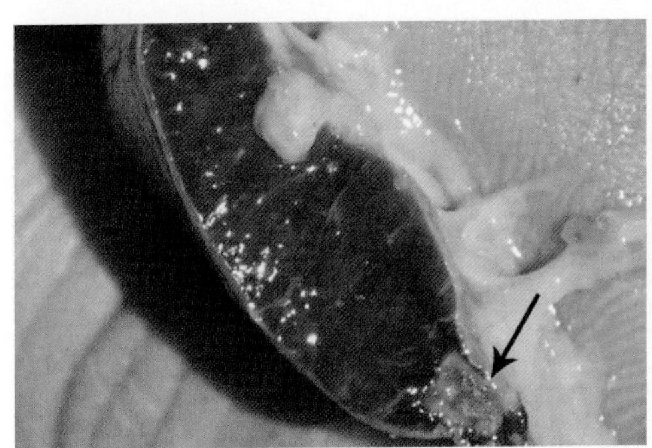

为上一张图脾脏剖面，火腿脾，不见白髓（箭头处为陈旧性梗死）

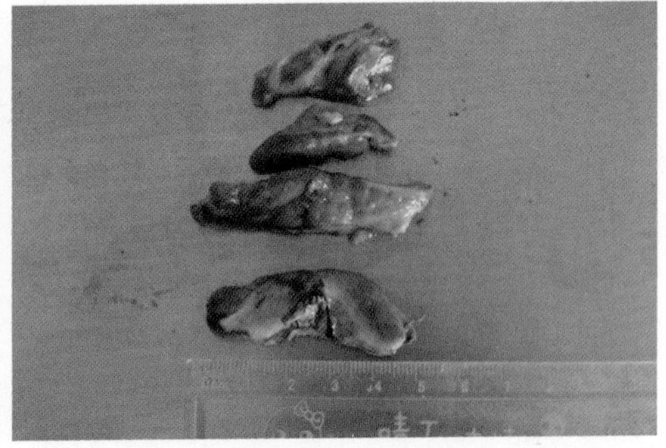

肾上腺肿大变性（成年健康猪的肾脏大小为10mm×3mm，上面两个为刚出生乳猪的肾脏，下面两个为1月龄猪的肾脏）

图 5-1（g）　底色病

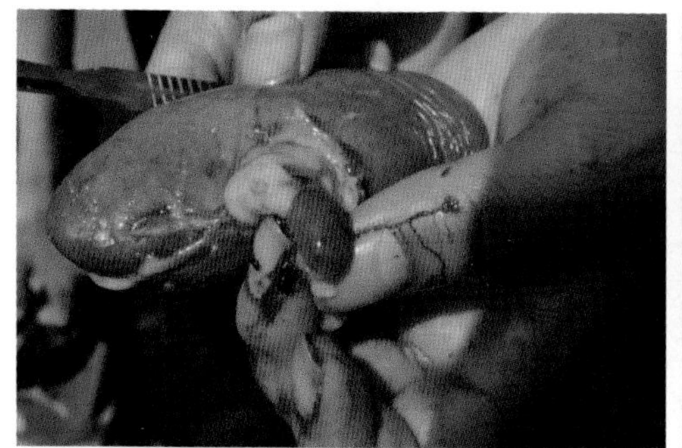

肾上腺肿大、变性、出血

红髓增生，呈颗粒状，不见脾小体

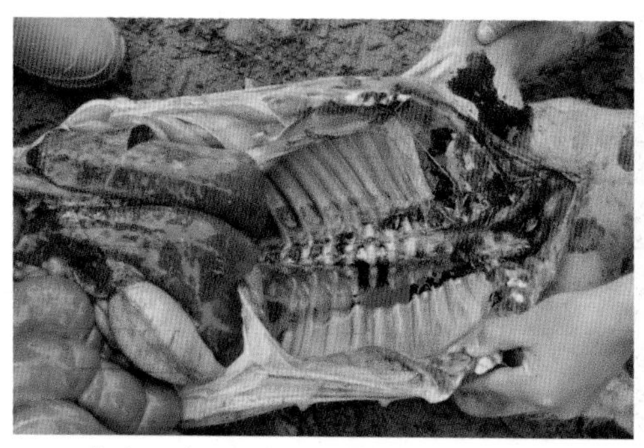

黄疸，皮下组织、胃浆膜、肋膜黄染

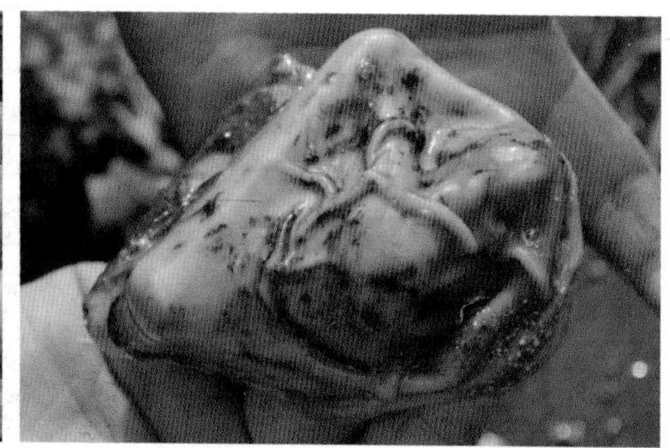

胃出血

胃黏膜充血，有黏液样变性

胃黏膜慢性增生性炎症

图 5–1（h） 底色病

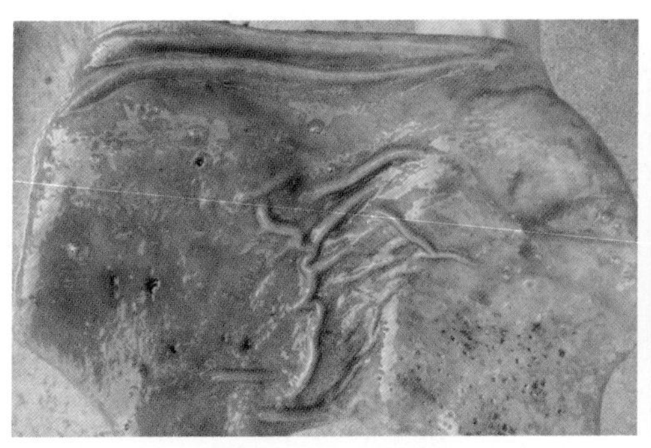

慢性胃炎、胃溃疡

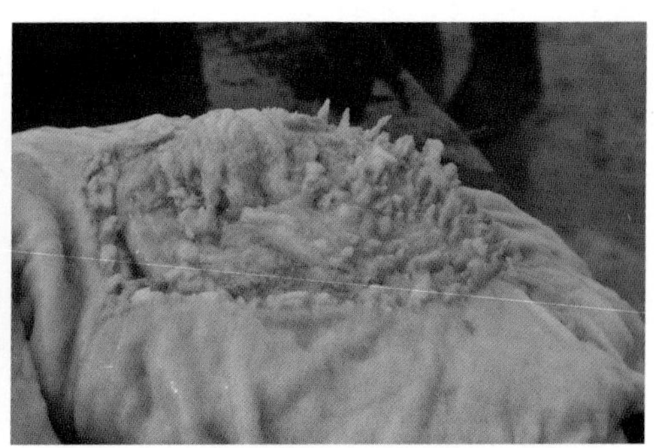

贲门无腺区黏膜大面积腐脱，癌变

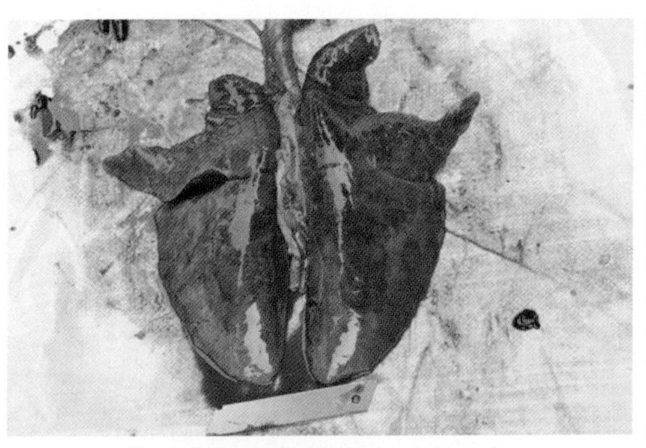

伏马毒素引发肺出血、肺水肿

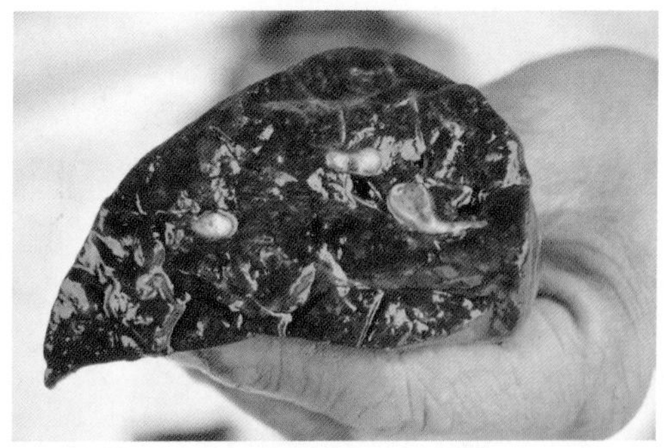

肺水肿切面，湿润，从小支气管流出红色泡沫样液体

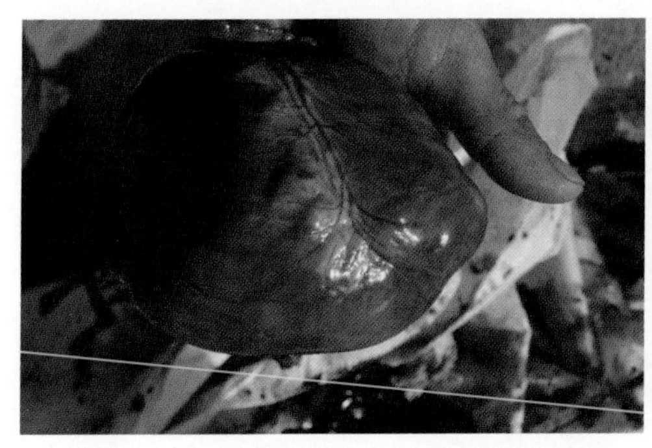

虎斑心，心肌脂肪变性，呈黄红相间外观

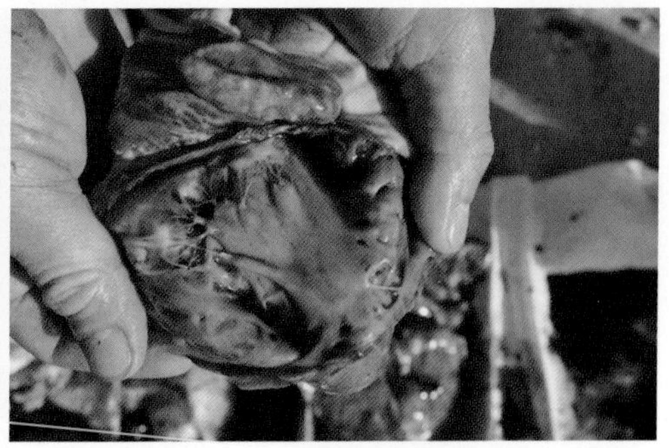

心房心肌的脂肪变性

图 5-1（i）　底 色 病

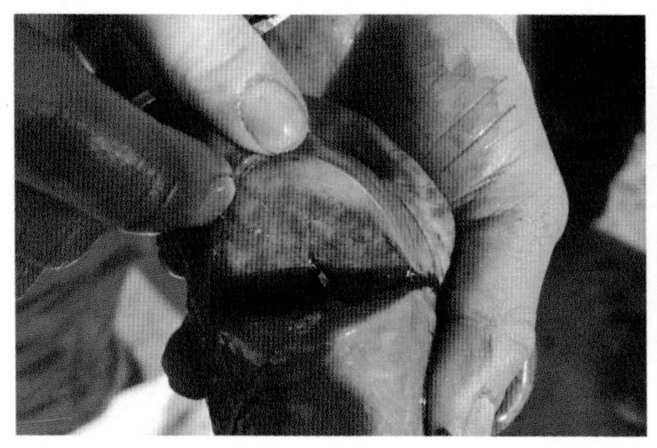

心尖心肌的浑浊肿胀，色斑，均质

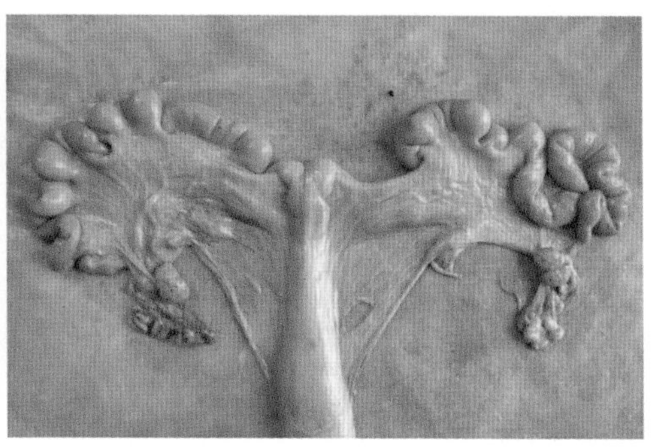

后备母猪多泡性卵巢囊肿，子宫慢性出血

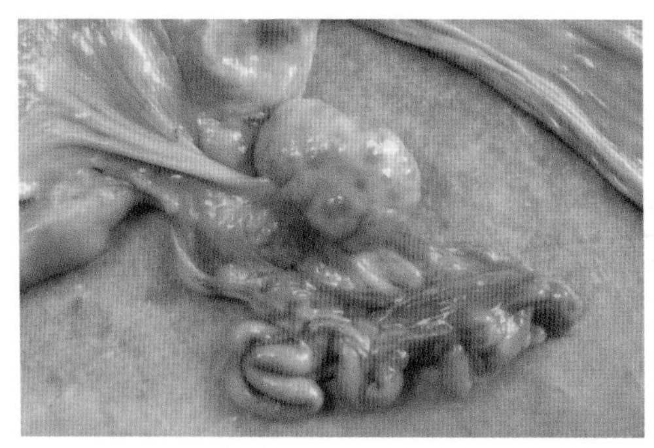

多泡性卵巢囊肿，致后备母猪不发情

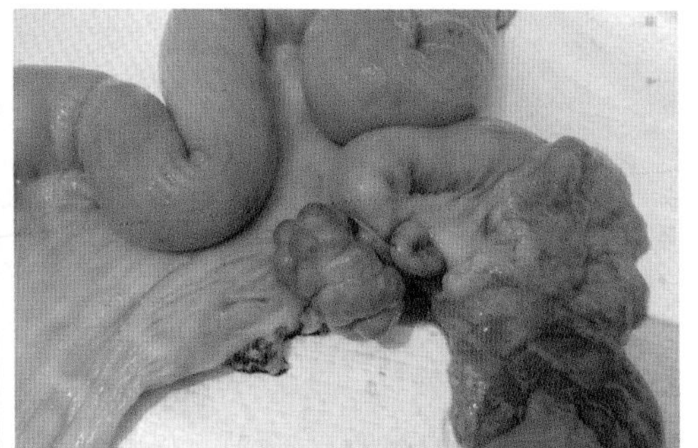

静止卵巢，致经产母猪不发情

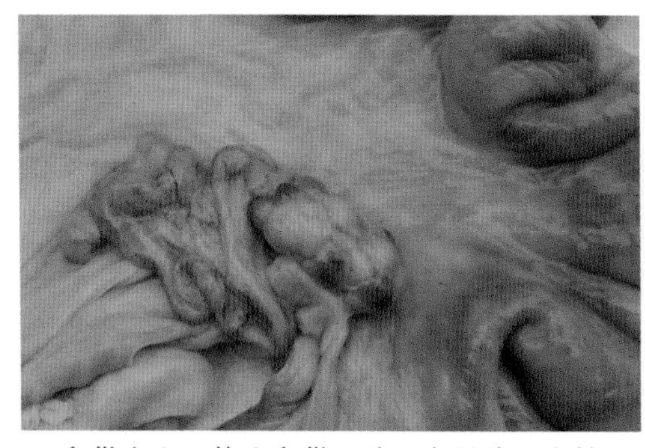

卵巢出血，静止卵巢，致经产母猪不发情

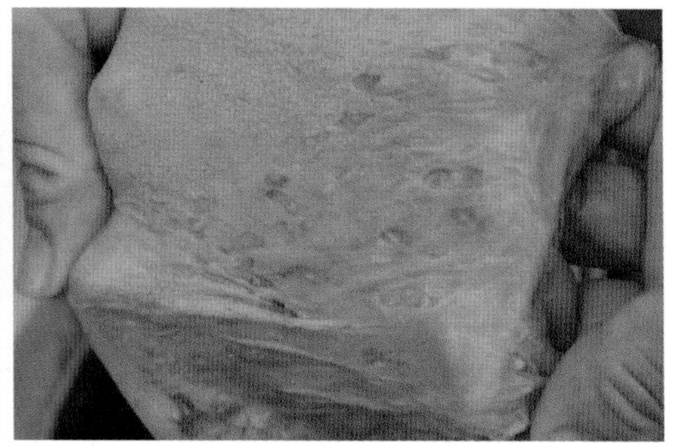

胎膜增生，绒毛晕出血、溃疡

图 5–1（j） 底色病

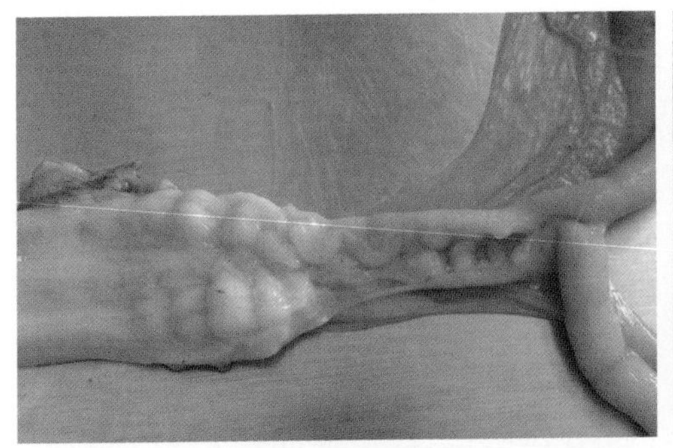

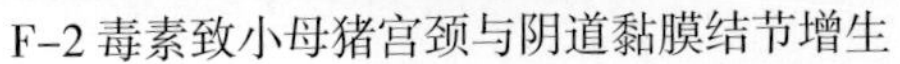

F-2 毒素致小母猪宫颈与阴道黏膜结节增生

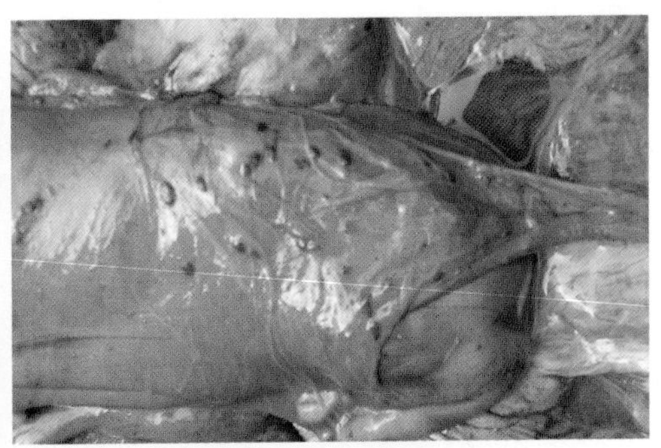

胎膜绒毛晕出血坏死

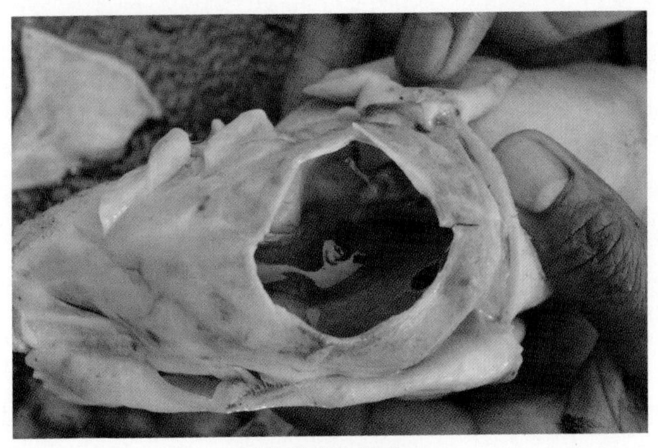

胎儿脑组织液化

图 5-1　底 色 病

第三节　底色病不易诊断的原因

复合性霉菌毒素中毒病，正如其代名词——底色病的寓意一样，是隐蔽在继发病之里的疾病。但继发病的临床症状掩盖了底色病，给临床诊断造成了一定难度。但是笔者为什么能在高热病流行初期的 2006 年就认识到该病的危害并正确诊断呢？这里面除了临床经验外，更重要的是思维方法的问题。

一、几十年来，传染病是危害猪群健康最重要疾病的思维一直左右业界对猪病的整体认识

曾几何时，当非传染性疾病——底色病以危害猪群最主要疾病的面目呈现在人们面前时，业界百思不得其解。这表现在业界内从事疫苗研发生产的知识层，见疫病不仅久扑不灭且愈演愈烈之时，只知道研发新疫苗、加大接种剂量、增加接种频率，但却依旧不能改变猪群抗体水平低下或整齐度欠佳的问题、不能改变疫病肆虐的现象；另外，还表现在业界极力推广抗生素药物保健以应对细菌性疾病，行政职能部门强行推行高热病的错误诊断与防治措施。

当错误的诊断、错误的防治思维与经济利益、权力需求结合时，猪病久扑未见消停的灾难就降落在了养猪人的头上。

二、业界流行想当然的唯心思维

改革开放后，我国养猪业迅猛发展，不仅有传统养猪理念与西方养猪理念的碰撞，更有对技术力量的迫切需求。合格技术人才的匮乏，相关产业高利润的诱惑使得业界技术人才良莠不齐，且良者极少。如此，在湖南省宁乡市花明楼镇出现牵狗诊断伪狂犬病之咄咄怪事（猪见狗就跑者为伪狂犬病），甚至在高级知识层出现了对某传染病公开四次变脸的诊断与防治的笑话。随意将底色病之出血谓之为附红细胞体病之出血，将笔者所载之底色病图片认为是蓝耳病症状，凡此等等，不一而足。

三、缺乏临床经验造成误诊

当今，从专业院校毕业的年轻人在校专业实践机会极少，临床课

上不进行临床操作，剖检课上不进行剖检；加之，毕业后多数从事销售或所谓的技术服务工作，更谈不上有多种动物（如马、牛、羊、猪、鸡、宠物）的诊疗经验。即使到了猪场，但在僵尸化思维的封闭环境下只能临诊到少得可怜的几个病种，更谈不上有多畜种疾病的比较医学经验。看见母猪背部陈旧的黑色出血点与蜕皮不以为是病态，而误言是脏东西；看见背部对称性皮炎皮疹，将其误诊为圆环病毒病；看见乳猪不进有加热灯的保温间，而是趴在母猪肚皮上的现象不以为然，还理直气壮地谓之母仔亲和（图5-2）。

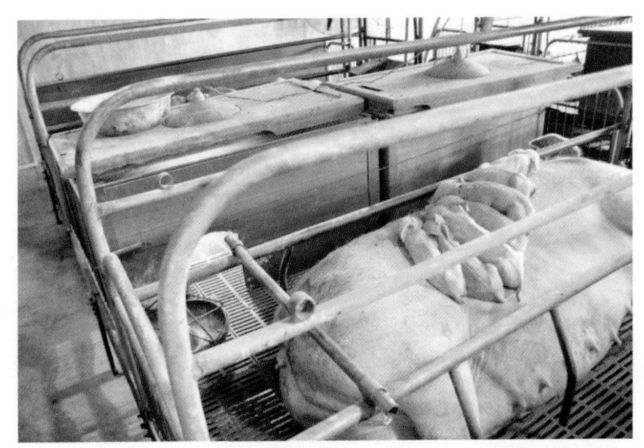

图 5-2　乳猪不进保温间而是趴在母猪身上

这是猪场极为常见的现象，养猪人习以为常，不以为错，但此现象却揭示了思维的幼稚与僵化。而《易经》的否卦䷋可以诠释乳猪为什么不进保温间：漏缝地板是阴阳不交的地方，乳猪自然不愿意进去。

集约化的饲养环境让猪病呈现复杂化、多样化。如果没有猪病进化的历史知识与现代的知识，没有多种动物诊疗经验，没有比较医学的知识，再冠以错误的思维，欲正确诊断隐而难明的底色病几乎是不可能的。因此，正确诊断底色病的工作只有极少数兽医能够胜任。

不妨通过以下病例来说明底色病隐而难明的道理。

在河北邯郸某猪场（参阅《跟芦老师学猪的病理剖检》病例七），出现了以便血为临床主症的病例。血便颜色有的为次鲜红色，有的为黑色。中大猪发生血便，人们自然将出血性增生性回肠结肠炎（劳累氏菌病）、猪血痢、猪梭菌性肠炎列入鉴别诊断中。

现场病理剖检是首选的快速诊断方法。猪发生这 3 种疾病时，肠道病理变化都极为明显，因此容易正确诊断，即一剖开腹腔便可确诊。但如果缺乏对病本的警觉性、缺乏系统剖检的严谨性、缺乏对众多病变的眼观识别能力，那么就不可能发现隐藏在劳累氏菌病后面的原发病。

劳累氏菌病是条件性疾病，正如《猪病学》（第九版）指出，“在暴发前一般多会出现一些严重的应激因子，如恶劣的气候条件。”底色病对猪体损伤的严重性远远超过一过性恶劣气候的应激，诱发条件性疾病，如劳累氏菌病、巴氏杆菌病、蓝耳病等自在情理之中。

在诊断过程中，该猪场场长的思维最能表明其思维的不到位，也更加加深了底色病的隐匿性。由于该例肠出血严重到透过肠浆膜都能见到，因此当一打开腹腔，这位场长就说：“芦老师，我没有说错吧，就是出血性增生性回肠结肠炎。”当时笔者与该猪场场长已见到血性腹水和肝脏病变，但并未引起其重视（可能其根本不识其病变），让笔者到此为止，再剖检另一头猪。笔者劝说他要系统剖检完毕才能对另一头猪进行剖检，这一头病猪一定有更重要的病变。该场长终于坚持下来，见到了多脏器的严重病变，特别是心肌的脂肪变性与浊肿同时存在时，其才知道霉菌毒素对实质脏器的损伤比传染病严重得多。猪的心肌脂肪变性一般只见于新生猪的口蹄疫，且发生口蹄疫时心肌绝不会发生浊肿，而现在却发生在中猪身上，且这两种变性同时存在。

笔者诊断蓝耳病的经历也充分表明，底色病的隐匿性及其巨大的危害性。从 2006 年发生高热病至今，笔者共出诊 300 余场次，但只见到临床症状，通过病理剖检、血液检测发现符合蓝耳病特征的只有 8 例，除 1 例是由接种蓝耳病疫苗诱发之外，其余均是饲料严重霉变，且在底色病基础上诱发的。如此明白的病例，却为兽医所不知，只言蓝耳病，

认为唯一的治疗措施是接种蓝耳病疫苗，直到笔者告知是底色病耗损了猪体阳气与体质，诱发蓝耳病后才恍然大悟。

隐而难明的底色病病例
（2009 年 12 月 27 日，河北某猪场）

病史：

1 年多来，河北某猪场保育阶段至中猪阶段发病不断，便血者增多，死亡率在 15%以上，原因不明。剖检死亡的猪，好像很多器官都有病变，但却搞不清是什么病，母猪便血与突然死亡的也时有发生（以下所有均为 50kg 左右体重猪的剖检照片）。

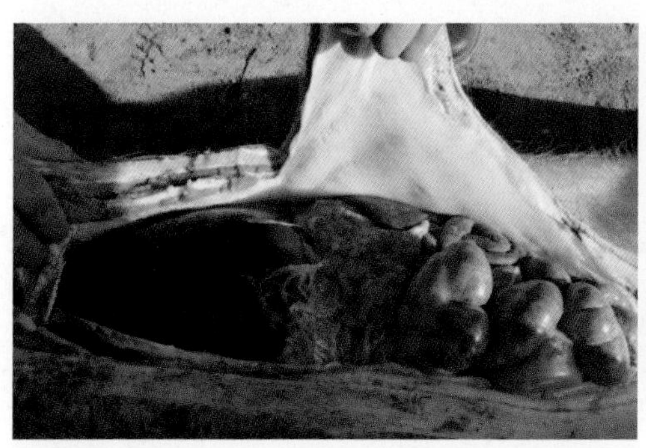

A

B

C

D

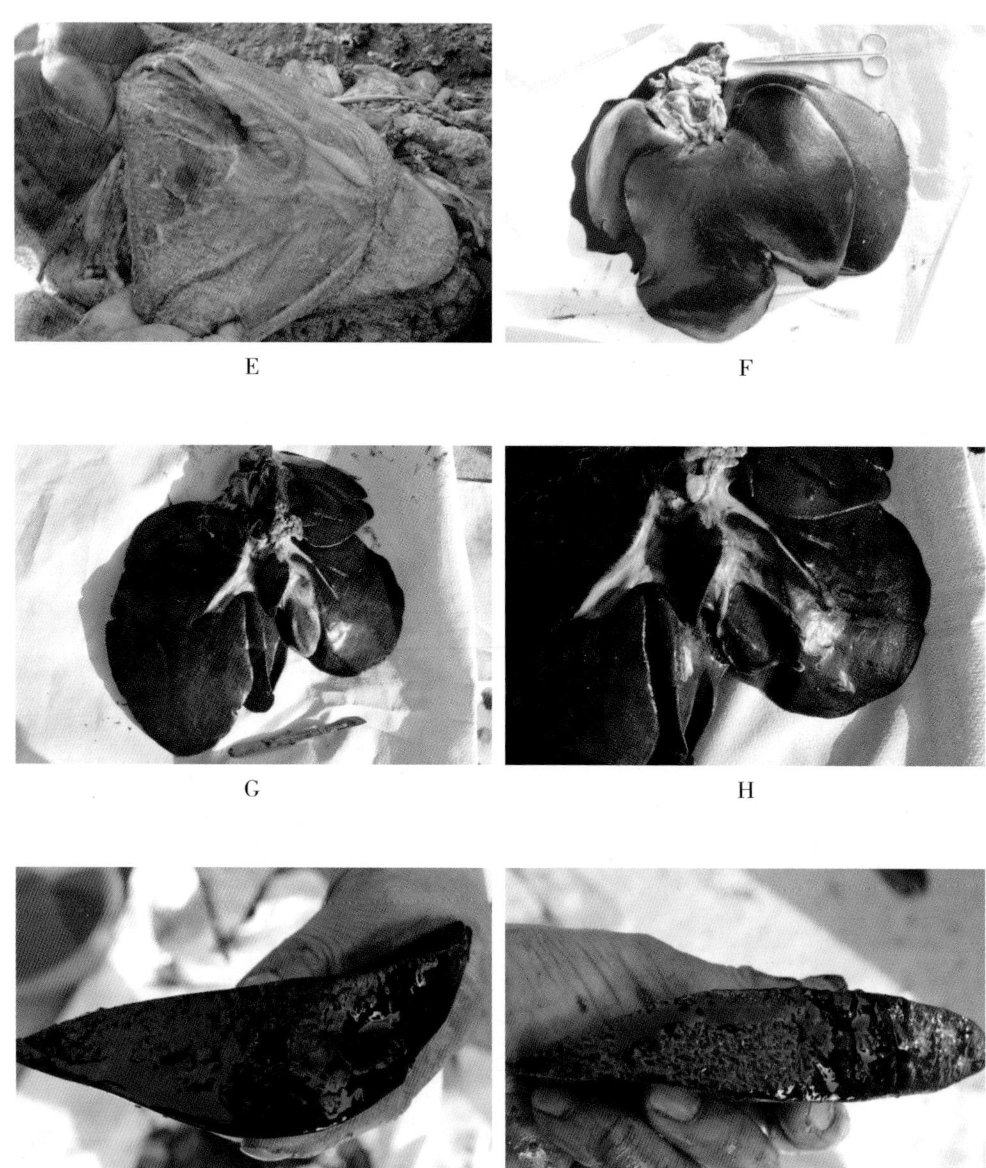

E

F

G

H

I（肝脏剖面 1）

J（肝脏剖面 2）

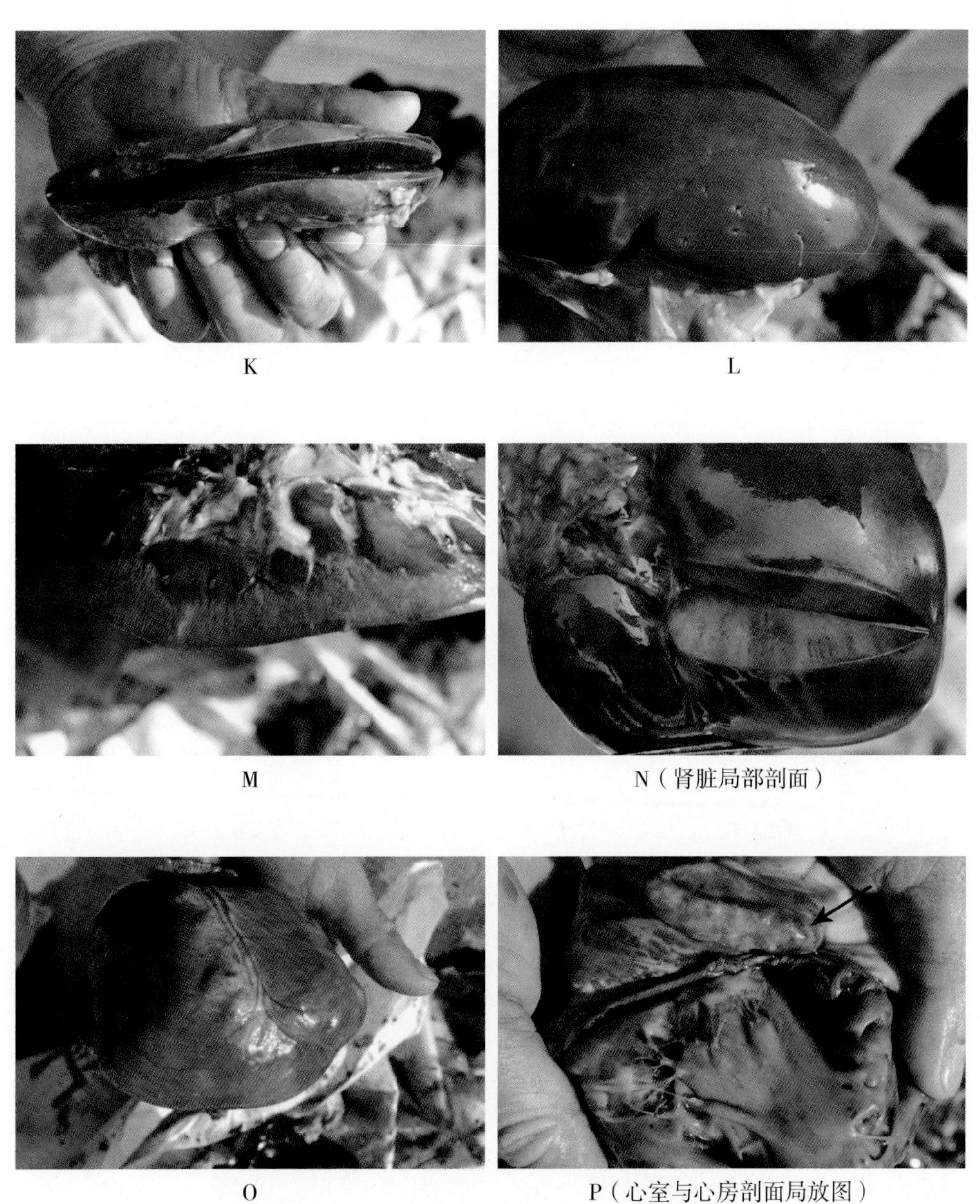

K

L

M

N（肾脏局部剖面）

O

P（心室与心房剖面局放图）

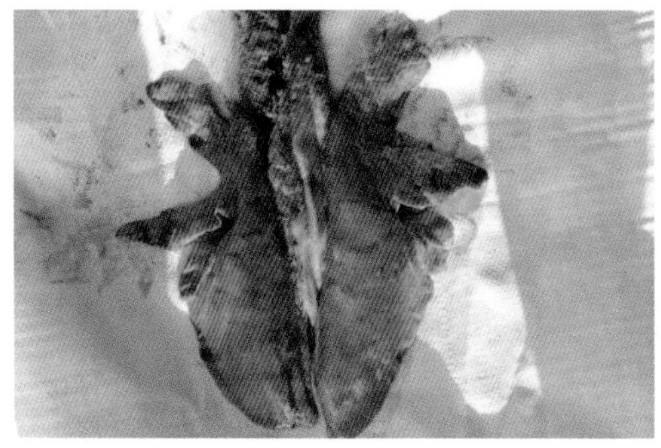

Q

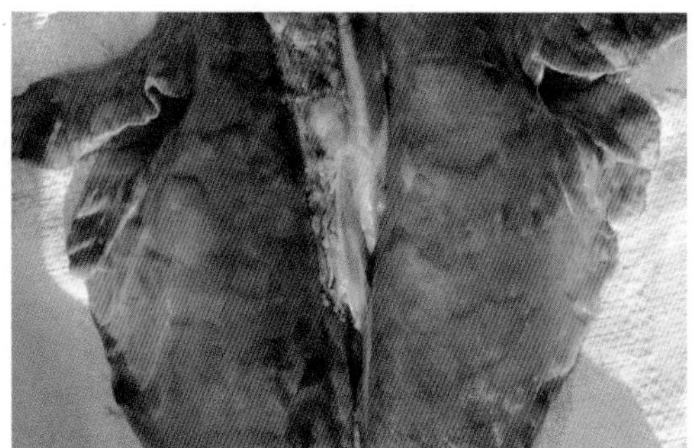

R（左片局部放大图）

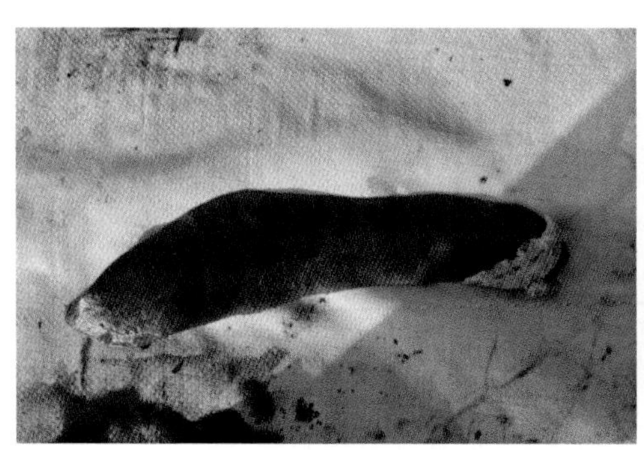

S

T（左片剖面局部放大图）

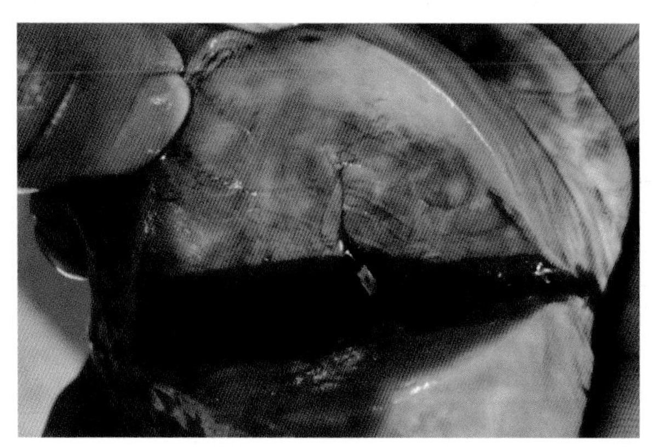

U（心尖剖面）

看图提示：

从图 A 与图 B 直视腹腔可以初步发现哪些病变？

图 C 与图 D 分别表明是什么肠段的什么病变？

图 E 表明是胃黏膜出血还是黏膜下出血？

肝脏的全幅照、局部照及切面照提示肝脏有何种病变？您是如何判断的？

4 张肾脏的照片重点显示了什么病变？图 L 上的灰白色条纹是怎样形成的？

心脏的照片显示了什么病变？是否说明是猪得了口蹄疫？

肺脏照片显示了什么病变？根据何在？

脾脏的照片显示脾脏正常吗？从其局部放大图可以发现什么病变？其与免疫力的高低有联系吗？

当您对上述脏器的病变作出病理结论后，面对如此复杂的病变，怎样找出它们的主从关系？用什么病可以解释全部的病理现象？

病例分析：

打开腹腔后可见中量的微带血性的腹水，大肠与小肠浆膜出血，肝脏显著肿大（离体的肝脏长约 35cm、宽约 40cm，参照物是 20cm 的手术剪），呈黑赭色，质地变硬，切面有大量的黑色血液；用刀背轻轻刮过，血液与肝组织被刮掉，留下蜂窝状的肝小叶间质，未见槟榔肝。胆囊萎缩，胆囊黏膜出血。肾脏肿大，可从切口被膜哆开得知，撕开被膜可见肾脏表面留有多个针头大的创面，此为被膜纤维伸入肾实质造成的，是肾脏实质发生浊肿乃至颗粒变性的眼观特征，切面上能看到肾皮质的变性，部分皮质增宽，髓质出血。从图 O 可见心脏肌肉并未松软塌陷，外观仍圆实（提示病程较短）；但是心肌颜色变淡，并有黄红色的条纹，心肌剖面显示心耳的心肌黄红两色交杂，为典型的心肌脂肪变性或虎斑心，心室的内膜还有散在的出血。肺脏稍肿，颜色大红，膈叶的肺小叶间质增宽（手捏较实，弹性减弱）。脾脏稍肿大，切面上红髓增生隆出，白髓减少，依稀可见针尖状白髓。回肠与结肠黏膜广泛出血。用刀背刮掉胃表面黏液后可见胃黏膜广泛出血。

综合起来，本病例病变是：急性出血性回肠结肠炎，血性腹水，急性瘀血肝，萎缩性胆囊炎，肾实质颗粒变性与出血性炎症，心肌多处脂肪变性与出血，肺水肿，急性增生性脾肿大，出血性胃炎。

该病例病变复杂，但面对任何病理变化，无论是单纯的还是复杂的都要作发病机制分析。首先，可以将肝脏、脾脏、肺脏的病变归结于慢性心衰竭所致（尽管脾脏的瘀血性脾肿大没有那么明显）；肾脏的变性、肿大明显而严重，结合肝脏有硬变与萎缩性胆囊炎，不能仅仅以慢性心衰解释，因为心肌未见松软，仍然圆实，并非慢性心衰；特别是从心肌广泛的脂肪变性来看，必定有一种广泛引起多种实质脏器变性的病因在起作用；胃广泛出血，在排除传染性胃肠炎、猪瘟等前提下只能怀疑为毒物所致；脾脏白髓减少说明机体免疫力下降；而回肠与结肠出血与增生应是免疫力下降后发生的劳累氏病的表现；血性的腹水有回肠结肠炎症时肠壁血管通透性增大的原因，更有肝硬化腹水之嫌；严重的心肌变性应是猪直接死亡的原因。

通过以上分析不难看出，容易引起人们注意的出血性回肠结肠炎不是原发病，应该将思维放在追查能引起多种实质脏器变性与胃脏出血的病因上。因此，笔者检查了该场饲料后发现玉米严重霉变。乳猪与保育前期仔猪吃的都是商品颗粒料，受霉菌毒素危害较小；但自保育中期吃自配料时，霉菌毒素开始明显损伤多种实质脏器，慢性积累性中毒在中猪阶段终于暴发。而此时该场猪群的优势病原菌——劳累氏菌，在抵抗力特别下降的个体活跃起来，形成病史中叙述的情景；同时，母猪的发

病也从另一方面证实了这一论断。

图 U 表明，心肌不仅存在脂肪变性，而且存在颗粒变性，这是发生口蹄疫时不可能有的病变；而中猪即或发生口蹄疫也不会出现虎斑心。这一切表明，只有多种霉菌毒素中毒才能引发实质脏器如此复杂的变性，才能解释全部的临床现象。至于图 L，肾脏上的灰白色条纹应是猪肾虫穿移肾脏留下的病变轨迹。

通过揭示该病例复杂的病理过程与发病机理，读者可以理解底色病隐而难明的道理。

第四节　底色病的危害及其临床症状

一、常见霉菌毒素中毒的危害

从上述霉菌毒素的危害不难看出，当多种霉菌毒素联合污染作物籽实时，霉菌毒素中毒症状的临床表现随之极为复杂，且危害极其隐蔽。饲料会被多种霉菌污染，而多种霉菌会产生多种霉菌毒素，常见的有以下 13 种，它们对猪体有广泛的危害。

1. 黄曲霉毒素　毒性是砒霜的 68 倍，主要损伤肝脏，形成脂肪肝，造成肝硬化；出血素质；免疫抑制；睾丸减重，少精。

2. 赭曲霉毒素　小剂量使用能损害肾脏，引起肾肿大，呈苍白色，花斑肾（间质纤维化）；大剂量使用还损害肝脏，引起肝脏脂肪变性与坏死；另外，还能引起胎儿畸形，脑积水，以及公猪精液品质下降。

3. 伏马毒素　又称烟曲霉毒素。引起肺水肿，肺小叶间质水肿，间质增宽；肝脏脂肪变性与透明变性，肝坏死；肾皮质脂肪变性与坏死；胰腺局灶性坏死。

4. 串珠镰刀菌素 主要损伤心血管系统，引起心肌颗粒变性与空泡变性，猪发生猝死；抑制免疫功能；导致骨营养不良与骨软化。

5. T–2 毒素 毒性广泛，引起左心室与心尖部心肌变性坏死；胃肠黏膜广泛出血，溃疡，坏死；肝细胞和肾细胞变性；破坏红细胞，发生溶血；产生免疫抑制；引发皮炎；致畸，致癌。

6. 呕吐毒素 引起呕吐，拒食；胃肠黏膜出血，溃疡，坏死；肝肾的变性坏死；致畸；免疫抑制。

7. 雪腐镰刀菌烯醇 引起胃肠黏膜出血，糜烂；肝肾变性；背部皮肤坏死；免疫抑制；致畸。

8. 二醋酸藨草镰刀菌烯醇 引起皮炎，皮肤坏死；结膜炎，角膜损伤；小肠黏膜出血坏死；肝肾变性。

9. 黑葡萄穗霉毒素 引起皮肤皮炎，皲裂，坏死；无毛或少毛皮肤出血，溃疡。

10. 桔青霉毒素 主要呈现肾毒性，出现多饮、多尿、肾性水肿；共济失调，角弓反张。

11. 青霉震颤毒素 病猪表现震颤，痉挛，多尿，衰竭。

12. 玉米赤霉烯酮 发病青年母猪阴唇水肿，子宫增大，乳腺间质增生；直肠和阴道脱出，尿石症；假发情增多，配种率下降；怀孕母猪流产，产死胎、产弱仔，“八”字形腿；母猪卵巢萎缩或卵巢囊肿，不发情；母猪断奶至发情间隔延长；损伤肝脏细胞；免疫受到抑制；降低公猪精液品质。

13. 麦角毒素 引起肢端坏死，非炎性无乳。

二、霉菌毒素中毒的临床症状

猪发生霉菌毒素中毒后，临床症状多样，病理变化复杂。一种霉菌

常常产生多种霉菌毒素，当它们以多种霉菌不同组合方式污染饲料时，就会产生更多种的毒素，使得发病猪的临床症状与病理变化更趋复杂。

这种复合性的霉菌毒素中毒，对猪体的损伤是极为广泛的，它们分别呈现肝毒、肾毒、免疫毒、心血管毒与血液毒、生殖毒、遗传致畸毒、神经毒、胃肠毒、皮肤毒，其各毒性的临床症状如下：

1. 肝毒　病猪眼角分泌物增多，呈血色或眼睑呈青黑色；黄疸，最早出现部位为巩膜，双侧黄染，排出酱油色的胆色素尿，严重的全身皮肤黄染；血清谷丙转氨酶活性升高，乙酰胆碱酯酶活性降低。病理剖检可见肝肿大，常超出最后肋弓线，质地变软，留有压痕，或质地变硬，色泽变淡，乃至铁灰色，肿大肝叶边缘多有裂隙，全肝或某肝叶萎缩；肝硬化与肝淀粉样变性者其刀切阻力加大，切面上小叶间质增宽，肝小叶中央静脉变小或消失，擦过量减少；其他肝变性者，切面结构模糊，擦过量增大。胆囊肿大或萎缩，胆囊内壁变薄或增厚，增厚者多变得粗糙，常见胆囊内壁出血，胆汁多稀薄色淡。

2. 肾毒　多尿，剧渴；尿液浑浊，尿液干后在阴唇与阴唇连合上，地板留有石灰样灰白色粉末（尿石症）；在眼睑、股后部甚至腹下出现肾源性水肿；严重者形成尿毒症，病猪呕吐，流涎，有丘疹性皮炎，皮肤瘙痒，天然孔出血。病理剖检可见肾肿大，乃至变形；肾包膜纤维深入肾皮质，剥离包膜时变得小心，否则会撕破肾皮质；肾脏色泽变淡，乃至呈土黄色或黄红相间，质地变软变脆，浊肿与脂变；有的肾脏呈间质性肾炎，如花斑一样，外观变硬，切面结构模糊，擦过量增大或减少；肾皮质髓质出血。

3. 免疫毒　猪群经规范免疫后，群体抗体水平离散度大；个别猪甚至部分猪相关抗体缺如，哪怕经多次免疫接种相关抗体仍然缺如；猪群不安定，本应用疫苗可以控制的疾病却延绵不断地发生。病理剖检可见脾脏白髓减少乃至消失，脾脏萎缩；胸腺、脾脏、淋巴结坏死；肾上腺肿大、出血，淋巴结出血。

4. 心血管毒与血液毒 脊背部皮肤出血；破坏红细胞，形成溶血性黄疸；抑制造血功能导致贫血；使末梢血管发生痉挛性收缩，并损伤血管内皮细胞，发生脉管炎，导致末稍皮肤坏死，跛行，蹄匣裂乃至脱落；猝死病例增多。病理剖检可见左心室心尖部、乳头肌，甚至心房肌壁都可出现多种变性，乃至坏死。

5. 生殖毒 小母猪阴唇红肿，乳腺假性发育；后备母猪有多泡性卵巢囊肿，不发情；经产母猪形成静止卵巢，不发情；妊娠母猪发生多阶段流产，黑白死胎增多；哺乳母猪少乳或无乳；分娩母猪产程延长，多超过 3h；假孕母猪增多；公猪发生非传染性或无菌性睾丸炎和附睾炎，性欲下降，精液品质与数量均下降。病理剖检可见母猪阴唇、阴道、子宫黏膜水肿，粗糙，鳞状上皮化，宫壁增厚；卵巢发育不全，有多泡性卵巢囊肿，静止卵巢；小公猪睾丸萎缩。

6. 遗传致畸毒 破坏正常遗传编码，出现各种畸形胎儿，如新生猪头部变形、肢过长、肢短缺、球节屈曲等，还有产双头猪、五肢猪的。这些畸形猪与父母系无必然关系，父母系再配种时难以复制。

7. 神经毒 霉菌毒素损伤脊神经，可在背部、背侧部出现对称性皮炎、皮疹；中枢神经损伤严重者出现兴奋或抑制症状，或两种症状交替出现，但患猪体温正常或仅升高 1℃，有的会出现眼球水平震颤。病理剖检可见脑膜充血、出血，脑沟回展平。

8. 胃肠毒 多是黏膜刺激性毒素。引发胃肠炎症，病猪表现呕吐，腹泻。病理剖检可见胃肠黏膜充血、出血、糜烂、溃疡，胃肠黏膜发生黏液变性，胃黏膜鳞状上皮化，胃肠黏膜增生变厚。

9. 皮肤毒 皮疹可出现在猪体任何部位，以背部与胸侧常见。病猪

无痒感，不形成水疱，母猪背部皮肤出现皲裂。

当多种霉菌毒素以联合形式污染饲料，引发猪的复合性霉菌毒素中毒时，对猪的损伤是极为广泛的，临床症状也极其复杂多样。其能摧毁机体的防卫功能，损伤乃至阻断防卫功能所需的物质同化功能。不仅严重影响疫苗接种效果，还能诱导疫苗研发的错误方向；更严重的是极易诱发各种传染病，造成传染病流行的假象。因此，可以说底色病——这一非传染性疾病事实上已取代传染病，成为威胁猪群健康的第一疾病。

第五节　用中医理论认识底色病的本质

随着高产作物，特别是高产玉米种植面积的普及，作物抗霉菌感染的性能越来越低，田间广泛感染霉菌已成共识，霉菌毒素的危害性日趋严重。

国内外防治霉菌中毒的技术都是如何吸附毒素，如何酶解毒素。经笔者多年观察发现，国内外各种各样的霉菌毒素处理剂（俗称脱霉剂），问世多年并未取得良好效果，现实迫使笔者选择中医药来解决底色病的技术方向。

应用中医看病处方，第一要务是识证。识证之前提是清楚病因——霉菌毒素的阴阳性质，即必须搞清楚霉菌毒素的本质是什么？如同看外感疾病必须先搞清风、寒、暑、湿、燥、火六淫的病因阴阳属性一样。一位人医毒理学家告诉笔者，霉菌毒素的分类归属是生物毒素。这显然不能满足中医对病因分类的要求，唯一的希望是寄托于浩如烟海的中医古籍文献。

众多中医书籍并无霉菌毒素本质的论述，但明朝朱棣编撰的《普济方》卷二百五十对其进行了相关论述：“朽木生蕈，腐土生菌，二者皆阴湿之地气蒸郁所生也，既非冲和所产，性必有毒。”

此段论述虽未直接讲出霉菌毒素的本质，但指出了霉菌是非冲和所产，即不是阴阳相交的产物，是纯阴湿地气蒸郁所产，因此霉菌是阴物之诊断必无疑。既然霉菌是阴物，那么所产毒素自然亦是阴物，是阴物之阴物，必为阴毒之最。

明白了霉菌毒素是阴毒之性质，那么阴毒对猪体又有什么危害呢？

众所周知，阴毒损伤机体的阳刚之气，阳刚之气即阳气或正气。何谓正气？清代著名大医陈修园曰：“脏腑之本气，则为正气，外来寒热之气，则为邪气，正气旺，则邪气自退也。”《内经》曰：“正气内存，邪气不干。”即脏腑本气就是正气。霉菌毒素损伤的正气就是脏腑本气：损伤心少阴君火之气，损伤少阴天一原精之气，损伤肝木生发之气，损伤脾土滋养之气，损伤肺金清肃之气。其论断之精妙，恰与临床病理剖检完全吻合，肝、心、脾、肺、肾在霉菌毒素的作用下，呈现复杂多样的病理变化，并由此带来复杂的临床症状。

经曰：“诸虚百损莫不自心肾而言然。”心少阴君火之气，为无形之阳，肾天一原精之气，为有形之阴，阴阳相交，阴平阳秘，则百病不生。当底色病损伤正气之际，自是阴阳关系失调、心肾不交之时，此即《易经》未济卦（离坎卦，水火未济卦）。阴阳乃万物之根本，阴阳失调，其健康之根基动摇，自当百病丛生，故阴阳失调为百病之本。

发生底色病时，肝脏首先受损，何故？肝为木，应春木生发之气，乃阳气萌发之脏，喜柔恶刚，喜疏恶郁；阴毒首损肝木生发之气，阳气无从生发，后天之阳的补充便减少，甚至丧失，阳虚不期而至，阴毒直接伤肝，肝苦急，肝气上逆，克脾土。

脾禀承土德，包容蕴育万物的脾气受损，加之肝木尅脾土，则水

谷之精微运化失去动力，无以上升与肺之清肃之气融合为精气，五腑六脏，肢体百骸皆失所养，后天之本之功能丧失殆尽。

阴毒性寒沉用下，损肺气失却清肃之性。肺为矫脏，喜寒恶寒，尤恶寒性过之，阴毒性寒，必直折肺金之气，进而有碍天一元精化生。

五脏俱损，安有健体？百病何以不丛生？皆缘于底色病导致阳虚，而阴毒寒沉之性留连三焦，特别是下焦，又致机体内寒，最终形成阳虚内寒证（体质）。

霉菌毒素的留连性（西医称蓄积性）需要时间的积累，因此母猪脏腑受损更严重，呈现阳虚内寒体质。而这一论断通过所产新生仔猪出现的“证”就得以充分印证，致使整个猪群是阳虚内寒的先天体质。

新生小母猪在未吃奶更未吃饲料的情况下，阴唇出现红肿，只能是F-2毒素由母猪经胎盘传递给小母猪所致，阴唇红肿是F-2中毒的典型证。众所周知，F-2毒素不仅是生殖毒，同时是肝毒、肾毒、免疫毒，形成阳虚，下焦阴寒之证。新生小母猪阴唇红肿是观察到这一“证”的最直接症状。

新生小公猪睾丸下坠，则是阳虚无以托阴的表现。这便是“阳为用，阴之体”道理，同样是观察这一“证”的最直接症状。

新生猪肛门呈黑色，乃阴毒损害肾脏之表征，二阴又络属少阴肾经，阴毒质重性寒用下之特性，必行肛门，阳虚而显肾经之本色。

新生猪股后部与下腹水肿，乃阳虚无以运化水湿之象。

眼睑水肿乃阳虚无以鼓动少阴肾经的两条别经——阴跷脉和阳跷脉气运，导致水湿在其汇合终处——眼睑停滞之象。

综上所述，底色病的证就是阳虚内寒，阳虚必及阴，终成阳虚内寒，阴阳双虚之证。其危害在于五脏六腑俱损，造成猪免疫功能低下，极易诱发传染病流行，影响生产性能的非传染病；阳虚内寒的母猪自然产出阳虚内寒的后代，如此世代更迭，猪群的整体体质令人担忧，疫病肆虐的局面因此而将持续。

这就是中医眼中底色病本质的基本内涵。

第六节　底色病的辨证

通过上节，明白了底色病的病因与本质，为底色病所有证的辨证奠定了坚实的基础，对其进行全面的辨证必将进一步完善底色病本质的内涵。

1. 呕吐　新生猪吃初乳后立即呕吐，此为反乳；由底色病造成的呕吐可以发生于任何阶段的猪。无论是新生猪反乳，还是其他阶段的猪呕吐均是阴寒秽浊之气侵犯胃腑，致使胃失和降之性，水谷随气逆而上发生的。此种呕吐以有胃内容物为特点，而不仅仅是胃液，并且这种呕吐以吐后反快为特点。

2. 皮肤出血　在背脊部与背部两侧出现新鲜的红色出血点，特别是当环境变迁时（如由妊娠舍转到产房分娩、由平养转为限位）发生，时间长久，出血点呈黑色。阴寒霉菌毒素侵袭脉络，使血液凝滞而出；而背部又是阳气最薄弱之处，故而出血集中于背部。

3. 皮炎皮疹　在脊背部两侧出现对称性皮炎皮疹。此为病猪正气尚存，逼阴毒外出之象，阴毒自然在阳气最薄弱背部外逸。皮炎皮疹呈黑色，正映阴毒之本色。

4. 表皮皲裂　主要出现在背腰结合部与腰胯部皮肤，该处皮肤呈现旱地样裂纹。肺主皮毛，阴毒损伤肺金清肃之正气，使其肺气下降受碍，自当以远离肺脏的腰背部最先受累。肺气不到，水谷精微化之精气

无以濡养皮肤，故出现皲裂。

5. 红色眼露　在眼内角出现红色眼露。眼露本为阴血之余，阴毒寒凝脉络而出血；阴毒伤肝，肝血虚（剖检时肝脏色淡），肝阳上亢应眼，故在眼内角有红色眼露。

6. 新生小母猪阴唇红肿　阴毒为阴，母猪为阴，同气相求，故底色病在母猪上的表现更为明显，新生小母猪阴唇红肿便是证之一。霉菌毒素性寒用下，直折下焦，机体奋起抗争，逼邪外出。途经有二：一为走表，邪从腠理出；一为尿出，邪经水道从阴门出。新生小母猪阴唇红肿便是阴邪下行、正邪相争之象。

7. 小母猪乳腺假发育　乳腺络属“血海”冲脉，同属至阴之器，同气相求原理，致积聚在此，血脉阻滞，故而乳腺肿胀。

8. 产后无乳少乳　薛立斋曰：“血者水谷之精气也，和调于五脏，洒陈于六腑，妇人则上为乳汁，下为月水。”可见乳为血之余。母猪产后，脾胃化生之精微，除供母体之需外，余者随冲脉与胃经之气运行，化生为乳汁。发生底色病时，脏腑俱损，血少难以有余化为乳；冲脉血海乃至阴之器，阴毒积聚，冲脉阳气不足，乃至缺乏，胃气亦然不足，故少乳甚至无乳。如果是头胎母猪，初次分娩哺乳，正常时都难免有肝气郁结，致使少乳无乳；更何况在阴毒作用下，肝木生发之气早已受碍，少乳无乳自然普遍。

9. 延迟分娩与滞产　《十产论》曰:“正产者，盖妇人怀胎十月满足，阴阳气足，忽腰腹作阵疼痛，相次胎气顿陷，至于脐腹痛极甚，乃至腰间重痛，谷道并进，继之浆破血出，儿遂自生。”明·李梴·《医学入门》曰：“气血充实，可保十月分娩。”上述表明，正产者必须气血充实，方能在应产之日使胎气顿陷，继而分娩。发生底色病时，阴毒俱损气血，胎气顿陷受阻，故当今猪群普遍呈现延迟分娩，且滞产现象（产程超过 3h）。

10. 流产 妊娠乃阴阳二神相搏之产物，气血充实方可维持妊娠。出现底色病时，阴毒积聚血海，寒凝宫胞血脉，胎气断陷，故怀孕母猪流产。胎气顿陷（流产）与胎气顿陷受阻（应时不分娩）是阴毒在不同个体上的不同表现，表明底色病症状的复杂性。

11. 母猪不发情或累配不孕 阳易生，阴难养。母猪七八月龄发情，乃阴精自满而溢之表现。然而阴无阳不生，发生底色病时，阴毒直折猪体阳气，故发情到期而不至。而排卵乃气血充实的结果，故即或发情，却无力排卵，故累配不孕。

12. 尿石症 母猪排尿，尿液干后留下灰白色粉末样尿渍，曰尿石症。《五行大义》："白者，丧之象也。"故白色应阴，为阴毒之本色，乃阴毒与猪体之正气相争，迫从下水出之象。

13. 初生小公猪睾丸下坠 乃底色病阳虚无以托阴之象。

14. 新生猪股后部、下腹水肿 乃阳虚无以运化水湿之象。

15. 新生猪肛门呈黑色 乃阴毒损伤肾脏，二阴又络属少阴肾经，阴毒性寒沉用下，必行肛门，阳虚而显肾经本色之象。

16. 新生猪眼睑水肿 乃阳虚无以鼓动少阴肾经的两条别经——阴、阳二跷脉气运，导致水湿在其汇合处（眼睑）停滞水肿之象。

17. 新生猪腹泻 对发生与未发生腹泻的新生猪剖检可见肝色淡，硬变，此为阴毒损伤肝经致肝阴血虚，阴血虚必然阳动，肝阳亢，尅脾土，脾土运化水湿功能失调，导致腹泻。霉菌毒素同样可引起保育猪、中大猪腹泻，且其发病机理相同。

猪难以如同马、牛一样检查口色，但笔者通过大量临床观察，用检查病理剖检所见五脏的色泽代替口色检查更易看，且易判别，与上述之"证"形成"证""色"互证。

底色病的五脏，共同的病变是色泽变淡，由暗红色变为黄红色、灰红色、铁灰色等颜色；在心脏甚至可见心肌苍白，血管空虚无血；肝脏硬化，致肝藏血功能减退；肾脏变形，无以藏精。这无疑表明，底色病之阴毒，不仅损伤猪体阳气，而且耗损阴血，形成阴阳俱虚之证。阴无阳不生，阳无阴难附，这就又回到“诸虚百损莫不自心肾而言然”此至理之言。

通过对底色病所有证的辨证，笔者对其病本又有了进一步的认识。那就是在阳虚的基础又有阴虚，正如陈修园所言：“阳虚则阴必动。”也如经曰：“阴无阳不生。”如此，阳虚内寒、阴阳俱虚即为底色病病本的辨证，这较仅言阳虚内寒证更全面、更切合临床。

故而，底色病证的全部内涵是：阳虚内寒，阴阳俱虚。

第七节　归元散问世前底色病的防治概况

笔者从2006年开始认识到底色病的危害，2007年提出底色病的概念，至今已十余载。其间各种防治猪病的方法与众多药物频频问世，广大养猪人也在养猪实践中逐渐认识到防治底色病的重大意义，但效果如何呢？不妨实事求是地回顾一下。

一、在原料选择上下功夫

1. 选择口碑好的产地的玉米　内蒙古、山西、新疆等地所产的玉米外观比中原一带所产的玉米饱满，整齐度好，杂质少，眼观霉变少。但是高产玉米的遗传规律同样降低了其抗霉病性能，绝大部分玉米在授粉期已经受到霉菌感染。加之上述产地气温低，玉米储存在露天的情况极为普遍，因此水分含量较高，一旦被运到温暖的南方，内在霉菌会再次活跃。总体说，上述产地玉米并无安全性可言，这也是用上述产地玉米养猪仍然普遍发生底色病的原因。

“中国没有安全玉米”（指玉米受霉菌污染）是笔者告诉养猪人的一句大实话。

2. 用小麦适量取代玉米 小麦扬花授粉期的温度比玉米同期的低，霉菌活动较弱，总体污染情况比玉米的轻，因此可选择小麦取代玉米。但是由于小麦中粗脂肪含量低（1.8%，而玉米的为 4% 左右），故消化能低于玉米；小麦中粗蛋白质含量为 13% 左右，高于玉米（其粗蛋白质含量为 8.8%）；但苏氨酸、赖氨酸含量较低；小麦中亚油酸含量为 0.8%，玉米中的为 4%，完全用小麦取代玉米难以满足猪对 2% 亚油酸含量的需求；小麦中钙少磷多，且 70% 的磷是为难以被利用的植酸磷。如果用小麦全额取代玉米则必须重新设计配方。另一实际问题是，小麦中的非淀粉多聚糖含量高，且随品种的变化较大（1% ~ 10%）。非淀粉多聚糖是造成粪便黏度大的原因，必需添加专用分解酶类（如木聚糖酶、β－葡聚糖酶、果胶酶、β－甘露聚糖酶）。当小麦全部取代玉米时，如果制成粉料，则会造成采食时黏口，影响适口性（制粒可减少其黏口性）。

因此，用小麦取代玉米喂猪，仅从营养角度讲，要注意诸多问题，必须重新设计配方，给实际应用带来较多不便。更重要的是，虽然小麦霉变程度较玉米的轻，但不等于没有霉变，完全取代并不能消除底色病。

3. 用糙米取代玉米 糙米的能值和生物利用率与玉米的相当。因物种关系，田间霉变极少。可以全部取代玉米喂猪，而无需重新设计配方。饲喂猪月余，底色病的临床表现得到大大改观，甚至可以消散。但如果要完全消除底色病还必须用食用纤维替代麸皮，且重新设计配方。

从笔者多个试验来看，用糙米全额取代玉米是变更饲料原料预防底色病的好方法，但也存在诸多问题。其一，我国水稻总产量还不能全部满足口粮消费，如果大范围用糙米养猪与国情不符；其二，稻谷价格一直远远高于玉米，经袭谷机脱壳变成糙米，壳占稻谷的15%～20%，糙米的价格比稻谷贵20%左右，尽管可以省去添加霉菌毒素处理剂的费用，但饲料成本仍然让人望而却步。

4. 用食用纤维素代替麸皮　如用产品爱博素全部取代麸皮，则粗纤维可以满足要求，但麸皮所含其他营养成分还需另行补充。例如，哺乳母猪饲料中麸皮占16%，而爱博素用量1%都不足，余下15%组分空缺，因此必须重新组方。

总之，用糙米替代玉米养猪不具有普遍性，在个别地区、个别猪场可成为一时之举。作为证实底色病的所有症状是霉菌毒素所致却是直接有力的举措。

二、在原料处理上下功夫

1. 玉米脱胚脱皮处理　利用玉米脱皮机将玉米霉变的胚芽脱去，只用剩余的胚乳和部分种皮作饲料，虽然消除了霉变部分，但却要损失12%的胚芽与1%先端部和少量种皮，总体价格会上升15%左右。脱下有霉变的胚芽常常被用于饲喂商品育肥猪与鱼，不仅影响动物健康，还直接威胁人类食品安全；更有甚者将胚芽集中起来炼制食用油，同样影响人类食品安全。

2. 将能量饲料原料进行发酵处理　由于饲料发酵时的温度不足以破坏霉菌毒素结构，因此人们寄托发酵产生大量死亡崩解的酵母菌的酵母壁多糖吸附霉菌毒素，使之不为猪体所吸收；或寄托发酵过程中产生的某些酶来酶解霉菌毒素使之无毒。但遗憾的是这类方法并不能彻底处理霉菌毒素（其机理详见本节下文）。笔者见到应用这类饲料的猪场，底色病并未比未用此类饲料的猪场有所减轻。

3. 制粒 所有霉菌毒素均是耐热毒素，如黄曲霉毒素 B_1 在 268℃才开始分解；玉米赤霉烯酮在 125℃、pH7.0 下历经 60min 仅有 23% 的分解而失活，在 225℃时，30min 才全部分解失活；呕吐霉素在 121℃高压下加热，25min 仅少量被破坏。而制粒的温度才 80℃左右，因此根本不能破坏霉菌毒素。

三、在保肝药物上下功夫

（1）采用传统的西医保肝药物，如葡萄糖醛酸内酯（肝泰乐）、胆碱、齐墩果酸、甜菜碱、蛋氨酸、维生素 E、维生素 C 等。王荣海编写的《药物治疗原则与方案》是这样评价这类药物作用的：“这类药物品种较多，但尚没有一个具有肯定的特异性效果。”笔者临床上用了这类药物发现，病猪食欲有所改善，底色病的症状有一定减轻，但终不能从根本上防治底色病。

（2）采用中医治疗肝炎与湿热证的经方，如龙胆泻肝散、黄连解毒散等。但终因不识当今猪群之证，袭用经方，药证不符，少有疗效，甚或反而戕残猪之阳气。有的虽未全抄袭经方，并加入扶正药物，但终因组方不佳，疗效平平。

（3）使用单味中药提取物，如甘草颗粒等。甘草解毒机制是多方面的。甘草甜素可能对毒素有吸附作用，其在体内先被分解为两分子的葡萄糖醛酸后，再与毒素结合，变成无毒的葡萄糖醛酸结合物而被排出。葡萄糖醛酸可阻止肝糖原分解而保肝；甘草次酸有类肾上腺糖皮质激素作用，可减轻中毒应激。总之，甘草颗粒用于防治底色病可以改善部分症状，却无法根治阴阳双虚、阳虚内寒的体质。欲获得更好的临床

疗效，必须加大剂量且长期服用，其副作用明显，如出现浮肿、无力、痉挛、钠潴留、低血钾症，最终导致肾上腺皮质萎缩，功能减退，加剧阳虚之证。

四、在吸附酶解毒素上下功夫

霉菌毒素处理剂发展史大约经历了以下几个过程，初期仅用蒙脱石、沸石，以其多孔性作为吸附剂。由于毒素本身携带电荷有异，因此未经处理的蒙脱石、沸石只能吸附一部分毒素，此为早期单向吸附剂。中期将蒙脱石、沸石改性处理成为双极性吸附剂后，虽然可以吸附更多种毒素，但临床症状表现改善率仍不佳。第三期是不仅在吸附剂的吸附性能上作技术改性，如西班牙百卫公司通过物理方法拉开吸附剂分子中羟基氢原子的间距，使之与毒素中的氧原子对位而成为氢键，达到吸附目的；有的增加了酶解剂，利用酵母生命活动中产生的某些酶来酶解霉菌毒素；有的还添加了生物活性物质，如海藻提取物以激发免疫反应，增强机体代谢功能。如此，第三代霉菌毒素处理剂可谓对霉菌毒素形成四面围歼的态势，理应效果良好，但几乎所有应用这类霉菌毒素处理剂的猪场其中毒症状的表现改善率均较低，底色病仍然是威胁猪群健康的第一因子，由此引发各种疫病。而这种现实却与这些处理剂生产厂家的产品说明书中宣称的获得完全干净的处理效果相差甚远，这不得不发人深省。

第八节　霉菌毒素处理剂效果不佳的原因

当今，市场上流行的国内外生产的所有霉菌毒素处理剂，极少有一种能够达到厂家或公司宣讲的效果，这已是业内共识。这种天渊之别除了厂家或公司的夸大其词外，更有他们不愿意也不敢向养猪人讲明白的道理。本节将揭开这些不实之词后面的事实。

一、吸附效果差的原因

1. 吸附是热力学现象，不是化学反应 物质被吸附时，其化学结构不发生改变。也就是说，被吸附的物质不会因为被吸附而变成另一种物质，因此吸附是一种物理现象。吸附之所以能够发生，是由吸附物与被吸附物之间固有的分子结构中电位能量决定的，因此吸附又是一种热力学现象。许多人将吸附理解为像吸铁石吸铁一样，以为将霉菌毒素处理剂加在饲料里，霉菌毒素就会被吸附。笔者坦诚地告诉养猪人，将加有霉菌毒素处理剂的饲料存放时间再长，霉菌毒素仍然是霉菌毒素，而未被吸附。

2. 吸附必须发生在两个不同物相共存的时间与空间 也就是说，吸附必须发生在液－气界面、液－固界面和气－固界面。

什么是物相？水有 3 种形式：水、冰、气。这 3 种形式分别为液相、固相和气相。什么是界面？界面就是不同物相能够互相接触到的面。吸附只能发生在两个不同物相的界面上。众所周知，霉菌毒素处理剂是固体，因而是固相，而霉菌毒素依化学结构不同可呈现水溶性与脂溶性两种状态，只要霉菌毒素溶于水或脂中便成为液相。吸附剂是固相，只有固液二物相共存时吸附剂才会呈现吸附现象。故而，饲料中霉菌毒素只有在胃肠道中才会由固相变成液相，才可能被吸附剂吸附。

3. 胶体溶液中的吸附规律 胃肠道食糜所处的溶液状态不是单纯的水溶液状态，由于食物中的蛋白质与消化液中的蛋白质都是大分子物质，因此食糜处于胶体溶液状态中。发生在胶体溶液中的吸附现象有其特殊的规律，那就是被吸附的物质必须突破胶体溶液带来的束缚，即必

须突破“界面自由能”。被吸附物质能否突破“界面自由能”则取决于被吸附物质固有的化学结构。化学结构不一样，突破“界面自由能”的能量大小不一样，这样就形成不同被吸附物有不同的吸附率。众多霉菌毒素的化学结构千差百异，每一种霉菌毒素都有各自固有的突破“界面自由能”的能量。仅此一点，就决定了没有一种霉素吸附剂可以彻底地吸附所有霉菌毒素。依据笔者对第三代吸附剂在猪群中的应用结果来看，病猪的表现改善率都在 30% 以下，这正好印证了上述的吸附原理。

4. 结合态霉菌毒素对吸附率的影响　什么是结合态霉菌毒素？饲料中超过 50% 的霉菌毒素会与饲料中糖分子的糖苷键结合形成共轭化合物，如 F–2 毒素会成为玉米赤霉烯酮 –14–D– β – 吡喃葡萄糖苷，呕吐毒结合成 D3G。这种结合态霉菌毒素不被常规检测方法所检出，故也称之为遮蔽性霉菌毒素（masked mycotoxin）。

结合态霉菌毒素不为任何吸附剂吸附，必须在胃肠道经过水解将霉菌毒素从结合态中释放出来才能发生吸附现象。

这里存在两个问题：第一，已释放的霉菌毒素仍然受吸附规律的约束，吸附率有限；第二，结合态的霉菌毒素在胃肠道水解必然受到食糜中多种水解酶制约。食糜中水解酶含量的多少，水解速率能否与胃肠后送速度相合，以及与吸附剂吸附率相匹配程度等都能制约吸附剂的吸附力，降低吸附能力，这样必然大大低于体外试验吸附的效果。

5. 影响体内吸附的其他因素　各种饲料原料是在混合机里搅拌均匀的，但再好的混合机也不能使混合均匀度达到 100%，专业上用变异系数（coefficient of variance，VC）来表示混合机所能达到均匀度，国家规定的猪用配合饲料的 CV ＜ 12%。立式混合机的 CV 为 10% 左右，卧式混合机的 CV 可达到 5% 以下。大宗原料的混合一般用立式混合机，因此饲料混合均匀度只有 90% 以下，这无疑又制约了吸附剂的吸附能力。

另外，温度也影响吸附剂的吸附效率，即温度越低，吸附率越高。一般体外试验都是在常温下进行，而猪胃肠道内的温度均在38℃左右。这样一来，体外试验的吸附率必然高于体内的实际吸附率。这正是众多产品说明书标榜的吸附率如此之高，而实际表现症状改善率却极低的原因之一。

总之，吸附的热力学原理，决定了吸附剂不可能完全、彻底地吸附霉菌毒素，再加之胃肠中的特殊吸附环境又制约了吸附率。因此，试图采用吸附这一技术路线彻底解决霉菌毒素危害的问题，从理论到实践都可能不会成功。

二、酶解效果不佳的原因

人类应用酶解技术历史悠久，我们所熟悉的豆豉就是祖先利用真菌产生的酶将黄豆蛋白酶解释放出谷氨酸和甘氨酸，豆豉的风味才得以鲜美可口。现代酶解技术得力于现代生物化学的发展，酶解技术可以使许多大分子物质降解而服务人类，故酶解技术又称生物降解技术。

既然吸附效应不佳，人们自然想到通过酶解技术来降解霉菌毒素，使之成为无毒之物。虽然酶解技术现已广泛用于霉菌毒素处理剂中，但是笔者观察发现，底色病仍然明显存在于猪群里，酶解效果不佳的原因如下：

1. 霉菌毒素被酶解后的产物其毒性难以确定　霉菌毒素被酶解后的产物称次级产物或降解产物，既可以无毒、减毒，也可以是毒性更大的。单胺氧化酶可以酶解黄曲霉毒素 B_1，其次级产物毒性是原底物毒性的几十倍。因此，此类产品应该公布底物（指霉菌毒素）酶解后次级产物的名称和毒性回归试验报告。但遗憾的是，却没有一个公司或厂家言及此试验。这类制剂不仅临床效果不佳，而且更让人怀疑其产品技术的真实性。

2. 酶解的体外试验不能代表体内的真实情况 酶解体外试验的成功不等于体内真实的效果，底物浓度、温度、pH、水环境都直接影响酶的活性发挥。这些环境条件在体外好控制，但在体内就很难控制，仅体内胃肠道中胶体性质水环境就可以影响酶解速率。

3. 无催化剂时酶解时间长 在没有催化剂的情况下，酶解时间一般很长，几天乃至十多天，这对于仅十多小时穿肠而过的霉菌毒素而言，反应时间太短。众所周知，基因技术就是用特定的切割酶切割特定的基因片段，这就是酶解技术，其对反应条件的要求极严格，反应时间常持续多天。用于酶解霉菌毒素，此酶解技术理应也受其规律制约。请问：此类产品加了催化剂吗？若没有，岂不是拿高科技做虎皮，包裹着自己，去吓唬养猪人吗？

4. 酶解时需要包被 酶解在包装袋中不会发生，必须在胃肠内进行，而胃肠道中pH变化大，各种酶要求特定pH，否则就会失效。因此，所用酶必须被“包被”，且要在胃肠中定向释放，这些工艺过程在这类产品中均未见到。

综上所述，由于饲料特别是玉米霉变普遍存在，因此底色病成为威胁猪群健康的第一病因。由于论断思维的误导，业内人士对底色病普遍认识不清，防治措施不力，现有的霉毒素处理剂，由于技术路线的缺陷，因此并不能消除底色病。西药也只能对症，只改善部分症状。笔者以50余年中医临床经验，坚信中药可以彻底防治底色病。

第九节 归元散防治底色病的技术保障

前面已经阐述归元散的应用方法、适应证、注意事项及哲学渊源，本节论述归元散彻底防治底色病的技术保障。

一、独特的技术路线

设计正确的技术路线是成功获得制方的前提。众所周知，国内外业界防治霉菌毒素危害的技术路线均是用吸附剂、酶解剂阻止霉菌毒素被猪体吸收的。但是，由于受到体内特有的胶体环境下吸附热力学规律及体内复杂环境对酶解过程的制约，霉菌毒素在消化道被吸附、酶解的概率很低。故而虽然应用这些制剂，但猪群仍然存在明显的底色病症状与实质脏器病变。尽管近20年来，国内外均不遗余力地改进这类制剂，但收效甚微，这表明至少现阶段企图阻止霉菌毒素被机体吸收的技术路线是失败的。

笔者50余年的行医经验是，“放狼进门，关门捉狼”的技术路线是可行的。国内外兽药界为什么不敢采取该技术路线设计霉菌毒素处理剂？那是因为没有相应的西药作技术支撑，只有葡萄糖、肝泰乐、谷胱甘肽等几种对症药可用。

国内中兽药界，由于缺少真医，因此不识猪证，加之没有解“阴毒”成方可袭，更谈不上放胆该技术路线而研发之。故而，“放毒进来，关门杀毒”的技术路线便成了笔者的“专利”。

用中药解阴毒，只是被动杀毒，更重要的是如何帮助猪体恢复自身的杀毒、抗毒功能。对十万多头母猪应用归元散月余的结果表明，不仅底色病的症状消失了，更重要的是猪自身杀毒、抗毒功能恢复了，体质好了，“平猪”不存在了，生产性能得了良好的发挥。

二、彻底解决底色病这一病本从制方的根本上保证了归元散的高品质

底色病危害猪体的本源是霉菌毒素损伤阳气，形成“阳虚内寒”

证的“平猪”。西医也有壮阳药物，如雄性激素、苯丙酸若龙等。然而，这类药物短期应用效果较好，长期应用损伤肝肾，不仅不能消除“阳虚内寒”证，反使阳气更虚。“孤阳不生”“阳无阴不附”，在扶阳同时必须养阴。但西药中没有养阴药，因此西药扶阳是一句空话而已。

养阴、扶阳中药多达几十味，就看制方人如何选择配方了。只要理、法、方、药以“证”为纲，一脉相贯，扶阴毒所损之阳自不是难事。

扶阳既成，归元散的质就有了根本的保障。

三、归元散用法、用量讲究，从时间和空间上保证能彻底防治底色病，充分体现“治未病”的原则

首次应用归元散为什么要用 1% 的添加量饲服？猪群在用药前已饱受霉菌毒素危害，已经形成“阳虚内寒”体质。即便如此，猪每天仍然在吃被霉菌毒素污染的饲料，因此毒素每天不断地进入体内。1% 添加量的归元散以 0.5% 的剂量对每天进入体内的毒素进行解毒；剩余 0.5% 的剂量用以扶阴壮阳，恢复体质。如此持续 1 个月，猪群的体质就可得以恢复，“平猪”现象消失。随后用药只需 0.5% 的添加量（这是均数），用以针对每日新进入体内的毒素进行解毒，猪群便可长治久安。这就是首次必须用 1% 添加量，并且至少持续 1 个月，随后转为 0.5% 添加量的道理。

此种用药方案，在量的层面，从时间和空间上保障能彻底防治底色病。这是有别于甚为流行的千分之一（1t 饲料添加 1kg）添加的伪劣中兽药制剂的致命之处。

四、消除霉菌毒素的“阳虚内寒”证，便能得以群体一剂用药达整体防治底色病之目的

仅底色病本身而言，阴毒的靶器官十分明确，既没有六淫致病的循经传变，也没有温病的卫气营血传变，而是直中脏腑，且病程缓慢。尽管霉菌毒素众多，且中毒症状复杂，但是均为“阳虚内寒”证的表征。因此只要消除此证，复杂的症状就会消失，既不必顾及不同个体的不同症状，也不必针对症状的不同个体分别用药。如此，便能得以群体一剂用药达整体防治底色病之目的，体现了“因方之制，因其可因也”的治则。

综上所述，归元散的制方，基于笔者50余年的中兽医临床诊断经验，以独创的技术路线，应用《易经》《内经》的中式哲学思维，一脉贯穿理、法、方、药，从质量、数量、时间、空间上保障群体性彻底防治底色病，充分体现“治未病”的原则，保障猪群生产性能得到最佳发挥。

第六章　归元散 +IFN 诱导 + 疫苗可防治的猪病

归元散 +IFN 诱导 + 疫苗可以防治的猪病有：猪瘟、猪伪狂犬病、口蹄疫、猪流行性乙型脑炎和猪细小病毒病。

第一节　猪　　瘟

虽然我国拥有世界上最好的猪瘟弱毒疫苗，但至今仍未消灭猪瘟。这既有系统内部原因，也有系统外部原因。猪是多胎动物，在原生态环境中处于食物链的最底层，多胎的生物遗传特性使其后代的分散度大。然而，这一遗传特性却成为消灭猪瘟的一大障碍，造成接种对象分散度比单胎动物，如牛、马大得多；50% 小规模养猪，无疑增加了接种对象的分散度。分散度越大，消灭猪瘟的成功率就越低。

饲料被霉菌污染，导致中国猪群整体免疫功能低下，猪瘟疫苗接种成功率必然也低下，这也是其他多种疫苗接种成功率低下的最根本原因。

遗憾的是，人们并没有看到底色病对猪群的广泛危害，尤其是对猪免疫功能的危害，反倒归咎于病毒的变异及接种剂量太小。于是，拼命研发各种新疫苗与超大抗原含量的疫苗，同时增加接种次数。可是，效果又如何呢？

归元散消除了霉菌毒素的危害，恢复了猪的正常体质，使得其免疫功能正常化，为疫苗接种取得良好效果奠定了坚实的基础。故而，归元散 + 疫苗可彻底预防上述五病。

当猪瘟、伪狂犬病、口蹄疫等疫病发生时，归元散连同 IFN 诱导就能尽快杀灭病毒。因此，归元散 +IFN 诱导技术 + 疫苗的技术组合适合于上述疫病的防治。

一、病原

猪瘟病毒（*Classical swine fever virus*，CSFV）归属黄病毒科（Flaviviridae），黄病毒属（*FIavivirus*）。以前，由于猪瘟病毒、牛病毒性腹泻病毒（*Bovine viral diarrhea virus*，BVDV）、羊边界病病毒（*Border disease virus*，BDV）的抗原性与结构密切相关，因此其被归类于猪瘟病毒属，国际病毒分类委员会现将这 3 种病毒划归为黄病毒属。

中国的 CSFV 在猪群中长期流行，呈现出基因结构上的复杂性与地域分布的多样性。资料显示，23 个流行毒株中 18 株属基因 2 群，占 78.26%；另外 5 个毒株与石门系强毒 C 株同属 1 群，占 21.74%。两群间测序区核酸同源性只 78.9%。这表明国内流行的 CSFV 病毒与兔化弱毒 C 株在抗原基因上存在较大差异，以及地域分布的多样性。尽管多数流行毒株与疫苗之间的核酸同源性只有 78.9%，也就是说，病毒变异较大，但至今未出现不为疫苗毒所保护的野毒。裸露的 CSFV 在强碱强酸环境中能被迅速灭活，2% 的氢氧化钠溶液是适宜的环境消毒剂。在非

裸露的环境中（如被污染的粪便，被污染的肉和血），消毒剂的杀灭力大减。

二、流行病学

CSFV 只寄生于猪，自然条件下，经口、鼻直接接触是其主要感染方式，亦可经创伤传染。感染猪在潜伏期便可向环境排毒，若不发病或不死亡，可终生排毒。这种隐性感染的猪，尤其是母猪是最危险的传染源。在这类隐性感染猪的血清中既能检出 CSFV，也能检出相当水平的中和抗体。

这类隐性感染带毒母猪，无临床症状，也无肉眼可见的病理损伤，只能用荧光抗体检出野毒。依感染野毒毒力不同及猪体体质，这种带霉母猪可以产出全死胎和部分死胎，同时还可产出先天带毒的活仔，形成对 CSFV 疫苗的免疫耐受性，进而又形成新的持续感染的带毒猪。笔者见到一个 200 多头母猪的猪场，2 年多未进行猪瘟疫苗免疫，最突出的问题是死胎率（黑白死胎混发）常年在 25% 左右，其根源就在该场存在较多的带毒母猪。

猪感染了 BVDV 或 BDV 后产生的抗体与 CSF 抗体有交叉反应，因此感染 BVDV 或 BDV 的猪对接种 CSF 疫苗后的免疫反应有抑制作用。

近几十年，随着我国法律法规的完善，大家保护生态环境的意识逐渐增强，致使野猪繁殖昌盛，不时发生野猪进入猪场的事件，加之饲养野猪之风仍在流行，因此隐性带毒野猪对猪场的危害应得到足够重视。

三、临床症状与病理剖检

1. 急性型　病猪体温 41 ~ 42℃，精神沉郁，食欲废绝；腹下、腹侧、四肢内侧皮肤有出血点或出血斑，甚至融合成大片的紫红出血斑；眼结膜炎；先便秘后腹泻，亦可全程便秘，粪球上被多量灰白色黏液覆盖，常带有次鲜红血液；白细胞总数少于 5 000 个 /mm^3；病程 1 ~ 2 周，终衰竭死亡；若脑出血可见强直性神经症状。本型猪瘟当今少见。

病理剖检以全身性出血为特点。肾、膀胱黏膜、喉黏膜、胃肠黏膜有针尖状出血，亦可融合成斑状出血；肺有出血性小叶性肺炎；全身淋巴结切面呈周边出血的大理石外观；脾脏有黑红色梗死灶。

2. 慢性型 由未死亡的急性型转化而来。病猪体温 40.5℃左右或正常；有部分食欲，可便秘、可腹泻，或二者交替出现；皮肤出血多消失；公猪包皮积尿，包皮口有脓性分泌物，尿液混浊，均奇臭无比；白细胞总数小于 5 000 个 /mm^3；呈恶病质状，极度消瘦。

病理剖检可见肾脏皮质在苍白底色上出血，俗称麻雀蛋肾；其他脏器与淋巴结、喉头的出血同急性型，但出血程度较轻，出血点数量少；可出现大叶性肺炎；回盲瓣纽扣状溃疡与结肠孤立淋巴结滤泡坏死。

3. 非典型猪瘟 并非是由急性型迁延的慢性型。病初猪只食欲减损，精神稍差，日渐消瘦衰竭；体温在 40.5℃左右；少见皮肤出血点；多见便秘，少见腹泻，常规治疗无效。

病理剖检多见肾皮质有针尖状出血点，其数量少，需仔细观察；膀胱、喉头可有出血点，但只见 1 个至几个；多处淋巴结切面的髓样肿明显，淋巴小结周边呈极淡粉红色，但是后肠系膜根部淋巴结多成较典型的大理石状周边出血；公猪仍可见包皮积尿。该型当今临床最多见。

4. 隐性感染型 母猪隐性感染 CSFV 后没有任何症状，但产出黑白死胎、弱仔、先天震颤仔猪，且这种现象在隐性感染的母猪中胎出现。如果群体中隐性感染母猪所占比例高，那么产死胎的概率就会大幅上升，远远超过 8% 的控制目标。

四、诊断

1. 现场诊断　有不接种或接种失败史，猪群有明显底色病。现今，病猪临床症状不明显，但是包皮积尿、尿液奇臭无比、脓性眼结膜炎等，仍是有诊断价值的症状。剖检病变不典型，且不集中于一头猪，常需剖检早、中、晚期的多头病猪，达到病变互补。最有价值的病变仍是肾脏、膀胱、喉头出血点，以及后肠系膜根部淋巴结的大理石状出血。

2. 实验室诊断　方法众多，诸如荧光抗体试验、中和试验、酶标记抗体试验、反转录多聚链酶反应、单克隆抗体酶标记试验等，详述可查阅相关专业书籍。

五、猪瘟求真

猪瘟是耳熟能详的猪病，在漫长的流行中，中国养猪环境发生了根本性的改变，猪瘟病毒也发生了变异。对这些变异认识的偏颇乃至错误，必然蒙蔽其真相，因此要澄本清源而求其真。

1. 不得混淆猪瘟与圆环病毒病的皮肤病变　发生猪瘟后的皮肤病变，以出血为特点，分布在腹侧、腹下、股内侧、腋内侧；而圆环病毒病所致皮肤病变是以皮炎、皮疹为特点，最先出现在股后会阴，后向股外侧背部扩展。

2. 不得混淆猪瘟与底色病的皮肤病变　底色病的皮肤病变是以背部皮肤对称性病变为特点，可出现出血、皮炎、皮疹。

3. 不得混淆猪瘟与附红细胞体病体表的出血　患猪瘟时是皮肤出血，呈红色；患附红细胞体病时为皮下出血，呈蓝青色。

4. 脾脏梗死与小丘状出血不能视为猪瘟典型病变　扑杀病猪后放血会导致脾脏剧烈收缩，形成这类病变；贫血也会出现这类病变，因为脾脏处于半收缩状可形成这类病变。

5. 肾脏针状出血不能视为猪瘟的典型病变 发生底色病和猪伪狂犬病时，肾脏针状出血的频率极高，必须要与有这种病变的底色病、伪狂犬病乃至接种猪瘟疫苗后的症状相区别，绝不可仅凭此病变判定疾病。

6. 接种无效不能频繁换疫苗 接种无效，在不查明原因的情况下就认为是疫苗问题，是不负责任的想法。当然首先要查明疫苗的质量、接种程序、操作正确与否，更重要的是查明猪群是否存在免疫抑制（有底色病否），否则盲目相信不实之言，即使更换疫苗也仍然没有较好效果。

7. 大剂量接种不可取 在隐藏很深的底色病面前，人们错误判断接种失败是猪瘟普通细胞苗存在质量问题，主观认为含 750 免接种单位抗原含量少，因此陆续研发浓缩苗、7 500 免接种单位传代苗，乃至 15 000、30 000 免接种单位的疫苗。但接种这类高抗原含量的疫苗往往并未取得较好的效果，这是为什么？

（1）正常的免疫反应是抗原与机体共同作用的结果，如果不解除底色病的免疫抑制，那么再大的接种剂量也不能获得较好的免疫效果。

（2）超大剂量接种疫苗会产生抗原过剩或抗原封闭（antigen excess）。抗原分子在抗原－抗体反应中超过一定的比例谓之抗原过剩。抗原过剩，往往不能出现可见反应，而是形成不可溶性复合物，这种复合物引起阿尔图斯反应（arthus reaction）。复合物沉积在肾小球血管基底膜上，形成肾小球肾炎。由于抗原过多包围受体，难以形成抗原与受体的结合，因此导致免疫反应低下或不能产生免疫反应。只有最恰当的抗原量才会发生最佳的免疫反应。众多研究与临床实践证明，750 免接种单位至 750 × 4 免接种单位是最佳接种剂量。

（3）在高科技条件下生产的大剂量抗原猪瘟疫苗，价格高，增加了养猪成本。另外，高科技新疫苗掩盖了用普通猪瘟细胞苗为什么部分

个体不能产生正常免疫反应的真正原因——霉菌毒素导致的免疫抑制；给知之甚少的养猪人错误导向，他们不仅不去追究根本原因，反而更是乐此不疲地接种高价的高科技新疫苗。

8. 不能以母源抗体监测为依据确定仔猪的免疫时间 如果母猪没有免疫抑制，接种 1 ~ 2 头份猪瘟普通细胞苗即可以保证终身不感染猪瘟。如今，有的母猪反复接种，但仍然不能产生有效的免疫反应。是有 BVDV 感染？是否有底色病？自不当弃本不顾而言其末。而另一部分母猪则因反复接种猪瘟疫苗，母源抗体甚至在 1 024 间接血凝效价以上，自然可以大胆地说仔猪首免应在 50 日龄，可是又有谁去探究这不当的超高水平的母源抗体产生的原因呢？

当一个猪群中既有母源抗体极低的母猪，又有母源抗体极高的母猪时，试问仔猪的首免时间又如何确定呢？我们不应该用高科技来掩盖事物的真相，而是需用高科技手段来证实母源抗体离散度大的事实，查明并告知高离散度的原因，更不能用简单的重复接种了之。

母源抗体在 256 ~ 512，仔猪首免时间定在 35 日龄，普通猪瘟细胞苗 2 ~ 4 头份是业内共识。

9. 不能在肺炎支原体疫苗接种时间内接种猪瘟疫苗 肺炎支原体疫苗的接种，有 2 周左右的免疫抑制期，因此在此抑制期内接种猪瘟疫苗必然影响接种效价。

10. 不能在接种猪蓝耳病疫苗后接种猪瘟疫苗 接种蓝耳病疫苗后，会在 1 个月乃至更长时间影响其他疫苗的接种，猪瘟疫苗自然在其列。

11. 我国猪瘟久扑不灭的真相

（1）在疫苗毒与野毒长期共存的状态下酿出的弊端是，猪瘟野毒在中国庞大的猪群内长期流行并发生变异。相关调查表明，23 个流行毒株中，18 株属基因Ⅱ群，占 78.26%；另外 5 个流行株（包括石门系强毒 C 株）属基因 I 群，占 21.74%。两群间测序区的核酸同源性只有 78.9%，表明国内流行的猪瘟毒株与 C 株在抗原基因上存在较大的差异及地域分布的多样性。另外调查还表明，有 2 株兔化弱毒株与 2 株石门毒株的同源性为 95.5%，且分属 2 个亚群；一个低毒力的田间感染株与兔化弱毒株和石门株的同源性为 88% ~ 90%，且不在一个亚群中。这充分证明了猪瘟野毒在我国庞大的猪群内长期流行中发生变异的复杂性与多样性。随着时间的延续，这种变异无疑会加剧。如果不结束这种流行，将来由野毒变异引起的免疫失败迟早要发生。

BVDV 与 BDV 广泛存在牛、羊群中，农村散养户的猪感染这两种病毒的比例较高，感染这两种病毒的猪产生的抗体与猪瘟病毒的抗体有交叉反应。因此，感染这两种病毒的猪对猪瘟疫苗接种的免疫反应有抑制作用，这如同感染了非结核的分枝杆菌患者对 BCG 苗（卡介苗）接种有抑制作用一样，不能形成半免疫或免疫。半免疫状态对猪瘟野毒的变异有巨大影响，弱毒株的形成、隐性感染的形成无不与此相关。

疫苗制作中，如果用牛源细胞系或牛血清，疫苗有被 BVDV 或 BDV 污染的风险，同样影响接种结果。

另外，半免疫状态还与疫苗质量、接种操作程序、猪体免疫状态密切相关。疫苗应用的时间越长、次数越多，由这些原因出现半免疫状态的概率就越高，半免疫状态的群体就越大。

虽然猪瘟病毒在变异，但尚未发现疫苗不能保护野毒攻击的事实。如果以此作为口实，满意于当前的稳定性，对未来的变异掉以轻心，那将是十分危险的。生物系统进化论告诉我们：稳定是相对的，变异是绝对的，突变常发生在人们不经意中。

以上论述与猪瘟至今广泛存在的事实均说明长期仅用猪瘟疫苗扑灭猪瘟既是不可取的，也是行不通的。

（2）中国长期未能扑灭猪瘟的其他症结（疫苗质量与接种操作不在此次讨论之列）难以做到全国易感新生猪同步去易感化。由于世界第一的庞大猪群、千万生产单位带来分布上的高分散度、四千余万头母猪每分每秒带来众多新生的易感个体，而这些都是当时扑灭牛瘟所没有的巨大障碍，因此要使全国生猪同步去易感化是一个非同寻常的系统工程。

不符合猪生物习性的饲养环境，特别是限位栏的使用、高密度饲养、恶劣的空气环境、霉菌毒素的广泛危害等，都是诱发猪病的必然因素，均使得中国猪群健康水平低下，成为包括猪瘟在内的许多疫病顽固留连的楔机。

没有强制执行带毒留种种猪扑杀淘汰制度，带毒种猪成为猪瘟病毒广为散播的重要途径。

在如此庞大的猪群中扑灭猪瘟不仅要有法律保障，还需要巨大的财力与庞大的高素质专业技术队伍。如果做不到这些，靠疫苗来扑灭猪瘟是不可能实现的。

（3）霉菌毒素广泛污染日粮的今天，猪群整体终身存在强烈的免疫抑制。这是许多猪场换了多种疫苗，甚至是大接种量 ST 传代疫苗后部分个体抗体水平仍然低下的根本原因。猪群中广为存在的由霉菌毒素慢性中毒引起的“底色病”是中国猪群众多传染病难以根绝的重要原因。

从扑灭猪瘟未果的事实可以推理：仅用疫苗来扑灭猪的其他疫病也是不可能的。如果中国的猪群不能去除本来就存在的诱发疫病流行的必然因素，那么疫病的发生是必然的，只是时间问题。这些必然因素存在一天，猪群的疫病也就存在一天。

12. 归元散 + IFN 诱导技术消灭猪瘟简单易行　干扰素诱导技术的成熟，归元散的问世使得在认可该系列措施的猪场扑灭猪瘟已经成为简而易行的现实。干扰素诱导技术使得猪群没有猪瘟野毒，加上归元散消除了底色病的免疫抑制及合理的疫苗接种，猪群既没有猪瘟野毒，又有良好的体质与适宜的疫苗抗体水平，那么何来猪瘟？推而广之，全国扑灭猪瘟成为可能。

13. 要正确认识猪瘟的危害 至今日，新中国成立已70年，养猪人也与猪瘟斗争了70年，其中最深刻的教训是什么？笔者以为是认识论上的愚昧与偏颇僵化。作为养猪人，在20世纪五六十年代是不接受免费猪瘟疫苗接种的。在春防秋防中，基层兽医人员遭到闭门羹乃至挨打的事件比比皆是，笔者就遭到扫帚打脸的待遇。在历经多年的宣传教育后，到20世纪70年代情况基本扭转，普防不再是难事，但是猪群支原体肺炎感染、寄生虫病的发生更为普遍。这两种疾病是当时主要的底色病（人医谓之的基础病），直接影响猪瘟疫苗群体接种的效果。可遗憾的是，当时并未引起业界重视，现已成为在散养时代不能扑灭猪瘟的重要原因。

改革开放后，我国养猪逐渐进入集约化时代，接种猪瘟疫苗已经成为养猪人的自觉行为，寄生虫病、支原体肺炎也已不成为具有普遍意义的底色病，猪瘟疫苗免疫的群体效果理应十分理想，可是现在中国猪瘟仍未被消灭。于是，人们疯狂地在疫苗的改进创新上下功夫，然而众多新疫苗的问世并未彻底改变局面。

但业界并未认真反思，而是孤立地看待这一现象。笔者认为，集约化养猪带给猪群的负面影响是多方面的，其中以玉米为主的饲料霉变，使得霉菌毒素中毒病日趋严重，最广泛、严重地造成猪群群体性的免疫抑制已经成为猪瘟疫苗免疫失败的根本原因，自然也是其他疫苗免疫失败的主要原因。可是至今却有人不愿意面对这一现实，更不会丢掉偏颇固化的认识。

总之，对猪瘟，最根本的求真是认识论上的求真，是贯穿笔者所有

著作的基本精神。读者务必高度重视，这样才可能走进猪病简易与求真的世界。

发生猪瘟的相关症状见图 6–1。

弥漫性血管内凝血是当今猪瘟最常见的皮肤病变

麻雀蛋肾，肾实质变性、出血

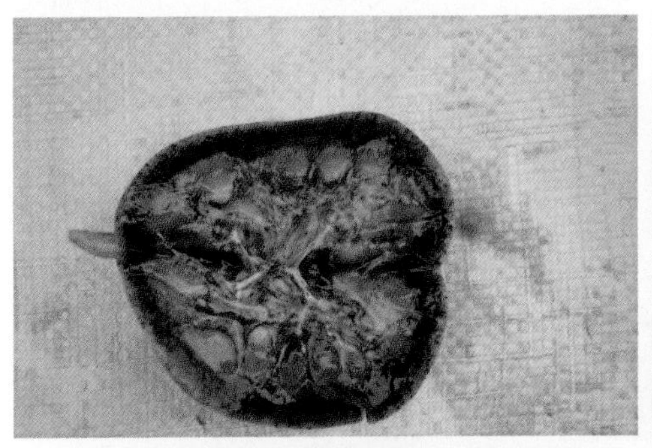

上一张图肾脏剖面，肾皮质萎缩，继发于底色病

麻雀蛋肾

上一张图肾脏剖面，皮质肿胀、变性、出血，乳头肿胀，排列紊乱

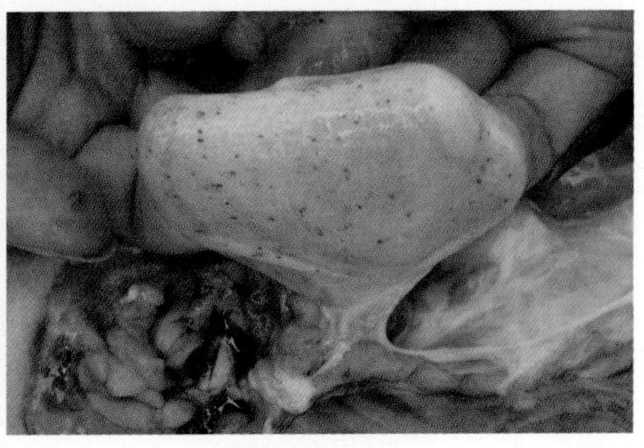

膀胱黏膜出血

图 6–1（a）　猪　瘟

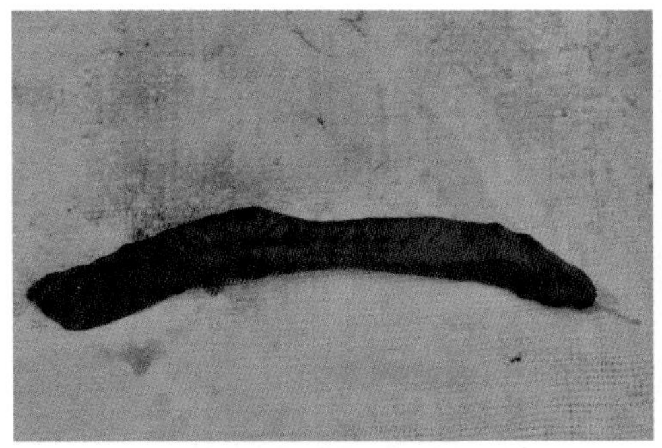

脾脏多灶性出血性梗死

喉黏膜点状出血与融合性出血斑

心包出血

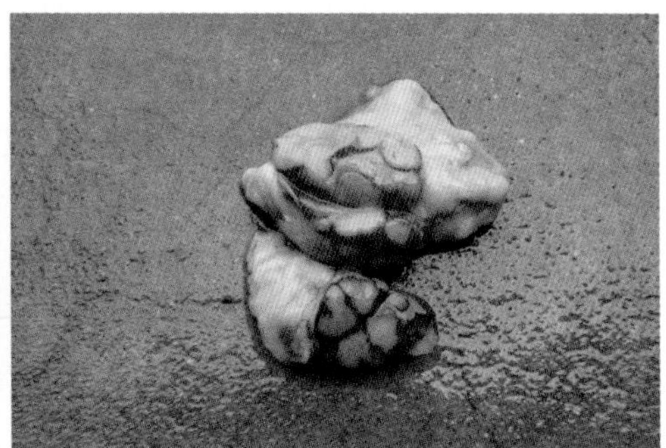

淋巴结小节周边出血，呈大理石样外观

慢性型，包皮积尿，脓性分泌物奇臭

图 6-1（b） 猪 瘟

附：非洲猪瘟

非洲猪瘟（African swine fever，ASF）是猪属动物的一种高度接触性传染病，呈急性至慢性的败血性高死亡率的病理过程。

ASF 由非洲猪瘟病毒（*African swine fever virus*，ASFV）感染猪属动物引起，是虹膜病毒科（Iridovirdae）虹膜病毒属（*Iridovirus*）的成员。为一种大型的 DNA 病毒。该病毒抵抗力强，在冷藏的血液中可活 6 年，在室温下数周仍有传染性。2% 氢氧化钠溶液 24h 方可将其灭活，而在 0.25% 的福尔马林溶液中需 48h 才能将其灭活。

ASFV 有多个血清型，病愈猪可以抵抗再感染，但其血清的保护力很弱。在单层细胞中传至 90 代后虽然其病毒毒力减弱，但仍可使接种猪发病。至今没有安全有效的疫苗问世。

ASFV 只感染家猪、野猪、疣猪等猪类动物，非洲野猪是其储毒寄主。ASFV 流行于非洲、欧洲、俄罗斯，经多年流行后毒力有所减弱，故在欧洲感染 ASFV 后猪的死亡率低于非洲。ASFV 经直接接触或间接接触而传染，被污染的饲料、饮水、垫料、用具等均可传播 ASF。

ASFV 潜伏期 5 ~ 9d，初始 4d 病猪体温为 41℃，并无其他症状，直到死亡前 36 ~ 48h 体温下降后才极度衰弱，后肢无力，部分猪咳嗽，呼吸困难，有脓性眼结膜炎，腹下与四肢下端皮肤有出血性瘀斑，强毒株可致呕吐、血痢。白细胞数量下降 50%，直到减少至 40% 后便不再下降。

非洲猪瘟的临床诊断是：已经接种猪瘟疫苗的猪群如果出现上述症状与高死亡率应该警惕是发生本病。病理剖检可见雷同猪瘟的病例变化，但是出血更严重脾脏高度肿胀，呈黑红色。淋巴结切面的触片，经瑞氏或姬姆萨氏染色，可见单核细胞的核破裂，此时即可确诊。

实验室诊断项目有红细胞吸附试验、ELISA 试验、PCR 技术及免疫印迹技术可供选择。

依据干扰素诱导技术适于所有病毒性疾病的原理，可以推理该技术同样可以用于非洲猪瘟的防治。据此，笔者委托同仁在 9 个猪场实施以 IFN 诱导技术为主的综合防制措施，取得了较好的防制效果，具体措施如下：

（1）初始病猪若分圈饲养，那么其所在的同圈猪均应按国家规定作无害化处理；如果初始病猪为限位栏的种猪，那么连同左、右两栏的种猪均应按国家规定作无害化处理。

（2）按国家规定对全场进行封锁、隔离、消毒，在猪舍内增加超低容量喷雾消毒（详见本书第九章）。

（3）全群实施 IFN 诱导技术（详见本书第四章），每隔 15d 做一个疗程的 IFN 诱导技术，持续 3 ~ 5 个疗程。期间，若发现少数新病例，则一律照前处理。

采取上述措施后，历经半年 9 个猪场未再发病，保留了绝大部分猪群，但其效果有待进一步证实。

第二节　猪伪狂犬病

一、病原学

猪伪狂犬病（Porcine pseudorabies，PR）由伪狂犬病毒（*Pseudorabies virus*，PRD）侵袭所致。伪狂犬病毒属疱疹病毒科（Herpetoviridae），甲型疱疹病毒亚科，也称猪疱疹病毒Ⅰ型（*Suis herpesvirus* Ⅰ）。只有一个血清型，不同毒株其毒力与生物学特性方面有差异。伪狂犬病毒的储

毒寄主是猪，对猪以外的许多动物（单蹄动物除外），如牛、羊、狗、猫、兔等都是绝对致死的病毒。猪对伪狂犬病毒有种属的耐受性，只有乳猪和仔猪发生死亡；中大猪多呈隐性感染；母猪感染发病时无症状，但在妊娠后期流产，产死胎。

伪狂犬病毒同疱疹病毒科其他成员一样，能在猪体内潜伏较长时间而猪不发病。但是应激因素（如热、冷、霉菌毒素、激素扰乱、高密度）可激发该病，尽管此时猪体内仍有高水平的循环抗体。

猪在伪狂犬病毒传播中的生态学地位明确，猪是其他动物感染伪狂犬病毒的主要来源。该病毒在猪以外的动物中是不能相互传染的，经呼吸道传染是猪与猪之间最主要的感染途径，创伤也是传染途径之一，不可忽视染病鼠类在流行中的作用。

伪狂犬病毒抵抗力较强，但可迅速被 0.5% ~ 1% 的氢氧化钠溶液灭活，对甲醛敏感。

在伪狂犬病毒分子中已发现 11 种糖蛋白（基因），其中 *gC*、*gE*、*gG*、*gI* 和 *gM* 为病毒复制非必需基因，而与毒力有关的基因为 *gB*、*gC*、*gD*、*gE* 和 *gI*。此外，胸苷激酶、核苷酸还原酶、蛋白激酶，碱性核苷酸外切酶均与 PRV 毒力密切相关，其中 PK 是最主要的毒力基因之一，缺失后可使伪狂犬病毒的毒力大为降低，减轻潜伏感染的症状；而糖蛋白 gB、gC、gD 在免疫诱导上起重要作用。

二、流行病学与发病机理

猪伪犬病病毒（*Porcine pseudorabies virus*，PRV）广泛分布于世界各地，猪是该病毒的储毒宿主，病猪、带毒猪及带毒的鼠类是该病的主要传染源。除猪以外，其他动物的发病不会以相互接触而发生，接触传染最常发生在猪与猪之间。空气传播是最主要的传染途径，另外该病毒也可能经创伤、胎盘组织和精液传播。

野猪是 PRV 潜在储毒宿主与家猪的传染源。

感染 PRV 时，猪的发病率与死亡率与年龄有关，乳猪和仔猪的死亡率都较高。免疫抑制、饲养密度、集约化程度、育肥猪数量、引种等环境应激因子与发病有直接或间接关系。

PRV 经口、鼻感染后，先在鼻咽部复制，后在扁桃体中增殖，再经嗅神经、吞咽神经、三叉神经到达脑和脊髓，这是其一种感染途径；另一感染途径是先经口、鼻感染，然后直接进入肺部。如此，在临床上可以出现侵犯神经系统的神经型和侵犯呼吸系统的肺型；如果病毒在体内泛化，还可见到腹泻的胃肠型。

伪狂犬病毒还可在三叉神经节、嗅球、扁桃体潜伏，但不发生临床症状；PCR 也只能检测 PRV 的某段基因，在给予猪大量肾上腺皮质激素后，机体防卫能力下降，诱导病毒激活与排毒，可检出病毒。潜伏感染的个体受到环境应激时，会激活病毒从而导致发病。

三、临床症状与病理剖检

尽管伪狂犬病有神经型、肺型、肠型、繁殖障碍型，但在发病猪群中并非只发生某型伪狂犬病，而是混合发生的。也就是说在发病猪群中有的个体表现神经型，有的个体表现肺型，有了个体表现肠型，母猪表现繁殖障碍型。

乳猪和保育猪发病典型。初期体温为 40～41℃，有全身违和症状；有的出现肢瘫，以后肢严重，呈“八”字形张开，瘫坐，针刺患肢皮肤痛感迟钝或消失，轻瘫猪可艰难站立，蹒跚行走；有的叫声嘶哑，甚至

捕捉时只张开大口，却无呼叫声；有的出现角弓反张；有的呼吸频率加快，呼吸困难，咳嗽，喷鼻；有的出现黄色粥样腹泻；极少数猪鼻部与体躯搔痒。后期体温或正常，衰竭死亡，病程 3 ~ 7d。

中大猪的症状不典型，呈现咳嗽或轻度腹泻。妊娠母猪在怀孕后期流产，母猪有轻度的全身违和症状；或如期分娩，但均产出死胎或罹病弱仔。

病理剖检可见肾脏皮质针尖状出血；肝、肺、脾有针头大至粟粒大灰白色坏死灶；有出血性小叶性肺炎；病程长的猪其扁桃体肿胀，陷窝出血，滤泡肿大隆起，或有黄白色纤维素覆盖，剥离纤维素后可留下溃疡面。

四、诊断

典型 PR 症状明显，不难诊断。肢瘫、失声是典型症状，加上肾脏出血，实质脏器坏死灶，扁桃体的病理变化，因此现场可以对其进行准确无误的判定。

五、伪狂犬病求真

（1）猪是 PRV 的储毒宿主，一般不会发病，最多是乳猪发病，这与笔者早年临床所见基本一致。20 世纪六七十年代，猪、牛同栏饲养常见，牛发生伪狂犬病时但猪不发病。如今不仅乳猪、仔猪发病，大猪也发病甚至死亡。于是有人说 PRV 变异了、毒力增强了。果真如此吗？笔者见到大猪死亡的猪场均是管理差、环境差，猪群免疫抑制严重，免疫抗体滴度低下，肾上腺高度肿大、出血、坏死的猪场。据此，笔者质疑不是 PRV 毒力增强了，而是猪群免疫力下降了。

量的变异是绝对的，但质的变异却是不易的。不能以 PRV 分子结构上某个基因片段的变化就认为 PRV 毒力增强，更何况自然界本身就存在毒力不同的毒株。

（2）当今应用的疫苗毒株存在致新生猪乳猪发病的情况，必须十分重视。2007 年，笔者在长沙县某大型猪场见到应用国外某厂家生产的伪狂犬病疫苗发生乳猪伪狂犬病事件（此案例见于《跟芦老师学养猪系统控制技术》第 63 页第二例）。后来陆续又见到多例国产伪狂犬病疫苗引发乳猪伪狂犬病的事件。引发疾病是事实，但业界并未就此回答是疫苗减毒不到位还是乳猪免疫力下降的原因？同大猪发病一样，这些由疫苗毒引发乳猪伪狂犬病的猪场均存在严重的底色病，乳猪在胎儿时期就受到霉菌毒素的重度侵害，机体防卫能力低得不能抵挡疫苗毒的毒力，从而导致发病。

（3）对伪狂犬病抗体检测报告单的解读，不仅需要专业知识，更需要结合临床诊断，否则单一的抗体检测报告会成导致误诊。依旧以“五·（2）”中言及的长沙案例阐述，如果仅看乳猪的野毒抗体（PRV-gPI-Ab）则其均为阴性，不可能发生 PR；如果仅看对应母猪的疫苗抗体（PRV-gB-Ab）则均为阳性，同样不会诊断为 PR。因此，测检报告单的诊断不是 PR，而临床表现与病理剖检又均认为是母猪感染了 PR；超前滴鼻不再发病，也证实是 PR。这种仅看检测报告就诊断的劣习是临床兽医的大忌。

（4）乳猪 PR 出现频率最高时的症状是腹泻，但没有鉴别诊断的价值。在 PR 腹泻猪群中要建立诊断，必须寻找肢瘫的个体和叫声嘶哑与失声的个体，哪怕只找到一个这样的个体，PR 感染的可能性就进一步增加；如果再结合病理剖检，如有肾脏出血、实质脏器坏死灶、扁桃体

病变等，则就可确定是 PR 感染。

（5）病理剖检的特征性病变是肾脏出血，但要与猪瘟、霉菌毒素中毒、接种猪瘟疫苗后的肾出血相鉴别。实质脏器坏死灶，出现在病程稍长的病例中，扁桃体的病变尤其是假膜的出现似乎只出现在慢性病例。因此，要获得完整的剖检病变应剖检不同病程的多头病猪，这种诊断方法在群体诊断中极为有用。利用群体中不同个体的症状与不同的病理变化，达到症状与病变的互补，从而架构较完整的临床诊断依据，以求临床上能快速、正确地诊断病。

（6）PV 疫苗超前滴鼻免疫无效，应是错误操作所致。说明书上注明是猪出生后 1 ~ 3d 滴鼻，但谁能保证出生 1 ~ 3d 内的乳猪在滴鼻前不先感染野毒？因此，仔猪产出后就应对其作滴鼻免疫，而不给野毒感染留下时间，这才是真正做到超前占位。

（7）PR 疫苗说明书上注明超前滴鼻一头份，用 1mL 稀释液溶化，但每个鼻孔 0.5mL 滴鼻是不切合实际的。0.5mL 疫苗太多，乳猪会在疫苗被滴入过程中将其吞咽，或在疫苗被滴完后低头使得疫苗从鼻孔流出，造成疫苗流失，达不到占位效果。正确的操作是一个鼻孔 0.2mL（半头份），仰头 30° 角，滴入，或最好经鼻腔喷雾接种。两个鼻孔滴完后再继续仰头 5 ~ 10s，让疫苗液被充分吸入到鼻腔深部，以达到充分占位的目的。

超前滴鼻操作不规范是造成超前滴鼻无效的真正原因。

（8）伪狂犬病疫苗的接种由一年两次跟胎免疫到如今一年 3 ~ 4 次，真有必要吗？持此观点的人是基于基因缺失疫苗接种后并未达到预期效果，采用增加接种次数企图弥补。遗憾的是，笔者见到不少猪场都是普免 3 ~ 4 次后，仍然发生伪狂犬病。这表明疫苗接种效果不佳的原因与接种次数没有必然关系，机体免疫抑制没有得到有效解除应是问题的症结所在。由于普免没有跟胎接种那么麻烦，迎合了养猪人贪图方便的心理，因此使得普免之风盛行。

持这种观点的人还认为原来提倡跟胎免疫（产前 1 个月接种母猪）是为了能获得高效价的母源抗体，但现在认为，母源抗体对伪狂犬病病毒没有作用，而是细胞免疫在起作用，因此产前接种没有意义，可笔者不敢苟同。其一，与笔者临床实践不符，在发生该病的猪场，产前 1 个月接种母猪同样可预防新生猪不再发生伪狂犬病；其二，体液免疫真的没作用吗？ Guptia 报道，中和抗体并不能阻断艾滋病病毒在细胞之间的传播，然而用 CD4 的抗体对病毒受体的抗体，却可阻断细胞间的艾滋病病毒传播（闻玉梅·《现代微生物学》）。伪狂犬病会有类似情况吗？在人们对接种产生的数以万计的克隆系列的认知并不完全彻底的今天，言体液免疫对病毒无作用是否为时过早？

严酷的事实表明，增加接种次数并不能达到预期的效果。同时也表明，一种疫苗的接种有效期如果真的只有 3 个月，那么是否首先要在疫苗免疫原性上改进呢？据笔者所知，最初的伪狂犬病油剂死苗都可以有半年的免疫有效期，但当今的基因缺失疫苗反而达不到？其中的原因耐人寻味。

（9）任何疫苗的研发均应以能产生有效免疫应答且不返强为首要目的，其次才能考虑兼顾其他目的，如能鉴别野毒、能与其他疫苗兼容、能减轻副反应、能经非注射途径的应用等。各种基因缺失疫苗的研发同样要遵循这一基本原则。如果各种基因缺失疫苗在鉴别野毒的目的上没有质的不同，那么还有必要花费纳税人的钱研发令养猪人眼花缭乱的基因缺失疫苗吗？非常赞同科研机构作这方面的研究，但如果轻率地

将这类疫苗推向市场，不得不让人产生疑问：如果研发者是养猪人，您如何选择品种如此繁多的疫苗？多种基因缺失疫苗的疫苗毒在猪群中长期流行会出现怎样的后果？谁能说清楚？如果既不能担保，又说不清楚，那么考验的必将是社会责任感。

（10）IFN 诱导技术的成熟，使得鉴别疫苗毒与野毒的疫苗丧失了市场价值。

（11）经产母猪产前 1 个月接种，以及新生猪超前滴鼻，乳猪 45 ~ 50 日龄时再肌内注射接种是预防伪狂犬病行之有效的措施。一个猪场，要坚持使用一种毒株生产的疫苗。

猪伪狂犬病临床照片见图 6–2。

病猪肢体瘫痪，右耳耷拉，不能竖立

病猪肢体重度瘫痪

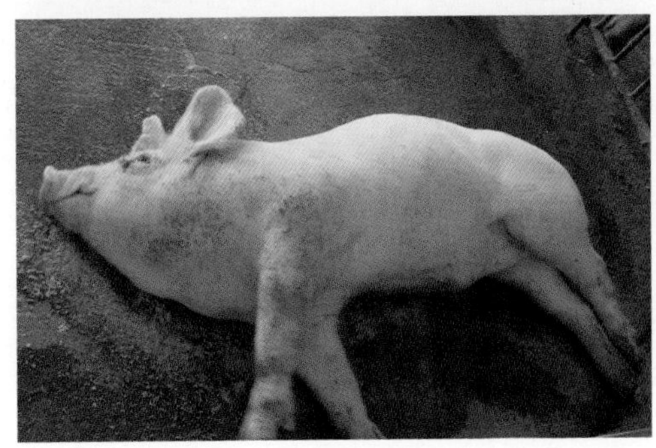

角弓反张

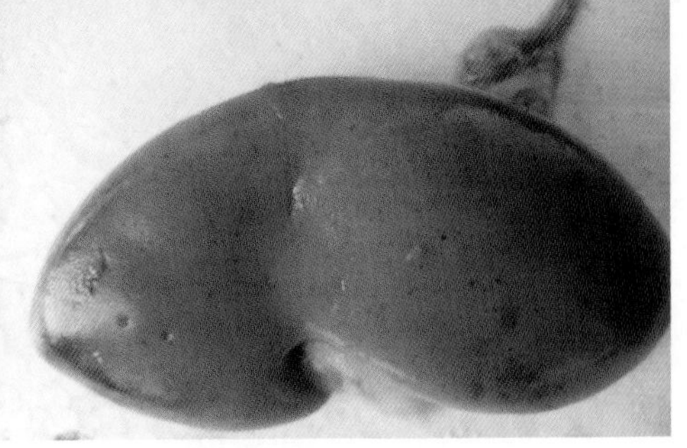

肾脏皮质针尖状出血

图 6–2（a）　猪伪狂犬病

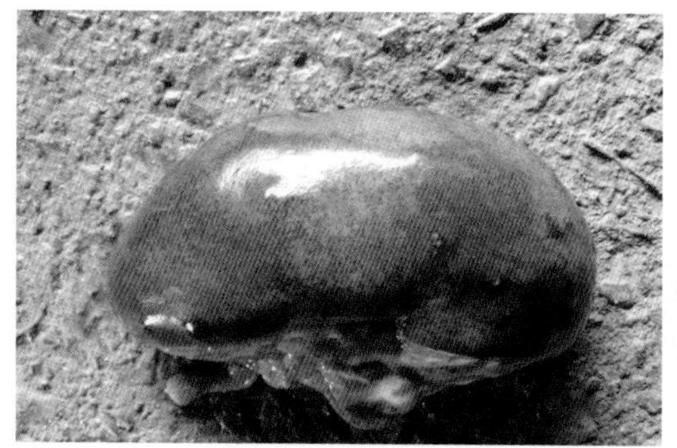
肾脏皮质的坏死灶

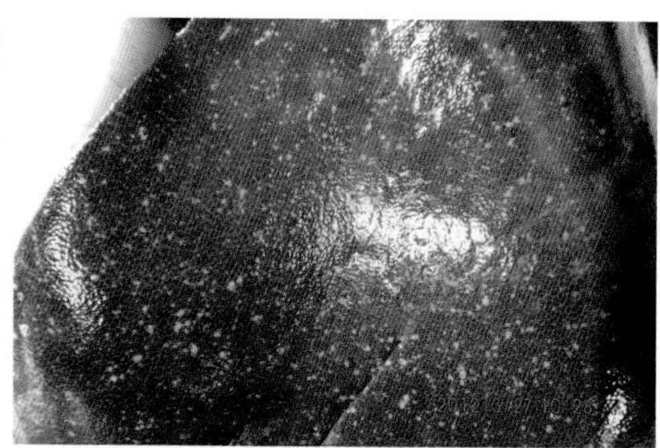
肾脏弥漫性坏死灶

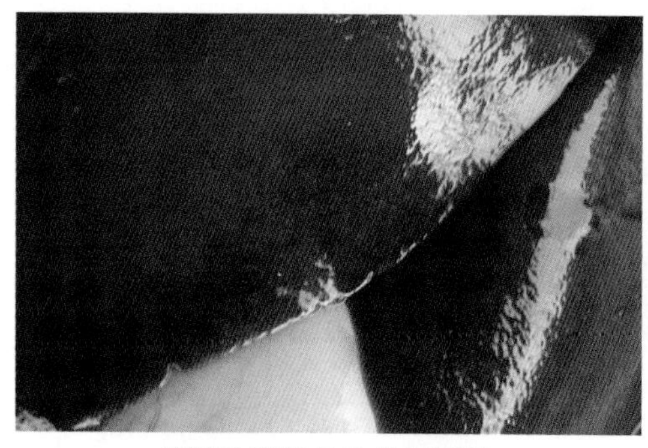
肝脏弥漫性针尖状坏死灶

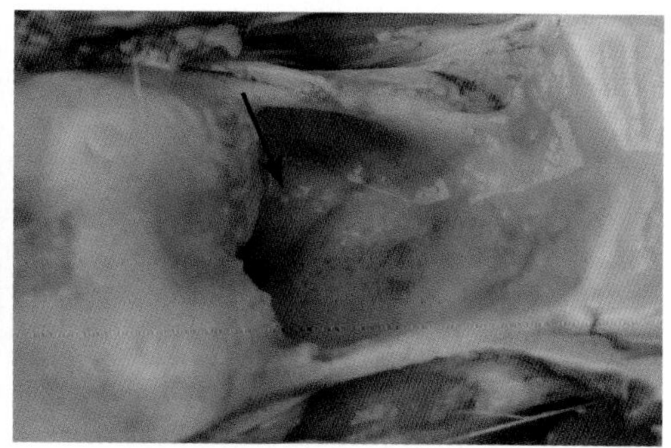
扁桃体肿胀，腺窝出血，滤泡肿胀

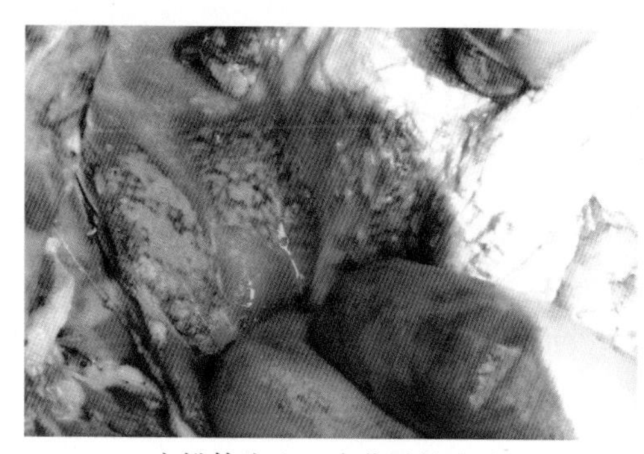
扁桃体出血，有化脓性炎症

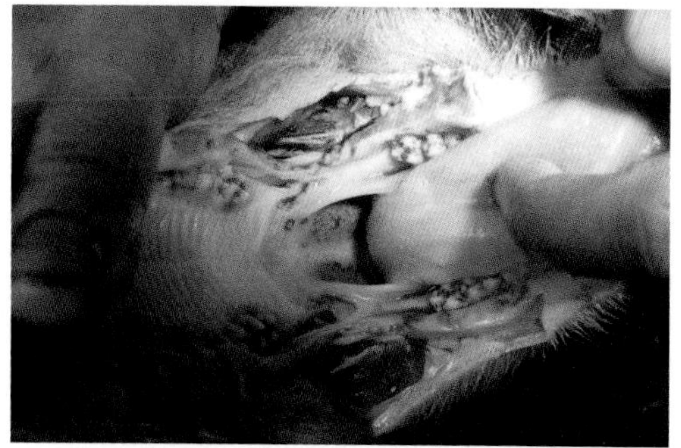
扁桃体纤维素性坏死，黏膜溃疡

图 6–2（b） 猪伪狂犬病

伪狂犬病引发乳猪腹泻

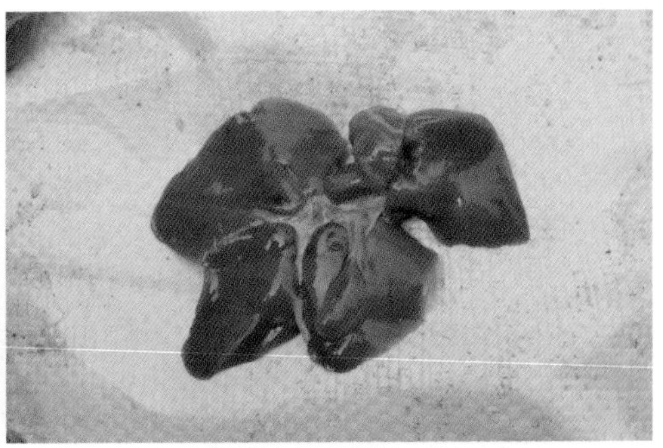

腹泻乳猪的肝脏常常只能见到极少数坏死灶

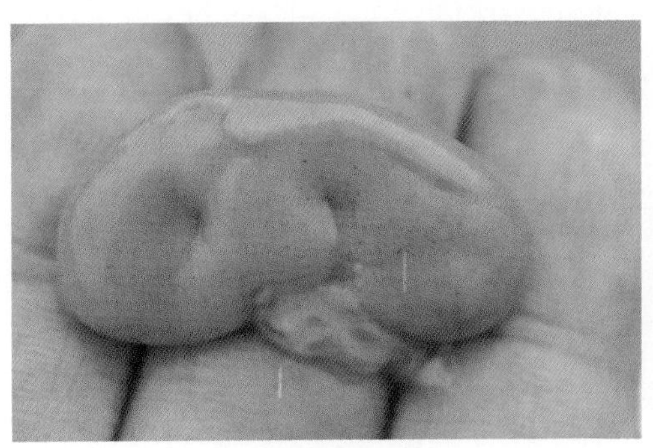

腹泻乳猪肾脏出血

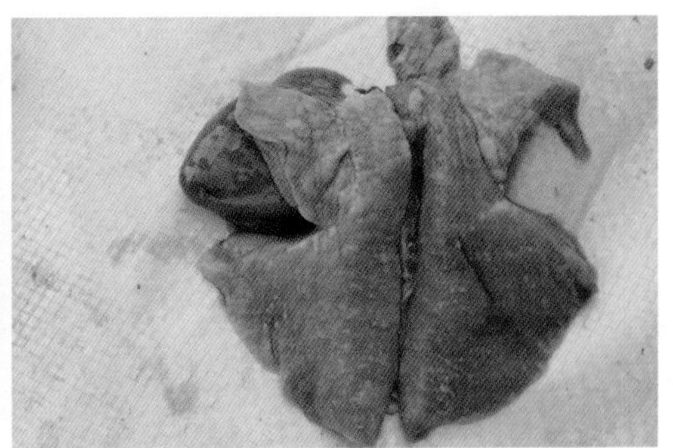

腹泻乳猪肺脏坏死灶

腹泻乳猪肺脏坏死灶深入肺脏实质

图 6–2（c）　猪伪狂犬病

第三节 口蹄疫

一、病原

口蹄疫（Foot and mouth disease，FMD）是口蹄疫病毒（*Foot and mouth disease virus*，FMDV）引起的烈性传染病，是主要侵袭牛、羊、猪等偶蹄类动物的一种急性、高度接触性传染病，病畜以发热、皮肤（蹄冠、蹄指或趾、鼻盘）和黏膜（唇、口腔）形成水疱疹为特征。

FMDV 属于小 RNA 病毒科（Piconaviridae），口蹄疫病毒属（*Aphthovirus*）。该病毒有 7 个血清型［IO、A、C、Asia Ⅰ（亚洲Ⅰ）、SAT Ⅰ（南非Ⅰ）、SAT Ⅱ（南非Ⅱ）、SAT Ⅲ（南非Ⅲ）］和 60 余个亚型。由于亚型的分类趋于复杂化，因此现已被分析基因组遗传衍化关系的基因型所取代，如 O 型口蹄疫病毒分为 Pan Asia、South East Asia（1）、South East Asia（2）和 cathy 共 4 个基因群。口蹄疫病毒极易发生变异，各主型之间不能交叉保护，同一主型内的各亚型间交叉保护力微弱。口蹄疫病毒对酸、碱、氧化剂敏感。

二、流行病学

国内目前只有 O 型、A 型、亚洲Ⅰ型口蹄疫病毒流行。口蹄疫最初在我国流行的对象主要是牛，在 20 世纪 60 年代流行的对象逐渐转移以猪为主。流行季节性也不断变化，由最初冬、春寒冷季节流行现变化成全年流行，其中又夹杂少数年份只在夏天流行，但总体而言仍以冬、春寒冷季节流行为主。

口蹄疫病毒的排毒发生在继发性水疱形成之时，水疱破裂是排毒高峰，此峰期持续 4 ~ 5d。粪便、尿、唾液、乳汁、精液及呼出的气体均可排毒。一头病猪一昼夜从呼出气体排毒可达 108ID50（半数感染量的

病毒），粪便排出 $10^{5.5\sim6.5}ID_{50}$ 病毒。而试验证明，给无保护的猪肌内注射 1 $000ID_{50}$ 的口蹄疫 O 型强毒就可导致猪发病，因此应当充分重视病猪排毒在发生口蹄疫中的作用。

口蹄疫病毒被排出体外后，对环境的抵抗力较强，特别是在含有有机性质的物料（如粪便、饲料、杂草和脱落上皮）中混杂附着时存活时间相当长，可达 1 ~ 12 月。这无疑是口蹄疫在一个猪场内反复流行的重要原因。

FMDV 既可通过动物之间的接触而直接传播，也可通过被病毒污染的物料、工具、工作服、鞋、野生动物、鼠、狗、猫而间接传播；同时，PMDV 还可以通过被污染的空气实现远距离（几十至上百千米）传播，特别是空气中相对湿度在 70% 而温度又底的情况下。

FMDV 一般不感染人。笔者见到与病猪和病猪肉有密切接触的人（如饲养员、炊事员）因手指创伤而感染的病例。他们呈现一过性发热，手指上出现水疱。另据报道，二战时期欧洲人生活环境极端恶劣，体质大幅下降，亦曾出现多例婴儿发生口蹄疫事件，其死亡原因是口蹄疫病毒侵犯心肌，导致心肌急性脂肪变性，从而因心力衰竭而死亡。这从另一侧面证实，传染病是否发生与机体免疫功能正常与否密切相关。

三、临床症状与病理剖检

1. 临床症状　口蹄疫病毒侵入皮肤黏膜后，即在此迅速繁殖，形成原发性水疱，但是水疱很小，临床难以发现。病猪偶尔有轻度发热，此阶段约 1d。在原发性水疱形成后数小时，大量病毒经血液、淋巴液泛化，形成病毒血症。病猪开始出现全身违和症状，体温达 41℃左右；在口、唇、乳头、蹄部出现明显水疱；流涎，难以采食；跛行；

如果新生猪感染则发生猝死。继发性水疱相继破裂，病猪体温逐步恢复正常。但是由于水疱破裂留下创面，进而导致猪采食困难，难以站立，多见躺卧或跪立行走。蹄真皮炎症导致蹄匣血液循环受阻，变黑，逐渐与蹄基部分离。若无继发感染，病猪恢复期病程可长达数月，留下畸形蹄。

2. 病理剖检 除明显可见黏膜与皮肤的水疱，水疱破裂后留下溃疡外，在鼻腔、咽喉、气管树的黏膜上还有溃疡。猝死的新生猪心脏变得松软，心肌有黄红相间的条纹，切面浑浊，此即虎斑心。猝死新生猪的虎斑心，是口蹄疫的示病性病变。

3. 诊断 口蹄疫的临床诊断标准是：发热 + 水疱疹 + 猝死新生猪的虎斑心。

确诊要靠检验诊断，方法有病毒分离鉴定试验、补体结合试验、反向间接血凝试验、反转录聚合酶链反应和间接夹心 ELISA。详述请参考相关专业书籍。

4. 预防 接种疫苗是预防口蹄疫最有效的措施。

普通苗只能保护 20MID（最小感染量，minimum infective dose），适于防疫条件好、环境中 FMDV 富集程度低或没有 FMDV 的猪场。

浓缩苗能达到 200MID 攻毒全保护的效果，适于对自己猪场中病毒富集程度没有把握的猪场，近集市、公路的猪场及散养户。

O 型与亚洲 I 型双价灭活油佐剂疫苗（牛源性），适于在 O 型与亚洲 I 型混合流行地区使用，首免后必须再加强免疫两次才可靠。

O 型缅甸 98 谱系全病毒灭活疫苗，对我国流行的 4 个遗传谱系的 5 个典型 O 型口蹄疫病毒代表毒株均有良好的免疫力，呈现良好的广谱抗原性，并且对猪、牛、羊均有相似的免疫力。适于以往该地区只有 O 型口蹄疫病毒流行，且在一年中发生两次或两次以上流行的猪场。

FMDV 的三价灭活苗适于在 O 型、A 型、亚洲Ⅰ型混合流行地区使用。

5. 口蹄疫求真

（1）病猪感染了水疱疹并不是患有口蹄疫　不少猪场 1 年内出现两次或两次以上的、以黏膜与皮肤发生水疱疹为特点的传染病，业内一般认为这是不同型或亚型的口蹄疫流行。笔者曾对这种情况采集病猪血液，以康复猪血做 FMD 抗体测定其结果是阴性；笔者也对猪群只发生水疱疹而没有新生猪猝死的情况，申请检测口蹄疫抗体，结果依旧是阴性。

笔者认为，不能简单认为猪发生水疱疹就是感染了口蹄疫，特别是第一次口蹄疫流行后，全场还进行了普免，不到 3 个月又发生以水疱疹为特点的传染病猪场，应慎重考量是否是水疱病、水疱疹、水疱性口炎，而并非是口蹄疫。

笔者认为，口蹄疫与其他 3 种以水疱疹为特征的病临床鉴别要点就在于：发生口蹄疫时必定有新生猪的猝死，有虎斑心，而发生其他 3 种病后则没有。

（2）口蹄疫是现代猪病中的最烈性传染病，但业内对其烈性程序却认识仍不足　此不足表现在：猪场没有隔离舍，一旦发生 FMD 就没有办法对猪进行有效隔离、封锁和消毒；环境中的口蹄疫病毒没有办法在最短时间内得到杀灭，使得其流行时间特别长，也为重复流行埋下了隐患。因此扑灭已发生的 FMD 疫情，仍然是一个系统控制的问题。猪场设计中一定要有隔离场或隔离舍。具体扑灭措施参见《跟芦老师学养猪系统控制技术》第 17 章第 11 节。

（3）IFN 诱导技术在口蹄疫防治中的关键作用　当口蹄疫一旦发生，则应立即对全群进行 IFN 诱导，这样已发病的猪可减轻症状，缩短病程；未发病的猪可在大约20d内不感染FMD。这20d很宝贵，因为可为全群普免赢得了时间，为全场早、快、严、小地扑灭口蹄疫赢得了时间。凡是正确实施IFN诱导技术的猪场，他们均取得了满意的防治效果。

猪患口蹄疫病时的症状见图6–3。

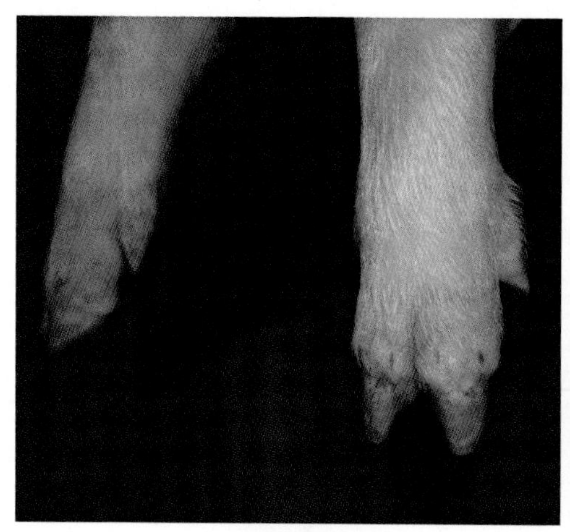

乳猪蹄冠水疱

蹄冠水疱，系部炎性水肿，皮肤磨蹭创

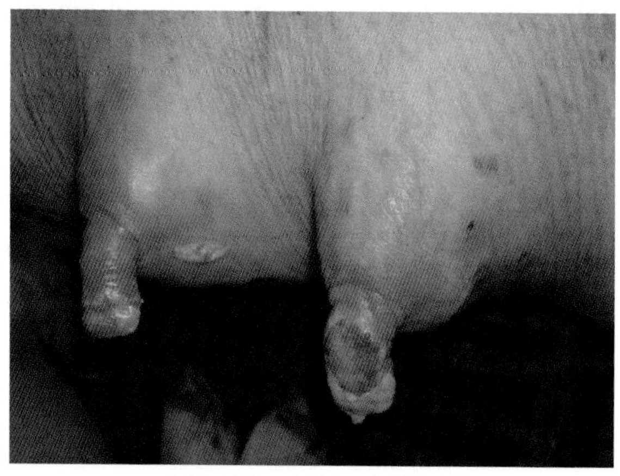

母猪乳头水疱破裂，留下溃疡面

图6–3 口蹄疫

附：塞内卡病毒感染

该病由A型塞内卡病毒（*Senecavirus* A，SVA）所致，此病毒是小核糖核酸病毒科的成员，能引起易感猪发生水疱性疾病，症状与口蹄疫、水疱病雷同，临床上难以鉴别。早期分离的SVA对猪无明显致病性，如今SVA能致成年猪发热、厌食、嗜睡，少毛的皮肤出现水疱疹，偶有腹泻。

SAV不感染人，但有溶瘤特性，有望用于人类小肺细胞癌、视网膜母细胞瘤、神经母细胞瘤的治疗。

养猪人没必要害怕新发现的塞内卡病毒，笔者相信IFN诱导技术同样可以控制该病毒引发的疫病。

第四节 猪流行性乙型脑炎

猪流行性乙型脑炎（Swine epidemic encephalitis），又名日本乙型脑炎（Japanese encephalitis，JE），简称乙脑，是由流行性乙型脑炎病毒引起的人畜共患传染病。发病猪表现为高热，流产，产死胎，公猪睾丸炎；牛、羊为隐性感染；马发病后表现为高热，黄疸，中枢神经症状。

一、病原学

流行性乙型脑炎病毒属黄病毒科（Flavividae），黄病毒属（*Flavivirus*）。宿主广泛，在猪、马、牛、羊、鸡体内都存在相当高的隐性感染率。乙型脑炎病毒对外界环境的抵抗力不强；不耐热，100℃经2min就可死亡；耐冷性较强，–20℃下可存活1年。常用消毒药对其有良好的消毒效果，3%来苏儿、石炭酸于数分钟可将其杀灭；该类病毒对酒精、福尔马林溶液、高锰酸钾溶液均敏感。

二、流行病学

流行性乙型脑炎是一种自然疫源性疾病，原生态环境中在温血动物之间流行，猪进入这种生态环境中会受到感染。

该病在温带地区呈夏季流行，在热带则呈散发性流行，在没有明显旱季的湿地可一年四季流行。三带喙库蚊是最重要的传播媒介。这种库蚊在稻田、沼泽地、猪舍内不平地面的积水坑、有水集聚的死水地方繁殖。与人、畜、野生温血动物比较，库蚊最喜欢吮吸大家畜与猪的血液，这种吸血高峰出现在日落后的第 1 小时。按蚊、伊蚊也是流行性乙型脑炎的传播媒介。病毒进入蚊子体内后繁殖迅速，能扩增5万 ~ 10万倍，具有强烈的传染性。感染病毒的蚊子终身具有传染性，并能随雌蚊越冬，经虫卵传代，因此越冬蚊成为次年的主要传染源。在福建、广东、云南等省，蠛蠓也是流行性乙型脑炎的传染媒介。

猪的流行性乙型脑炎病毒隐性感染率高达 90%。猪感染后病毒血症持续时间长，血中病毒含量高。库蚊等虫媒，又喜欢吮吸猪血，而猪的饲养数量大，生命周期短，因此可以保留大量新的易感猪群。如此形成猪 – 蚊 – 猪的传染循环，使得猪在流行性乙型脑炎的人、畜流行中起扩散宿主的作用。

猪不分品种与性别，对流行性乙型脑炎病毒均易感。而发病多与猪的年龄、性成熟有关，大多在 6 月龄发病。由于该病的隐性感染率高，故该病的发病率低，且死亡率也低，因此猪感染康复后成无症状带毒者。

三、临床症状与病理剖检

当感染猪存在一定量特异性抗体或感染的病毒量有限时，可能出

现隐性感染。也可出现因病毒血症而呈现发热等违和症状，如体温达 40 ~ 41℃，嗜睡，食欲减损或废绝，但饮水增加，粪便干燥，并附白色黏液，持续数日乃至 1 周，多可耐过。另外，病毒由病毒血症侵入脑组织，猪呈现后肢麻痹，后肢关节肿胀；严重的出现兴奋症状，盲视，眼球水平震颤，多以死亡为转归，这类病型多出现在没有母源抗体保护的乳猪上。在当今，流行性乙型脑炎的免疫接种已得到普及，此类病型较少见到，最常见病型是公、母猪繁殖障碍。

患流行性乙型脑炎的母猪发生流产，产死胎，胎儿有软化现象；另有产木乃伊胎与弱仔乃至正常猪仔，流产胎儿大小差异大；流产母猪没有发热、厌食等全身违和症状，亦可如期分娩，有的延期分娩。死胎与弱仔病理剖检特点为皮下水肿，胸腔积水，浆膜小点状出血；肝、脾有白色针头大坏死灶，脑水肿，大脑皮质菲薄，亦可脑液化。

患流行性乙型脑炎的公猪主要是后备公猪。其阴囊肿大，病初发热后变冷，多为单侧性；附睾肿大变硬；同时体温轻度升高，性欲减退，精子活力下降，出现大量畸形精子。经 2 ~ 3 个月，部分公猪可恢复性功能，但双侧睾丸萎缩的出现无法恢复。

四、诊断

在夏、秋季节发病时，母猪发生流产，产出大小不一的死胎、木乃伊胎、弱仔；死胎有水肿，头部畸形（如大头胎儿），脑液化。在有肝脏、脾脏坏死灶的情况下，现场诊断应不困难。

鉴别诊断应考虑下列疾病：猪细小病毒病、圆环病毒病、巨细胞病毒病、蓝耳病、布鲁氏菌病。

在这 6 种猪病中，能产木乃伊胎的有猪细小病毒病。该病以产木乃伊胎为主，且木乃伊胎大小基本一致。感染流行性乙型脑炎时，多混合产出木乃伊胎、死胎、弱仔，且胎儿大小相差大；死胎常有头部畸形，脑液化，肝、脾坏死灶；发病的季节性也可作为鉴别的依据。

怀孕母猪感染圆环病毒病后的流产，一般只产出死胎。死胎最大的病理剖检特点是：心肌肥大、心肌纤维化、坏死性心肌炎。

由怀孕母猪感染巨细胞病毒病的流产，以产死胎为主。死胎最大的病理剖检特点是：皮下与浆膜下的出血性浸润，肾脏包膜下的出血性浸润，严重的全肺性肺水肿，肺小叶间质明显增宽。

由怀孕母猪感染蓝耳病时的流产，只产死胎。死胎最大的病理剖检特点是：皮下与浆膜下出血性浸润，肾脏包膜下出血性浸润，但是全肺呈现间质性肺炎，肺脏质地如橡皮。

由怀孕母猪感染布鲁氏菌病时的流产，只产死胎与弱仔。死胎最大的病理剖检特点是：皮下与浆膜下有出血性浸润，肝、脾、淋巴结有针状坏死灶（布鲁氏菌肉芽肿），化脓性胎盘炎。

当流产母猪只产木乃伊胎或公猪双侧睾丸肿大，且又没有群体病例的症状与病损互补时，诊断必须依赖病毒分离。

五、猪流行性乙型脑炎求真

（1）猪在成年（10 月龄）前的自然感染率达 90% 甚至更高，猪群感染较大比例的流行性乙型脑炎流产（>10%）多不可能。若怀孕母猪的流产率大于 10%，产出死胎、木乃伊，流产母猪同样没有症状的情况，则要与底色病引发的流产相鉴别。其鉴别要点在于怀孕母猪因发生底色病而流产的是一年四季均可发生；而由于流行性乙型脑炎而流产的只发生于夏、秋季节。因底色病而流产时，以产出白色死胎为主，可能

杂有少数木乃伊。

因底色病而流产的产白色死胎的只有 3 种情况：①基本无明显病变的白死胎，霉菌毒素复杂的致病机理可导致孕激素下降，子宫敏感性升高而流产；②有明显实质脏器变质性炎症的白死胎，甚至有头、四肢畸形；③不仅有实质脏器变质性炎症，而且有胎膜出血、绒毛晕的脱落和溃疡。

（2）由于隐性感染的概率高达 90%，因此进行血清学抗体检测没有太大意义，除非在病初与恢复期分别采样检测，常用补体结合试验。只有恢复期抗体滴度比病初升高 4 倍以上，才有诊断意义。这几乎丧失了早期诊断的意义。

（3）流行性乙型脑炎灭活疫苗，只能保护 50% 的猪接种后不被野毒感染，建议使用弱毒疫苗。后备母猪、公猪在配种前 1 个月接种，每头 1mL，以后每年接种一次，免疫期为 1 年。

（4）对后备母猪、公猪使用疫苗前必须进行血清学抗体检测，且效价合格后方能进入生产程序。不合格者，多因底色病的免疫抑制造成的。可以 1% 归元散饲服 30 ~ 45d 后，再次接种免疫，最后进行血清学抗体检测，合格后方可进入生产程序。不合格者要淘汰，此为彻底预防流行性乙型脑炎的根本措施。

（5）流行性乙型脑炎是人畜共患病，患者大多为 10 岁以下儿童，尤其以 2 ~ 6 岁儿童发病率最高。研究表明，仔猪的自然感染率可高达 100%，在体内形成高浓度的病毒血症，足以使三带喙库蚊感染，感染后蚊再叮咬人，尤其是幼儿，导致幼儿发生流行性乙型脑炎，表现高热、呕吐、抽搐、意识障碍、浅反射消失、深反射亢进等系列脑膜刺激症状，严重者可因呼吸衰竭而死亡。不死者恢复期漫长（约半年），且可能留下后遗症，如失语、瘫痪、扭转痉挛、精神失常。笔者见过猪场内居住的幼儿患过流行性乙型脑炎，留下轻瘫的病例。目前广泛使用的地鼠肾细胞灭活疫苗，多次接种人群后保护率只有 76% ~ 90%。而流行性乙型脑炎减毒活疫苗，一次接种后的免疫效果明显优于灭活疫苗，但抗体转阳率波动较大，为 72% ~ 100%。接种后，抗体未能转阳的个体仍然成为三带喙库蚊攻击的对象，因此猪场不适宜儿童随居。

猪流行性乙型脑炎症状见图 6–4。

流产胎儿大小不一，黑白死胎混杂

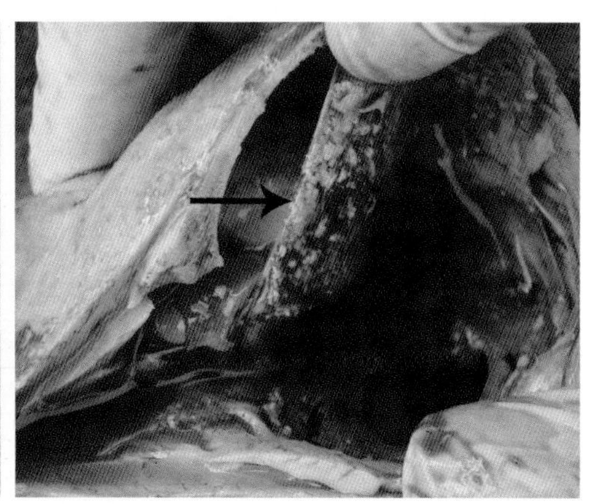

死胎脑组织液化、坏死

图 6–4　猪流行性乙型脑炎

第五节　猪细小病毒病

一、病原学

猪细小病毒病是由细小病毒科（Parvoviridae）、细小病毒属（*Parvovirus*）、猪细小病毒（*Porcine parvovirus*，PPV）引起的以繁殖障碍为特点的传染病。PPV 血清型单一，很少变异。对外界理化环境有很强的抵抗力。70℃ 2h 不影响感染性，但 80℃ 5h 可使其丧失感染性。PPV 对酸、甲醛有抵抗力，但可被 0.5% 漂白粉或 0.5% 氢氧化钠 5min 灭活。

二、流行病学

PPV 在世界各地猪群中广泛存在，也存在我国几乎所有的猪场，呈地方流行或散发，主要传播途径为消化道和呼吸道。妊娠母猪感染 PPV 后，经胎盘垂直传播是构成临床发病的唯一途径。在人工授精的猪场，精液传播 PPV 的危害性更大。大多数母猪在配种前无症状时自然感染，多能产生主动免疫力，甚至终身免疫。母源抗体在后代体内平均持续到 21 周。由于 PPV 抵抗力较强，因此被其污染的杂草、用具、猪舍都可以成为次级传染源。

三、临床症状

母猪妊娠 30d 内感染细小病毒后，表现为胚胎死亡与吸收。受感染母猪于配种月余后再次发情，亦可表现为继续假妊娠，到期不分娩。若注射氯前列烯醇，则可排出不成形的污秽物，这是胎儿吸收不完全所致。

母猪妊娠 30 ~ 50d 感染，则表现为胎儿木乃伊化。

母猪妊娠 50 ~ 60d 感染，则表现为流产、产出死胎。

母猪妊娠 70d 感染，一般不会危及胎儿。如果妊娠中、前期全程感染，则产死胎、木乃伊胎、弱仔。

病理剖检只能针对死胎、弱仔，可见其胸腔、腹腔出血，积水，胎儿发育不良，胎盘水肿与出血。

四、诊断

1. 病史与流行病学诊断要点　猪细小病毒病一般只感染头胎，且未接种疫苗或者在 140 日龄前过早接种的母猪。

2. 有关症状诊断要点

第一种病型：配种后母猪未发情，但腹围也未增大，到期不分娩。用氯前列烯醇诱导分娩，可排出黑红色胚胎残留物或小于 8cm 的木乃伊胎。

第二种病型：妊娠中期母猪腹围变小，到其分娩或诱导分娩排出大于 13.5cm 的木乃伊胎。

第三种病型：怀孕母猪正常分娩或延迟分娩，产出个体差异不大的木乃伊胎、成形死胎乃至弱仔。

3. 检测病毒血凝素 这是比较理想的快速诊断方法。将长度小于 16cm 的木乃伊或胎儿肺脏加入稀释液，在组织捣浆机中打浆，离心，取上清液，用豚鼠红细胞进行血凝试验，豚鼠红细胞被凝集的为 PPV 阳性。

五、预防

目前国内广泛使用灭活疫苗预防猪细小病毒病，按每头份 2mL 接种 5 月龄至配种前 2 周的后备母猪和后备公猪。

六、细小病毒病求真

（1）许多猪场将 PPV 疫苗列入经产母猪常规免疫是没有必要的，该疫苗一般只免疫头胎母猪。

（2）后备母猪按程序免疫而发病率仍大于 5% 时，应该警惕免疫抑制，特别是底色病对猪群的危害。规范应用归元散可以杜绝这类现象，PPV 的母源抗体可持续到 120 日龄，过早接种会造成免疫失败。

（3）夏季 2 ~ 3 周龄仔猪发生顽固性腹泻，仔猪鼻、唇、舌、蹄发

生皮炎和水疱时要警惕 PPV 在仔猪群中流行。出现这类症状时，多伴有第一胎母猪所产木乃伊胎增多。

（4）母猪妊娠期，尤其是围产期接种 PPV 疫苗，可产出先天性震颤仔猪。

（5）PPV 与 JE 不像 CSF、PR、FMD 疾病只发生在病猪身上，而是已经表现在后代发生病变。此时应用 IFN 诱导技术尽管同样可杀灭病毒，但繁殖障碍已经形成。因此，IFN 诱导技术，对 PPV 和 JE 没有治疗价值。

猪细小病毒病相关症状见图 6–5。

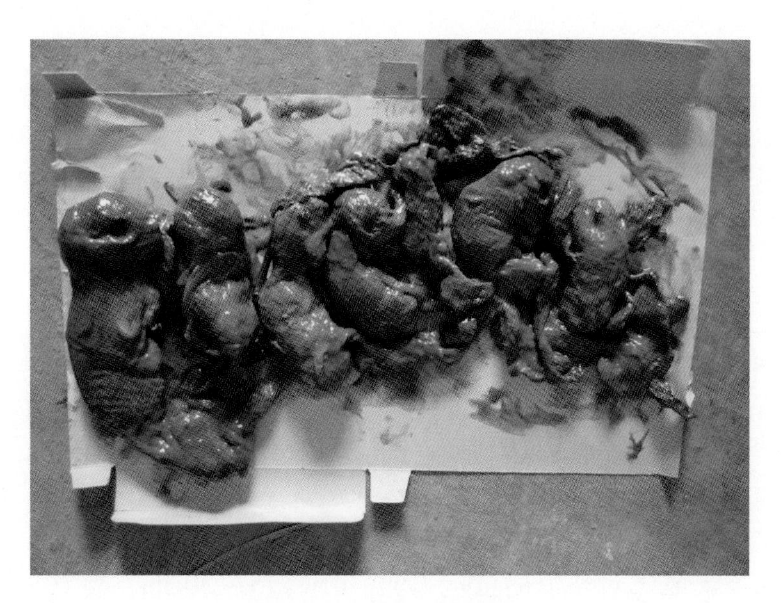

图 6–5　猪细小病毒病

（母猪流产，产木乃伊胎）

第七章　归元散 + 疫苗可防治的猪病

第一节　支原体肺炎

EP（Enzootic pneumonia of swine）是猪地方流行性肺炎之简称，又名猪支原体肺炎（Mycoplasmal pneumonia of swine）。俗称猪气喘病，是由猪肺炎支原体引起的一种慢性接触性呼吸系统的传染病。

一、病原学

猪肺炎支原体属支原体科支原体属的成员。革兰氏染色阴性，但着色不佳；姬姆萨染色或瑞氏染色着色良好，呈淡紫色。菌体呈多形性，基本形态为球状、杆状和丝状球状。菌体大小差异较大，最小的为125 ~ 250nm，大的可达 2 ~ 10μm。

猪肺炎支原体对环境的抵抗力弱，45℃ 15 ~ 30min，55℃ 5 ~ 15min，即可死亡；短时间内可被日光、干燥的环境与常用消毒剂杀灭；耐低温和潮湿环境，–20℃能存活数月。

猪肺炎支原体对青霉素、链霉素、磺胺类药物不敏感；对土霉素、金霉素、泰乐菌素、泰妙菌素、卡拉霉素、林可霉素有不同的敏感性。

二、流行病学

猪肺炎支原体只感染猪，且没有品种、性别之分，哺乳仔猪与保育猪比中大猪、种猪更易感，发病症状明显，死亡率较高。土种猪比外源猪更易感。

本菌经呼吸道排出，以咳嗽、飞沫、气溶胶形式经空气传播。故高密度、不良的舍内空气有助本病传播，阴冷、潮湿的舍内环境也有助本病传播。隐性带菌猪，特别是隐性带菌母猪，是本病的传染源。不慎引入隐性带菌种猪是阴性猪场急性暴发本病的原因。而从生猪交易所购猪或从多处收购仔猪，则是许多小型育肥场发生本病的原因。

三、临床症状与病理剖检

（1）新发病的猪场，多呈急性经过，病猪体温升高，一般在41.5℃以下，呈明显的腹式呼吸，食欲减损；与其他肺炎比较，支原体肺炎引起的猪的死亡率较低。该病用土霉素、支原净治疗效果较好。

病理剖检可见双肺尖叶、心叶有紫红色小叶性分布的炎症区，中间多夹杂高于肺缘的灰白色气肿小叶，有明显的发炎小叶的融合性病变，且可波及整个肺叶。炎区小叶与周围正常组织界限明显，质地变实；炎症区做切面，可见切面湿润，轻压可从细支气管流出灰白色泡沫样液体。常可见到先期病变小叶呈灰白色，体积缩小，质地似胰脏，称为胰变；亦可呈肉红色，质地似肉，称为肉变。

（2）持续存在本病的猪场，多呈慢性经过。病猪持续低热或体温正常，有短暂咳嗽，呈轻度或中度腹式呼吸，保留部分食欲，生长缓慢，个体明显消瘦（小于同批的健康猪）。

病理剖检基本同"三·(1)"所述。此外，还见到上述肺叶有裂隙；紫红色炎症区范围小，甚至无，多为胰变、肉变取代。

四、诊断

(1)临床上出现以慢性呼吸困难为主、咳嗽为辅的病例时，应将猪气喘病列为第一诊断。

(2)病理剖检的特征性病变(肺尖叶、心叶对称性小叶性肺炎，胰变，肉变)可以正确诊断。

五、预防与治疗

1. 预防 猪支原体肺炎活疫苗有两类：一类为组织苗，在右胸肩胛骨后缘 5cm 左右，两肋间行胸腔注射，每头猪一头份。另一类为培养基苗，不仅可胸腔接种，还可作喷鼻免疫。接种对象均为 5 ~ 7 日龄仔猪。

2. 治疗 土霉素、支原净治疗效果较好，急性病例均应肌内注射。土霉素以 50mg/kg(按体重计)，1 次 /d，连续 5 ~ 7d。泰妙霉素 15mg/kg(按体重计)肌内注射，1 次 /d，连续 3 ~ 5d。由于患小叶性肺炎时分泌物多，易堵塞细支气管，形成无氧小环境，此时易继发厌氧菌感染。因此在应用上述药物时，要联合使用林可霉素，以 1 050mg/kg(按体重计)肌内注射，1 次 /d，连续 3 ~ 5d。对于重症呼吸困难的猪，要缓解呼吸困难，以有助缩短疗程，可肌内注射喘定(二羟基茶碱，2mL，2.5g/ 支)；1mL/10kg(按体重计)肌内注射，1 次 /d。

六、猪支原体肺炎求真

(1)错误地将保育猪、中大猪的慢性咳嗽、呼吸困难等，诊断为蓝耳病。笔者临床实践证明均为猪气喘病，并非蓝耳病。肺部呈现典

型对称性、陈旧性小叶性肺炎，而并非间质性肺炎外观。在蓝耳病诊断的误导下，反复接种蓝耳病疫苗，其结果是猪气喘病愈加流行，延绵不绝。最后做新生猪 EP 苗接种，成功阻断了 EP 的流行。此时，有人抛出了血检报告，蓝耳病抗体阳性，以期证明蓝耳病诊断之正确。这些同仁忘却了血检报告的判定必须结合临床，脱离了临床，血检报告就是空中楼阁，同时也忘却了病理诊断才是最终诊断，特别是仅凭眼观病变都能诊断之时。

（2）EP 疫苗说明书上标明，为 7 ~ 14 日龄接种。笔者以为不妥，因为见到有明显气喘病病变的最小日龄是 7 日龄。因此笔者拟定，免疫程序是 5 日龄接种，若能结合超前滴鼻最好。

（3）许多人相信进口或外国企业生产的疫苗，但笔者的经验表明，国产 EP 活疫苗的实际效果好于进口疫苗与外国企业生产的疫苗，且只需接种一次，费用还低。

猪场接种 EP 苗后仍然发生 EP，要考虑是底色病的免疫抑制结果。只有控制了底色病，才能发挥疫苗的最大效能。

（4）一些人不重视疫苗接种预防 EP，而是热衷于所谓药物治疗与保健，为此在保育阶段、中猪阶段，于饲料中添加多种抗生素。有的猪场长期用药的结果导致猪场出现耐药性，形成无药可用的局面。

（5）将产 5 胎以上的种猪集中移到另一个猪场，其所产仔猪几乎不再感染 EP。结合人工免疫，更有助净化 EP。

（6）EP 的危害性仅次于底色病。除了肺炎支原体直接损伤肺部巨噬细胞导致猪体防卫功能下降外，慢性呼吸会导致胃溃疡，肝脏、肾脏、心脏病变与功能受损，致使猪体整体免疫功能低下，从而继发其他传染病或细菌感染。更可怕的是，现今猪群又广泛存在底色病。然而，人们对 EP 危害的认识还不到位，认为猪有点咳嗽、气喘是小事儿，认为用抗生素保健是法宝，从未考虑从根本上预防猪支原体肺炎，从系统控制的高度去清除 EP。

猪支原体肺炎实质是小叶性肺炎，其相关症状见图 7-1。

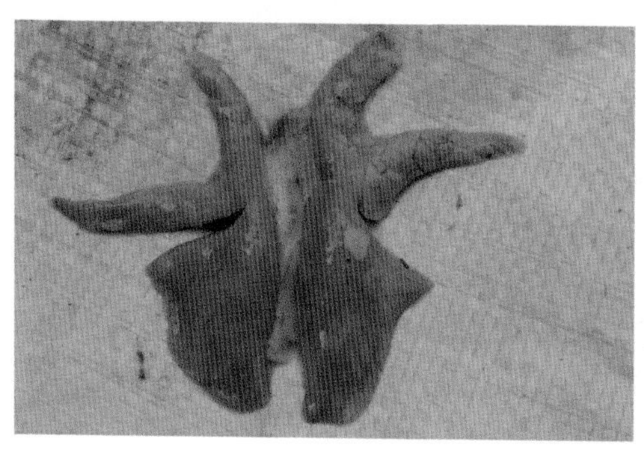

末梢支气管易被堵塞，代偿沿细支气管发展，形成细长肺叶

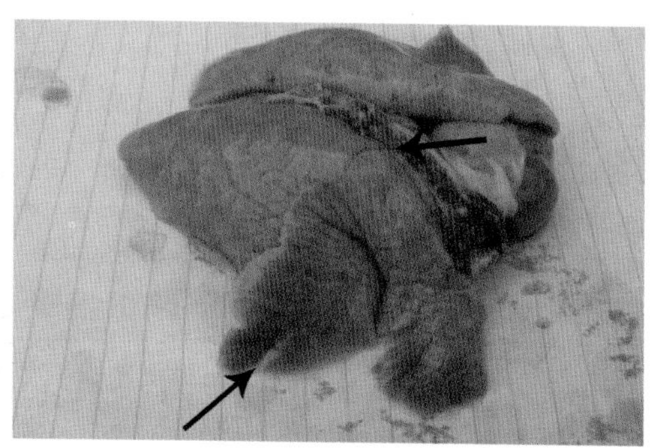

陈旧性实变，炎症发展不一致，肺边缘形成多处裂隙

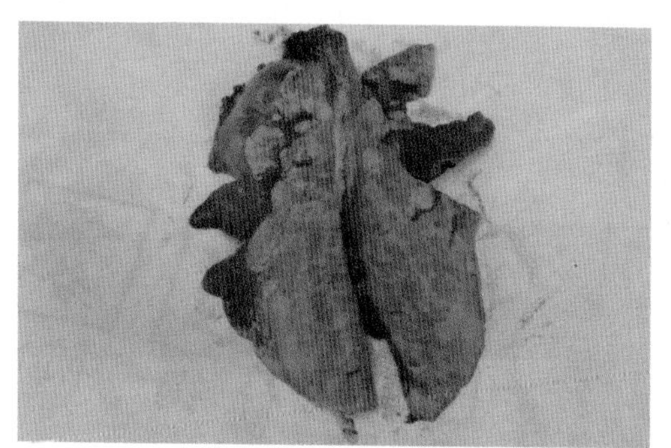

尖叶、心叶、膈叶有对称性实变

图 7-1　支原体肺炎

第二节　猪丹毒

猪丹毒是猪的一种急性、热性、败血性的传染病。临床上有三型，即急性败血症型、亚急性皮疹型、慢性心内膜炎与关节炎型。猪丹毒求真主要包括以下几个方面：

1. 地方流行性　自集约化养猪 30 多年来，猪丹毒在规模化猪场曾经

几乎绝迹，而近几年又呈现地方流行趋势，笔者认为与下列因素相关：

（1）猪群的自然带菌率达 50%，新三系的体质比老三系的更差，这就为内源性感染创造了条件。

（2）底色病的广泛存在，进一步削弱了猪群的体质，使内源性的感染更易发生。

（3）人们在重视多种病毒性疾病防控之时，忽视了对猪丹毒的防治，特别是疫苗接种。

2. 猪丹毒猝死型特点　病猪体温在 42℃以上，甚至突破 43℃；皮肤不见苍白，而有大范围紫红色，尸体迅速腐败。病理剖检可见脾脏高度肿大，呈樱桃红色，这一病变在其他的猪病中是见不到的。

3. 疫苗接种预防　疫苗接种是预防本病的有效措施，猪丹毒 GC42 或 G4T10 弱毒冻干苗免疫源性好，接种后 7d 猪可产生免疫力（笔者不推荐三联苗）。

4. 消除底色病　欲达到疫苗的防治效果，消除底色病的危害是其前提。归元散不仅消除底色病，还能强壮体质，联合疫苗的使用可以达到更好的防治效果。

5. 对常用消毒药物敏感　猪丹毒杆菌虽然对环境的抵抗力较强，但是对常用的消毒药，如 2% 的氢氧化钠溶液、1% 的漂白粉、2% 的福尔马林溶液敏感，短时内可以被杀灭。因此，重视舍内环境的消毒工作是预防本病的重要措施。

6. 做好创伤管理工作　经创伤感染是发生本病的重要途径，因此做好创伤管理是预防本病的有效措施。

7. 做好灭鼠工作　啮齿类动物带毒率高达 50%，因此灭鼠是预防本病的重要措施。

8. 与猪放线杆菌病的鉴别　猪放线杆菌（*Actinobacillus suis*）可引起

成年猪发生类猪丹毒皮疹，青霉素类治疗有特效。临床应注意鉴别。

9. 注意自身防护 本菌可经创伤致人的类丹毒，创伤周围皮肤呈现类丹毒疹，邻近淋巴结发炎肿胀。应当注意防范。

猪丹毒相关症状见图 7–2。

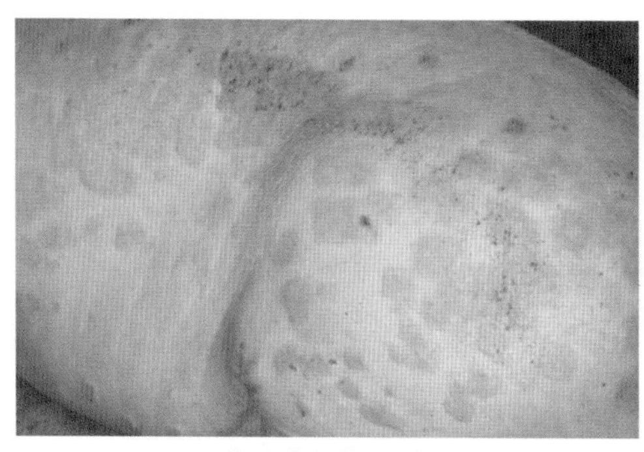

猪丹毒初期皮疹

猪丹毒中期皮疹

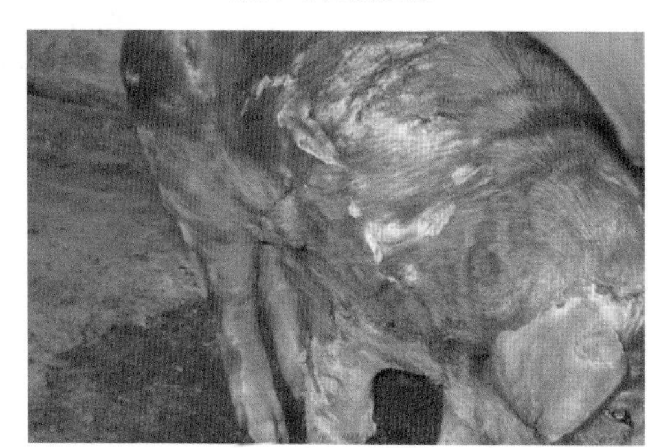

皮疹型猪丹毒后期（1）

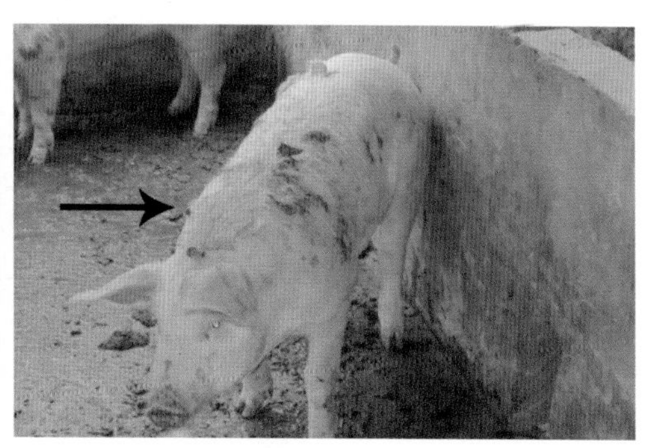

疹型猪丹毒后期（2）

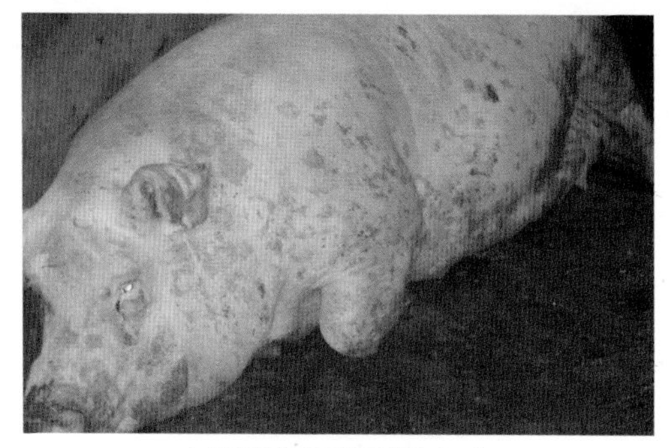

皮疹型猪丹毒后期（3）

图 7–2 猪丹毒

第八章　归元散 + IFN 诱导可防治的猪病

第一节　猪繁殖呼吸障碍综合征

一、病原学

猪繁殖呼吸障碍综合征（Porcine reproductive and respiratory syndrome，PRRS），是由套式病毒目（Nidorirade）、动脉炎病毒科（Arteridae family）、动脉炎病毒属（*Arterivirus*）的猪繁殖呼吸障碍综合征病毒（*Porcine reproductive and respiratory syndrome virus*，PRRSV）引起的传染性疾病。

PRRSV 有两个型，即以 ATCC VR–2332 毒株为代表的美洲型，以 Lelystad virus（Lv 株）为代表的欧洲型。两型间存在显著的抗原差异性，美洲型毒株之间常存在广泛的基因组变异，而欧洲型毒株间的差异小。我国流行的 PRRSV 属美洲型。

PRRSV 只对猪致病，亲嗜巨噬细胞，特别是肺泡巨噬细胞，并在其中复制。PRRSV 的增殖具有抗体依赖性增强作用，即在亚中和抗体水平存在的情况下，病毒复制能力反而增强。

PRRSV 在干燥的环境中很快被灭活，不耐酸与碱，低温（–20℃）下可长期存活，不耐有机溶剂，对一般化学消毒剂敏感。

二、流行病学

PRRSV 只侵袭猪，且没有品种、年龄、性别之分，妊娠母猪与乳猪最易感。PRRSV 不仅能通过接触、空气、精液传播，而且还能通过胎盘垂直传播。在感染猪体内病毒可长期存在并排毒，这种持续感染状态有助病毒传播。此病毒隐性感染情况极普遍，可达到 80% 的隐性感染率。猪发病时与其防卫功能低下密切相关，而底色病的广泛存在是触发 PRRS 的直接原因。

三、临床症状与病理剖检

PRRSV 主要对妊娠后期母猪与仔猪致病。

1. 对妊娠后期母猪致病　妊娠后期母猪患病时，高热，体温可达 41 ~ 42℃，食欲废绝，眼睑水肿，流出淡血红色眼泪，呼吸困难，精神极度沉郁。发热开始便流产，且全部产死胎，流产后母猪症状并未缓解，持续 1 周左右多衰竭死亡。此病传播极快，几天可以使几十头乃至上百头母猪发病死亡。此急性型如今难以见到。

当今母猪感染 PRRS 比较缓和，体温升高 41℃左右，流产为主症，产死胎乃至弱仔。经对症治疗后，母猪多可康复，但多遗留胎衣不下、子宫内膜炎、无乳或少乳等病症。

病理剖检死胎可见诊断价值的病损：脐带与脐眼四周皮肤呈紫红色或黑红色肿胀，切开皮肤后流出少量黑红色液体；整个腹腔浆膜、脏器及肠浆膜呈紫红色或黑红色；肠系膜水肿，呈黑红色，折光性强；脾韧

带水肿，呈黑红色；肾成黑红色，肿大，切开肾包膜后肾呈软泥状，黑红色，结构不清。所有这些病变均符合动脉炎病毒属成员引发的出血性坏死性动脉炎的病理损伤。

肺脏肿大，变实、变硬；小叶间质增宽，小叶肿胀隆起，全肺呈黑红色。肺脏病变符合 PRRSV 引发间质性肺炎增生性病理损伤与出血性坏死性动脉炎的特点。

2. 对仔猪致病　PRRSV 可引发仔猪间质性肺炎，患病仔猪体温升高至 40℃以上，呼吸困难，眼脸水肿，有的可见耳尖呈蓝色，并伴有腹泻，渐进性消瘦，死亡率为 10% ~ 50%。

由于病程较长，多有继发感染，因此病理剖检时难以见到如死胎一样的橡皮肺，反以小叶性肺炎居多。其他脏器病变均与发生底色病时实质脏器变质性炎症的眼观一致。

本病流行中，部分中大猪、公猪可以呈现如同流感症状的一过性发热。

四、诊断

通过流产胎儿的脐带、脾韧带、肾脏、肺脏的特有病变可进行现场的快速诊断。

五、猪繁殖呼吸障碍综合征求真

笔者相信没有一个人会否定 PRRSV 的存在，也没有一个人会否定 PRRSV 能够致猪病。PRRSV 的问世，当然是人类对微观世界认识深化的结果，而这种认知的深化必然由主流知识层左右。主流知识层如果从生态学角度，从系统发生、控制的角度去深化对 PRRSV 及引发 PRRS 的认识，有关 PRRSV 与 PRRS 的论述与所采取的措施及其结果是不是更科学？遗憾的是业内主流知识层极少能从生态学、系统科学的角度深化 PRRSV 与相关疾病的认识，而是孤立地、片面地、机械地仅仅只去认知 PRRSV，忘却了对发病的主体——猪群及相关生态环境的认知，由此得出错误的认识与诊断，导致对该病整体认识的混乱，甚至是欺骗。

PRRSV 对养猪的危害是极其巨大的。人为将简单的事情复杂化，正如清代屈大均言："今夫知本易而人故难之，能本简而人故繁之，非所以合乎乾坤之道也（《翁山文外》·卷二）。"故而，笔者认为极有必要用大量篇幅对 PRRSV 进行求真，还该病真面目。

1.PRRSV 真的是高致病性吗

（1）确定 PRRSV 是高致病性的，必定要对分离的毒株进行毒力回归试验。作为草根兽医的笔者当然不可能知道试验设计与结果，但有一点可以肯定，即攻毒要用猪。众所周知，试验猪必须是健康的，这种健康不仅是指不携带常见致病微生物，而且要求试验猪实质脏器功能正常。那么试问，试验猪在攻毒前进行过肝、肾功能检查了吗？在底色病广为存在的今天，只要给猪饲喂玉米，就没有一头猪逃过霉菌毒素对其实质脏器的损伤，试验猪要吃玉米何以能例外？用已经有实质脏器与免疫系统有损伤的猪去进行攻毒试验，能得出真实结果吗？如果上述事实果真存在于 PRRSV 毒力鉴定试验中，那么对于毒株的高致病性的判定是不是失之准绳？判之错误呢？

（2）《中国猪病学》指出："亚临床型感染猪不发病，表现为 PRRSV 的持续性感染，猪群的血清学抗体阳性，阳性率一般为 10% ~ 88%。"许多研究也表明，PRRSV 的隐性感染率很高。不禁试问，一种高致病性的病毒，会出现与高毒力相悖的如此高的隐性感染率而不发病吗？这从另一事实层面表明，PRRSV 是高致病性之说难以

成立。

（3）笔者见到不少为疫苗企业免费测 PRRS 的阳性猪场，均被告知是高致病性 PRRSV 毒株所致，必须接种疫苗，否则大难临头。可是有些猪场偏偏未信蛊惑之言，未接种疫苗，其后多年也未发生蓝耳病，且生产成绩稳定、良好。这又从事实层面的另一角度证明 PRRSV 的高致病性难以得到临床印证。反倒是那些接种了蓝耳病疫苗的猪场，有不少的猪场却发生了蓝耳病，造成生产成绩大幅下降，乃至亏本倒闭。

（4）将确诊为蓝耳病的病猪放归自然，即让猪尤其是母猪脱离猪舍、限位栏，能接触土壤、植被、新鲜空气，同时饲以非玉米日粮，不做任何治疗，1 ~ 2 周病猪可自愈。此等事实难道不能雄辩地证明 PRRSV 是强毒吗？

2.PRRSV 是条件性致病性病毒　既然，PRRSV 是高致病性结论的提法不严谨的，与事实不符，那么 PRRSV 的致病性真相何在呢？

笔者自 2006—2016 年出诊 300 余场次，只见到 8 例为临床与检测均证明是蓝耳病的，这意味着蓝耳病的发病率实质上是很低的，并非大家所言的广为流行。将所有发热性疾病归咎于蓝耳病是其极为幼稚的错误。如此低水平流行发病，难道还冠以高致病性吗？况且，8 例中除 1 例为接种进口疫苗引发外，其余 7 例均是在饲料高度霉变、猪群严重中毒、实质脏器严重变性、防卫能力大为下降的情况下发生的。上述事实又一次表明，PRRSV 只能是条件性致病性病毒。

从比较医学来看，人类传染病中也有类似的情况，业界可以借鉴。闻玉梅 ·《现代微生物学》指出："人类巨细胞病毒（HCMV）感染十分普遍，除少数原发性感染发生传染性单核细胞增多症以外，绝大多数为隐性感染。HCMV 可长期潜伏于体内，当机体免疫功能低下时，病毒会被激活而造成严重疾病，如早产、畸形、死胎、新生儿巨细胞包含体病、耳聋、智愚、间质性肺炎及灌注后综合征等。”人类带状疱疹病毒亦是如此，人类一生很难避免受其感染。带状疱疹感染人类后长期潜伏在脊神经节，当机体免疫功能下降时，如疲劳、营养不良、精神抑郁、体内激素紊乱（更年期）均可诱发感染。但人医并未将这类病毒轻率地地定义为强毒、变异毒株，更未轻率地研制相关疫苗。这值得左右养猪业界舆论的高级知识层深思。

3.PRRSV 的免疫抑制作用真的有那么大吗 猪病中至今没有像人类免疫缺陷病毒（*Human immunodeficiency virus*，HIV），即艾滋病病毒引起的真正的免疫缺陷病。

病毒学分类中，HIV 属逆转录病毒科、慢病毒属。慢病毒属分 5 个组，包括牛免疫缺陷病毒、马传染性贫血病毒、猫免疫缺陷病毒组、羊关节炎脑炎病毒（原羊痒病病毒）、人类免疫缺陷病毒。可见，在现有的家畜动物病毒中，唯独猪没有免疫缺陷病毒之说。

这些病毒感染宿主后的特点是：感染后潜伏期较长（几周到几年），其后出现原发感染症状，但宿主一般不会因发病而死亡，渡过此期后进入无症状感染期，但宿主抵抗力逐日减退，可出现多种继发感染，呈反复感染格局，延绵数月、数年乃至更长时间，终死于免疫缺陷引发的继发性感染。

免疫缺陷病毒通过损伤 $CD4^+$（白细胞亚群）T 细胞形成的免疫抑制是全身性的、终生性的；而被人们炒作最热门的 PRRSV 引起的免疫抑制却是局部性的，最长只能持续十多个月，但绝非终生性的。PRRSV 在肺脏巨噬细胞内复制，并破坏了 40% 以上的巨噬细胞，且存活的巨噬细胞功能也下降，导致宿主对嗜肺或经肺感染性的升高。研究表明，肺以外的 PRRSV 感染实际上可以提高宿主特异性免疫应答反应，对流

产布鲁氏菌和 PRV 的体液免疫反应有很大的提高；PRRS 感染组的迟发性超敏试验比对照组高且持续时间更长。

笔者的临床治疗经验也证明，PRRSV 引起的免疫抑制是可以通过改变生长环境，即将病猪放归自然而康复的。这表明，当今盛行的集约化养猪环境对猪体所产生的免疫抑制远远超出人们的预料，将环境造成的免疫抑制都归结于 PRRSV 的免疫抑制是极其偏颇的。

猪病中存在众多的、广义的继发性免疫缺陷病，但绝不存在像 HIV 一样是真正的免疫缺陷病，没有必要夸大 PRRSV 等病毒的免疫抑制作用。这对于正确认识疫病发生的三要素（宿主、病原、环境）在发病学中的作用，以及避免单因子处事方式，重视栖息环境在发病学中的重要地位都是至关重要的。40 年前，耕牛发生 PR，同栏的猪却不发病；而今中大猪死于 PR。当今普遍存在疫苗接种效价低下等事实都无不证明，当今猪群体质的下降与环境应激形成的免疫抑制远远超过病原微生物带来的免疫抑制。

总之，PRRSV 对宿主产生的免疫抑制既不是终生的，也不是全身性的，更不是不可逆的。理所当然与损伤终生的、全身性的、不可逆的免疫抑制的 HIV 不同，它们对宿主的危害，自然包括免疫抑制的危害，根本不在一个层面上。

4.IFN 诱导技术可以终结 PRRSV 的持续感染　除 PRRSV 对宿主的免疫抑制被无限夸大外，PRRSV 的持续感染也是炒作热点。但是，在炒作持续感染之时，没有人对养猪人讲明白持续感染的内涵。

持续感染是有别于急性感染的一类感染，病原微生物可在体内持续数月或数十年。持续感染分为 4 种类型，即潜伏感染、慢性感染、慢发病毒感染、急性感染的迟发并发症。

潜伏感染的特点是在持续感染过程中，除在急性发作期可分离到病毒外，用常规方法不能分离出病毒。人类单纯疱疹病毒、带状疱疹病毒、巨细胞病毒感染均属此类持续感染。

慢性感染的特点是病毒可长期存在于血液或组织中，其效价较高，可不断被排出体外或被检出，然而一般不引发疾病。乙型肝炎病毒、鸡白血病病毒感染属此类持续感染。

慢发病毒感染，又称慢病毒感染，其特点是有很长潜伏期，以后发生慢性进行性疾病，最终导致死亡。人类艾滋病、羊 Visna、羊 Scrapie 感染属此类持续感染。

急性感染的迟发并发症的特点是急性感染后 1 年或数年再发病，仍是该病毒引发的致死性疾病。例如，人类麻疹病毒感染恢复后，可在 10 年左右引起亚急性硬化性全脑炎。

PRRSV 属于哪一种持续感染类型呢?《猪病学》（第九版）指出:“让血清学检测呈阴性的猪只在适应或隔离圈舍中感染 PRRSV，然后自行康复，将这些康复后获得免疫力的猪只引入种猪群，便不会出现病毒血症，也不会感染其他母猪。”这一段描述控制 PRRS 的文字表明，持续感染虽然存在于康复猪体内，但不发生病毒血症，不排毒，常规方法检不出病毒，该病毒也不感染其他猪。这与人类带状疱疹病毒、人类巨细胞病毒感染导致的潜伏感染何其类似。笔者之见，PRRSV 应属潜伏感染无疑。

可见，PRRSV 持续感染并非传言那么可怕。当然，PRRSV 的危险在于机体受到环境的强烈应激后，免疫力大为下降时可引发感染的急性发作。因此终结持续感染状态，对养猪生产具有重大意义。

笔者经验表明，IFN 诱导技术可以终结 PRRSV 的持续感染。众多猪场在经同一个疗程的 IFN 诱导后，血清转阴率为 50% 左右；2 ~ 3 个疗程后，血清转阴率在 90% ~ 100%，在潜伏组织中难以检出病毒。

诚然，当今终结 PRRSV 持续感染不再是什么困难之事，但是阴性

猪群的存在是有巨大风险的。PRRS 的威胁，并非来自 PRRSV 本身，而是来自环境的诱发因素。控制诱导因素，便控制了蓝耳病的发生与流行。正如《人畜共患病》一书指出："如果不能预防其感染或者不能防止皮肤、黏膜的损伤或肺脏的诱发因素，那么我们必须学会与它们共处。"生态共处或许是防控蓝耳病的更好途径，前提是必须消除猪体的免疫抑制，特别是底色病导致的免疫抑制。

5. 血清学抗体检测可以成为欺骗性的诊断　笔者见到，一些疫苗厂家或经销商说，血液检测中 S/P 值大于 2.5 表明猪群有蓝耳病发生，必须接种疫苗，不然后果严重。庆幸的是，这些猪场原本一直安定，并未按疫苗厂家或经销商所言接种疫苗，其后亦未见发病。这无疑表明对血液检测报告的判读必须与临床相结合，特别是当隐性感染普遍存在的情况下。

6. PRRSV 疫苗是不该问世的疫苗吗　如果外国人都承认猪感染 PRRS 后可自然康复，如果不能推翻 PRRS 是条件性疾病，如果可以不用疫苗而终结持续感染状态，如果不能否认大范围的隐性感染，试问还有必要研发蓝耳病疫苗吗？

人类带状疱疹病毒病、巨细胞病毒病与蓝耳病感染一样，有人群广泛的隐性感染，发病率低，存在明显的发病诱因，但人医并未研发相应疫苗。道理很简单，就是在没有广泛预防的基础时，疫苗便失去实用价值，更何况现在有 IFN 诱导技术，发病时能治，潜伏期状态时可终结持续感染，其价格还远远比疫苗价格便宜。

笔者在 2008 年赴欧洲考察时发现，荷兰等国猪群中仍然存在蓝耳病病毒，但均未接种疫苗。尽管这些猪场曾经经历过短暂接种一家著名公司生产的疫苗，并因此带给他们刻骨铭心的教训——原本安定的猪群变成了疫病不断的猪群。这应该也能证明有 PRRSV 存在时可以不接种该疫苗的事实。

7. 替米考星治疗蓝耳病是谎言 替米考星是泰乐菌素的衍生物，是半合成的大环内酯类畜禽专用抗生素。药典与兽药相关书籍均未记载其有抗病毒的作用；广大养猪人的临床应用与笔者的临床实践也均表明替米考星没有抗 PRRSV 的作用，不能治疗 PRRS。

8. 必须警惕对蓝耳病毒的持续炒作 新近报告 2014 年出现的 NADC30-Like 毒株将成为流行毒株，而最近发现从美国入侵的 ORF5 RFLP1-7-4 分支毒株将不为现有的疫苗所保护。尽管这些毒株的出现是事实，但依旧逃不脱是条件性病毒的本质。由悖其本质而演变的无休止的喧嚣在利势驱动下是不会停止的，但终会被历史抛弃，在养猪人的不齿中消亡，至于可能随之而来的相关疫苗只能是无皮之毛。

猪繁殖呼吸障碍综合征相关症状见图 8-1。

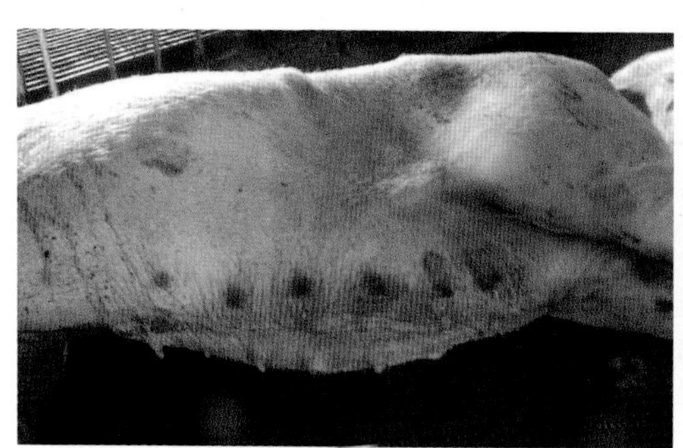

流产母猪高度恶病质

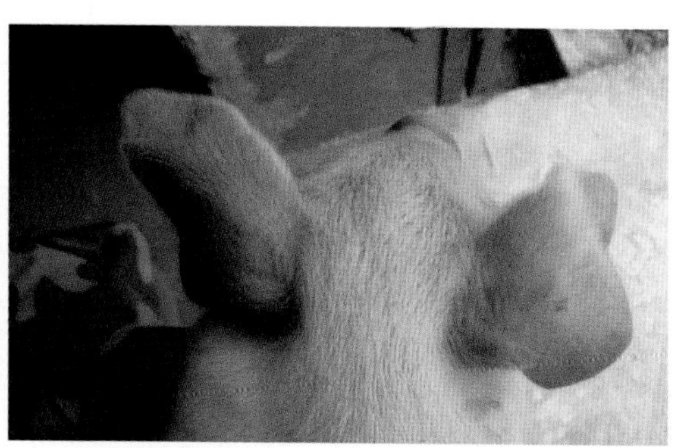

心肺功能障碍，缺氧，耳呈暗蓝色

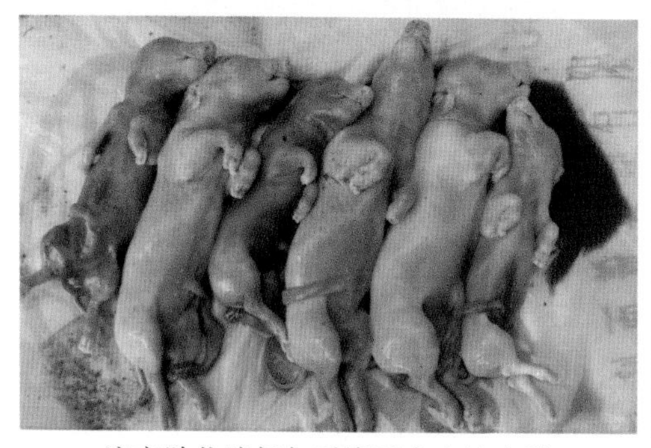

流产胎儿脐部与后腹下出血性水肿

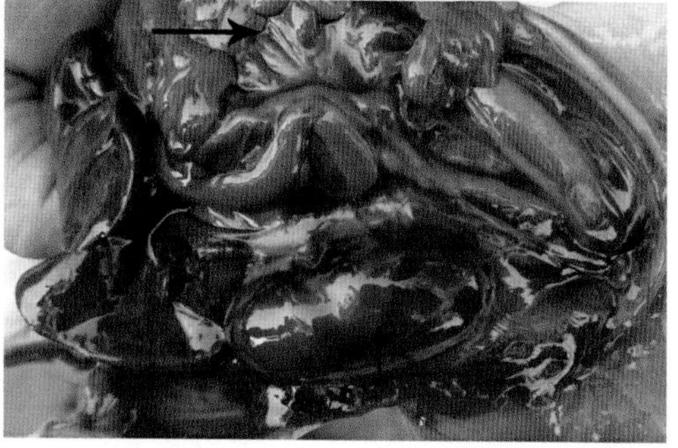

肾脏与肠系膜高度肿胀，折光性增强，呈黑红色

图 8-1（a） 繁殖呼吸障碍综合征

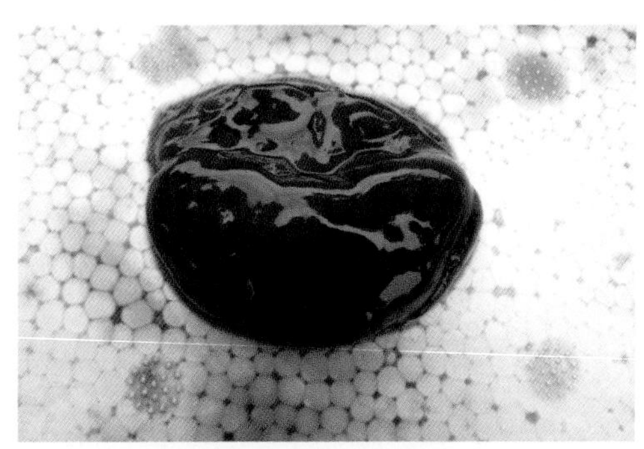

肾脏包膜出血性水肿，肾实质黑红色，呈软泥状，失去正常外观

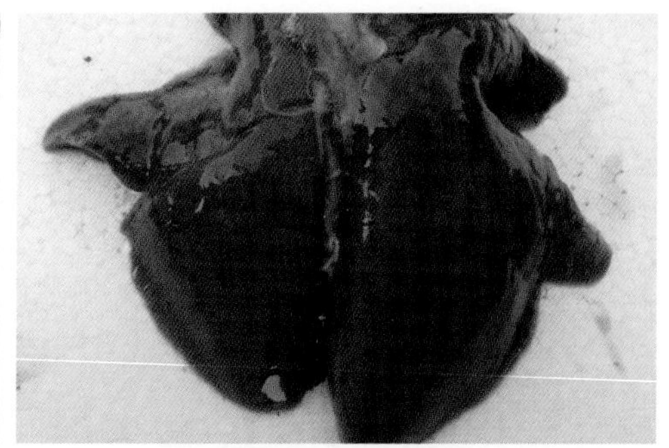

胎儿肺脏高度肿胀，呈深红色，间质增宽，质地如橡皮

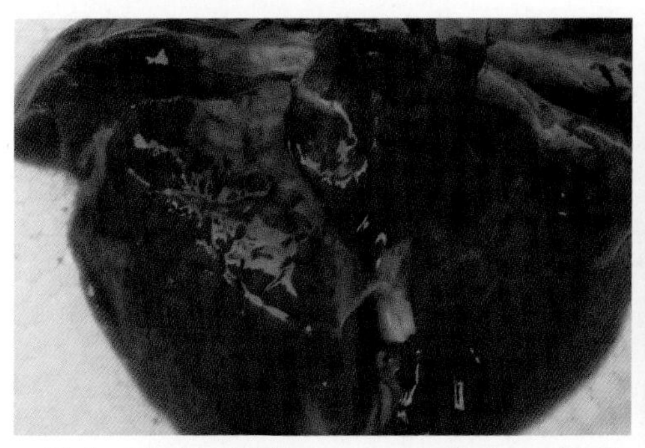

肺小叶高度肿胀隆起，质地如橡皮，系细胞增殖性间质性肺炎

母猪流产、死亡，眼睑呈蓝青色，且高度肿胀

流产胎衣绒毛晕出血、溃疡，胎水呈淡红色

图 8-1（b）　繁殖呼吸障碍综合征

第二节　猪圆环病毒病

一、病原学

PCVD 是（Porcine circovirus disease，PCVD）由圆环病毒2型（*Porcine circovirus* 2，PCV-2）引起的一系列疾病的总称。PCV-2 属圆环病毒科（Circoviride）、圆环病毒属（*Circovirus*）的一种小的无囊膜的病毒。目前对该病毒的理化特性所知甚少，PCV-2 在 pH3.0 时仍可存活，70℃可稳定存活 15min，室温条件下在甲醛、碘酒中 10min 时滴度下降。

二、流行病学

猪是 PCV-2 的天然宿主，且没有年龄、性别之分。PCV-2 广泛存在猪群中，在野猪中的自然感染率高达 95%（《兽医微生物学》，1998 年版）。口、鼻接触是 PCV-2 主要的自然传播途径。PCV-2 在猪群中既可水平传播，也能通过胎盘垂直传播，病猪和带毒猪是主要的传染源。

环境应激因素在 PCVD 的发生上有极为重要的作用，这些因素有去势、新生弱仔、断奶弱仔、高密度饲养、长期转运、饲喂霉饲料。长白猪比大白猪更易感，其他病毒的参与可激发圆环病毒病的发生。

三、临床症状与病理剖检

PCVD 有 3 种临床型，即断奶仔猪多系统衰竭综合征（Postweaning multisystemic wasting syndrome，PMWS）、猪皮炎肾病综合征（Porcine dermatitis nephropathy syndrome，PDNS）及母猪繁殖障碍。

1.PMWS　断奶仔猪消瘦，体表淋巴结尤其是腹股沟淋巴结双侧肿大，贫血，黄疸，呼吸困难，腹泻。有诊断意义的病变是：淋巴结，特别是腹股沟淋巴结肿大几倍乃至几十倍（笔者见到最大的有鹅蛋大），切面不见淋巴小结，成猪板油样均质状；肠系膜淋巴结索样肿；肺脏弹性下降或丧失，捏压有实感；肝脏肿大，黄疸明显的还见肝萎缩；胸腺萎缩；脾脏萎缩，扭曲变形；白斑肾。

2.PDNS　最初在会阴、股后部皮肤出现红色圆形或不规则形的略感隆起的小皮疹，后皮疹融合；颜色由红色变紫红色，最后成黑色；皮疹逐渐向前腹测、股部发展，乃至整个体侧，绝不累及背部。同时，病猪有轻度发热，亦可体温正常；但精神沉郁，喜欢卧睡，偶见跛行或步态蹒跚。病理剖检可见如 PMWS 一样的双侧腹股沟淋巴结肿大，肠系膜淋巴结索样肿；双侧性肾肿大，肾切面上可见皮质上红色坏死点，亦可见白斑肾。

3. 妊娠母猪繁殖障碍　母猪妊娠后期流产，产死胎、产木乃伊胎、产弱仔、产先天震颤仔猪。此类繁殖障碍型的自然发病率很低。

PCVD 的临床诊断不难，通过明显的体表淋巴结肿大，特征性皮炎、皮疹，白斑肾均可以资诊断。

4. 猪圆环病毒病求真　PCVD 同 PRRS 一样，是当今被热门炒作的病毒病，将它们言之为猪的免疫抑制的元凶，事实果真如此吗?

（1）PCV-2 的免疫抑制是客观存在的　在圆环病毒属中与兽医有关的病毒，还有鸡贫血病毒（Chicken anemia virus，CAV）与喙羽毛病病毒（Beak and feather disease virus，BFDV）。在这个属中的 3 种病毒都有一共同致病性，即致淋巴组织病变。CAV 与 BFDV 均导致鸡胸腺、法氏囊萎缩，PCV-2 致猪胸腺萎缩、淋巴肿大与坏死。因此这 3 种病均被视为免疫抑制性疾病，但是绝非前节所述的免疫缺陷病。PCV-2 与 PRRS 一样，两者与免疫缺陷病的免疫抑制根本不在一个层面上。

（2）这类免疫抑制性疾病隐性感染率高　以 CAV 为例，在英国发现，肉鸡父母代及商品代蛋鸡群中普遍存在 CAV 抗体；11 个 SPF 鸡群中，有 5 个 CAV 抗体阳性群。《猪病学》（第九版）指出，PCV-2 在自然界中广泛存在。诸多调查报告也表明，PCV-2 在我国猪群的自然感染率同 PRRS 一样极高。

（3）PCV-2 难以独立致病　如此高的隐性自然感染率，说明该病毒与宿主之间早已共处一个生态体系中，绝非口蹄疫病毒、非洲猪瘟病毒那样是绝对致病性的病毒。鉴于此，《猪病学》（第九版）指出：“一般认为 PMWS 是多种因素引起的疾病，除受 PCV-2 感染外，饲养环境被认为是诱因，病毒和细菌混合感染也是引起 PMWS 的主要原因。因此，PMWS 的控制措施应该集中于消灭这些诱因与原因。”此段论述告诉大家，消除环境中这些诱因就能控制 PCVD，因为 PCV-2 不能单独致病。

圆环病毒疫苗是不该问世的，望业界认真反思，不再有类似的疫苗出现。

5.IFN 诱导技术可防治 PCVD　发生 PCVD，体内干扰素水平急剧下降，这为发病创造了有利条件。而干扰素诱导技术却可在几天内激发体内产生高水平的 IFN，阻止疾病发展，并尽快结束病程。

猪群若常规实施 IFN 诱导技术则可以预防 PCVD。归元散的应用，解除了猪体的免疫抑制，使得 IFN 诱导机制能发挥最好的疗效。

猪圆环病毒症相关症状见图 8-2。

多系统衰竭症外观，消瘦，肋骨毕露，鲤鱼背，贫血

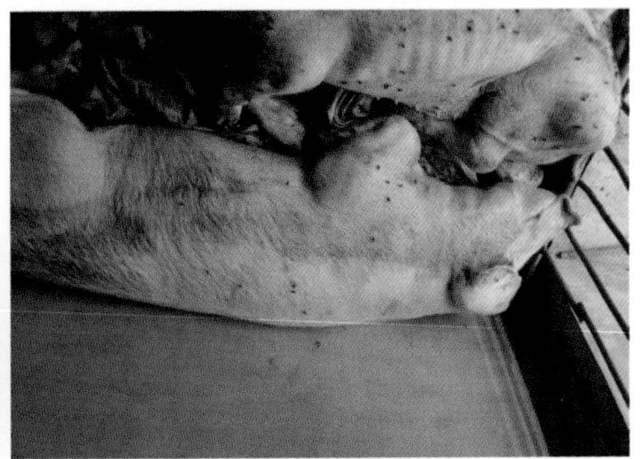

皮肤苍白，黄染

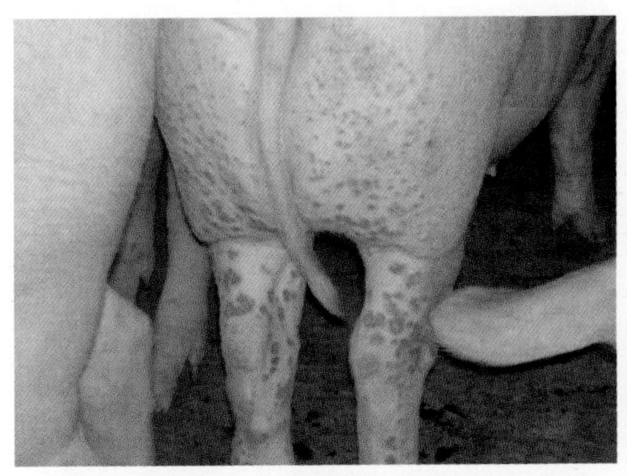

皮炎肾病综合征，皮疹起于股后部和会阴部

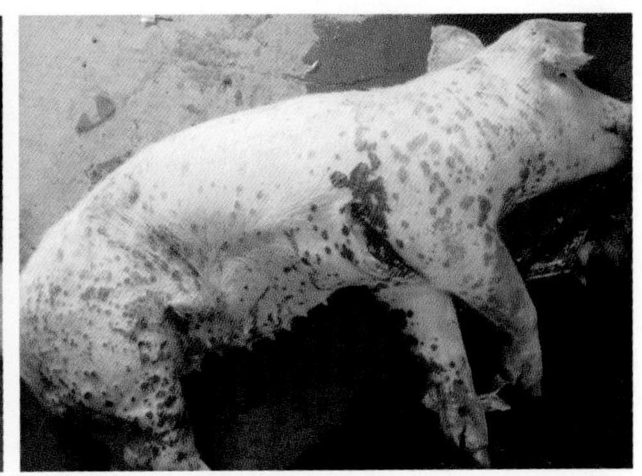

皮疹由后部向前躯部发展，由充血皮疹变成出血性皮疹

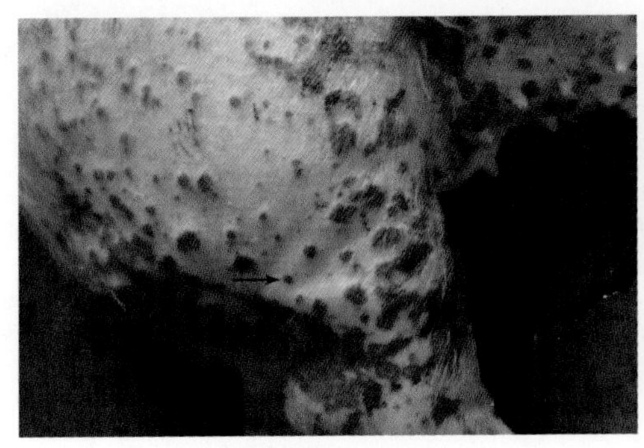

皮疹的发展过程

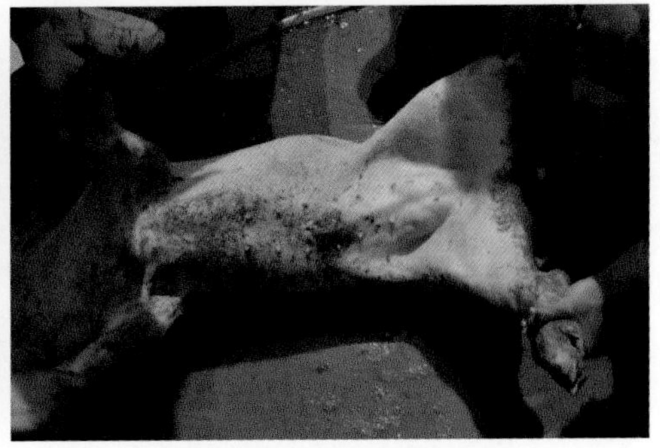

腹股沟淋巴结对称性肿大

图 8–2（a） 圆环病毒病

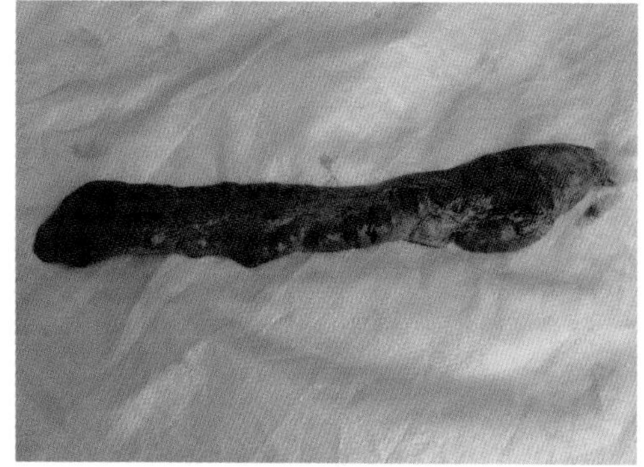

脾脏萎缩

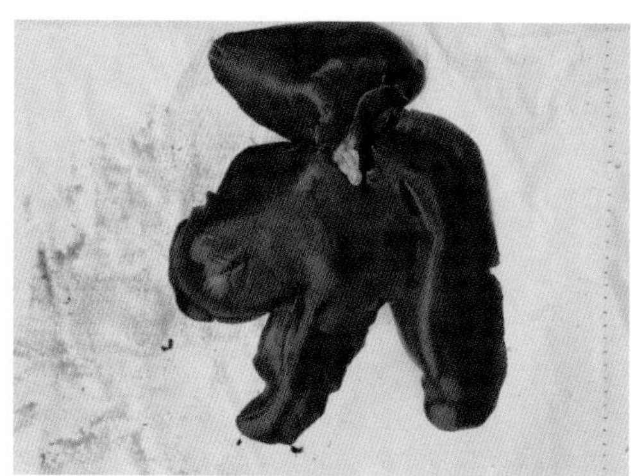

肝脏萎缩

白斑肾，间质性肾炎

肾脏萎缩

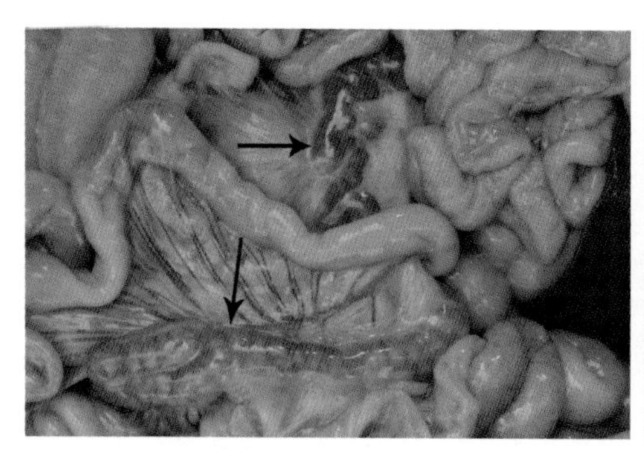

肠系膜淋巴结索状肿与出血

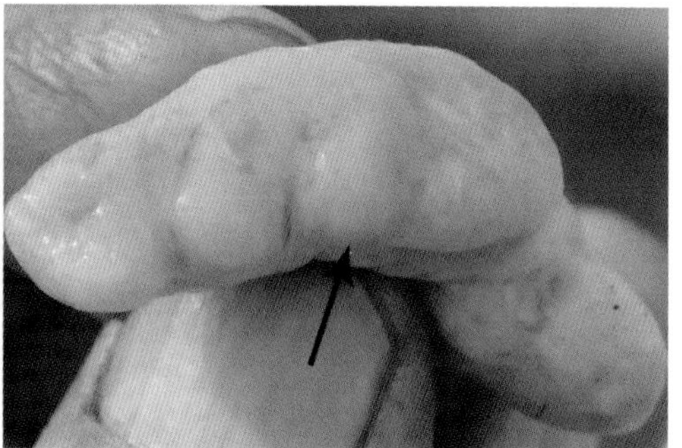

淋巴结髓样肿，切面如猪脂均质

图 8–2（b） 圆环病毒病

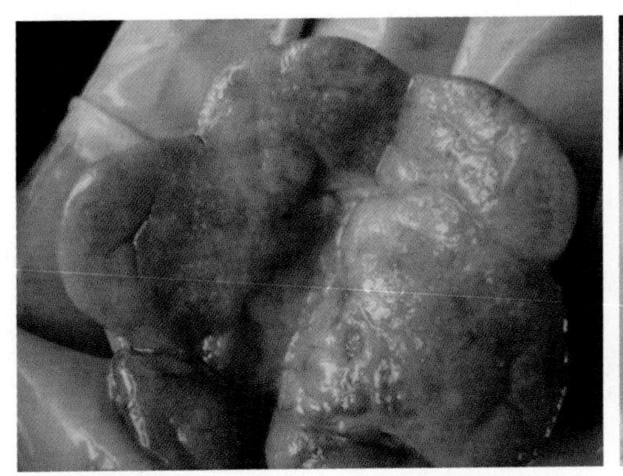

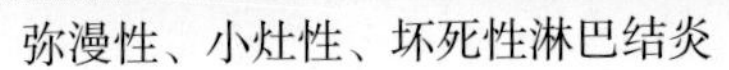

弥漫性、小灶性、坏死性淋巴结炎

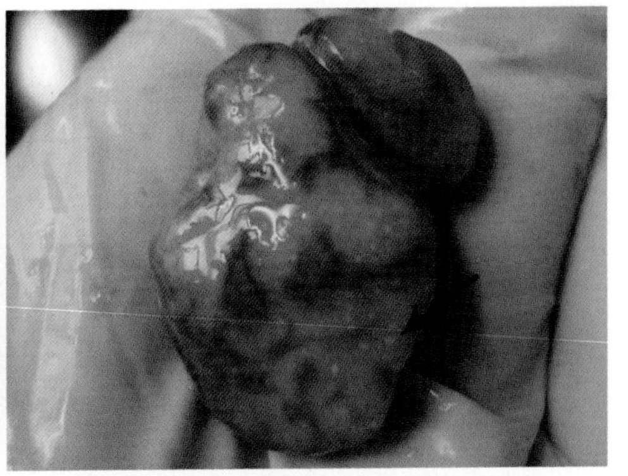

淋巴结肿大，切面均质，灶状坏死、出血

图 8-2（c）　圆环病毒病

第三节　猪流行性感冒

一、病原学

猪流行性感冒（Swine influenza，SI），简称猪流感，其病原是猪流感病毒（*Porcine influenzavirus*，PI），PI 是正黏病毒科（Orthomyxoviridae）成员。流感病毒依据基因型分为 A、B、C 三型，只有 A 型流感病毒在人、猪与其他动物的流行具有临床意义。根据 A 型流感病毒囊膜表面突起的纤突的血凝素（H）和神经氨酸酶（N）的性质，将流感病毒分为不同的亚型。有 16 种不同的血凝素，9 种不同的神经氨酸酶。不同的 H 和 N 组成不同的亚型。猪群中广泛流行的血清亚型有：古典猪型 H1N1、类禽型 H1N1、类人型 H3N2；另外，还存在 H1N2、H4N6、H1N7、H3N6、H9N2、H5N1。

猪流感病毒对环境的抵抗力不强，60℃ 20min 可被灭活，对一般性消毒剂敏感，但在干燥、低温环境下可存活较长时间。

二、流行病学

不同年龄、性别、品种的猪对 PI 均有易感性。尽管在集约化的饲养模式下，PI 可以全年流行，但仍以冬季及天气多变的冬春、秋冬时节最为发生。PI 通过飞沫经呼吸道传播，一旦发生，则传播迅速，发病率可达 100%；病程较短（3 ~ 5d），若无并发症或继发病，猪的死亡率为 1% 左右。

由于猪的呼吸道细胞既有人流感病毒的受体，又有禽流感病毒的受体，因此猪不仅对猪流感病毒易感，而且对人的 A 型流感病毒和禽类的 A 型流感病毒均易感。故而，猪是这 3 种类型流感病毒的混合器，谓之感染三重排的流感病毒。感染三重排流感病毒可以引发严重的呼吸道疾病，如成年猪死亡、怀孕母猪流产。恶劣的环境、混合感染或继发感染，均可加重病情，造成死亡率升高。笔者曾见到这类恶性流感造成死亡率高达 20% 的病例，也见到突发于各阶段母猪同时发生多个流产的病例。

由于流感病毒在水禽体内呈现“进化静止”状态，因此水禽成为流感病毒的储毒宿主。

三、临床症状与病理剖检

1. 轻型或上呼吸道型 病猪轻度发热，流鼻液，喷鼻，有轻度咳嗽，精神、食欲无明显变化，2 ~ 3d 自愈。

2. 肺型 病猪体温为 41 ~ 42℃，精神萎靡，食欲废绝，眼睑水肿，流泪，鼻镜干，有多量双侧性浆液鼻液，呼吸明显困难，咳嗽。病程 5 ~ 7d。

病理剖检可见主要病变在肺部。形成与周围组织界限分明的扇形

病变，病变肺组织呈暗红色，质地变实，肺小叶间质稍增宽，肺切面湿润，从细支气管流出灰白色、混浊的小泡沫样液体。濒死后期可见肺萎陷、肺脓肿。

3. 母猪流产型　早、中、晚期妊娠母猪均可流产，流产母猪体温为 41 ~ 42℃，精神沉郁，食欲废绝，有鼻液，眼睑水肿，少见呼吸困难与咳嗽。与全身违和症状出现的同时发生流产，产死胎，死胎大小与妊娠期相符。死胎皮肤广泛出血，以脐部最为严重，呈深红色；死胎脏器广泛出血，使之呈黑红色，尤以肺脏出血最为严重；胎膜出血，绒毛晕出血，脱落，留下溃疡面。

四、诊断

本病根据流行特点，即流行快、发病率高、病程短、死亡率低等，加上典型的呼吸系症状，临床诊断不难。

五、猪流感求真

（1）猪流感的肺脏病变多见于膈叶，并非书本记载的尖叶、心叶。病变呈典型扇形分佈，这表明流感病毒在肺内扩散途径是经支气管树传播的，这与小叶性肺炎扩散途径一致；后期脓肿的形成进一步佐证，流感病毒的致病机理中存在小叶性肺炎；而实变与间质的增宽，又说明猪流感存在间质性肺炎的渗出、增生的机理。这种以小叶性肺炎为主的多重性机理的存在能更好地诠释 SI 的肺部特有病变。

（2）猪流感肺部特有的扇形的融合性出血性小叶性肺炎是该病的示病性的病损。

（3）SI 引发的母猪流产似乎更多见于流行末期，这是否与毒力增强的流感病毒的重排病毒感染有关值得进一步关注。

（4）笔者见到猪流感期间多起猪场员工感染事件，症状同重症感冒的一样，但多不为人们所重视。因此，猪场应该注意人畜共患病知识的普及。

（5）干扰素诱导技术在猪流感发生初期就全场普遍注射，可以使未发病者不发病，发病者缩短病程，可防止受其他病毒感染，使疫情流行简单化，流行时间大大缩短，避免流行后期发生母猪流产。

猪流行性感冒相关症状见图 8-3。

病猪精神沉郁，鼻镜干燥，有浆液样鼻露流出

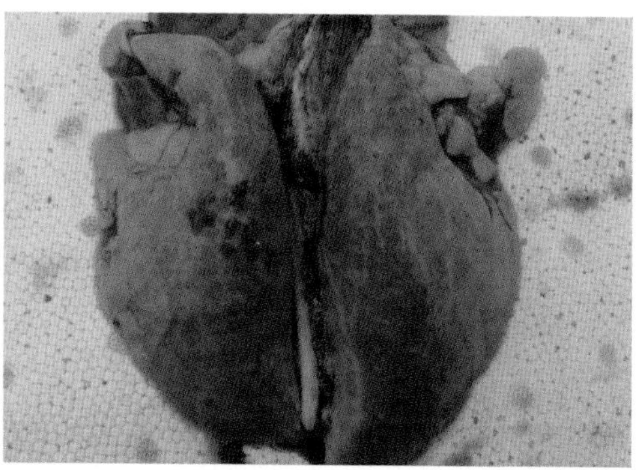
病毒沿支气管树传播，病灶呈扇形分布

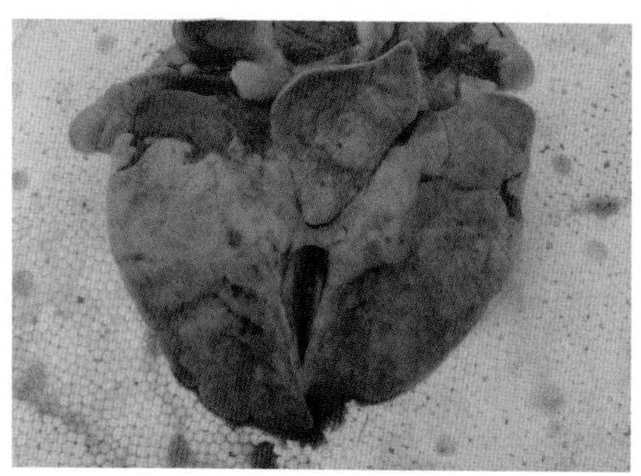
膈叶上部浅色区为代偿性隆起，下部扇形病变区清晰可见

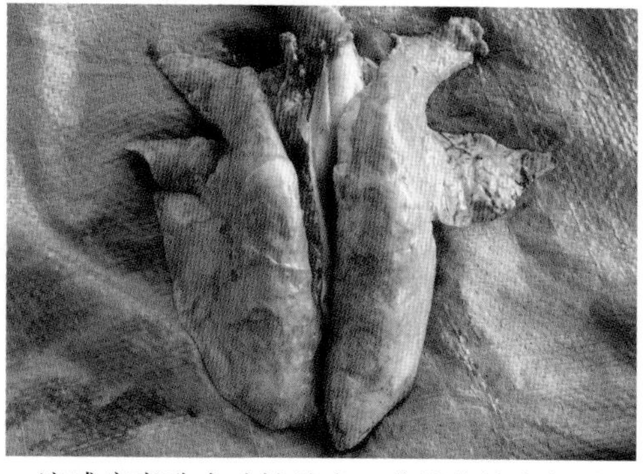
流感病毒致小叶性肺炎，分泌物堵塞气道，致不全性肺不张，有压痕

图 8-3（a） 猪流行性感冒

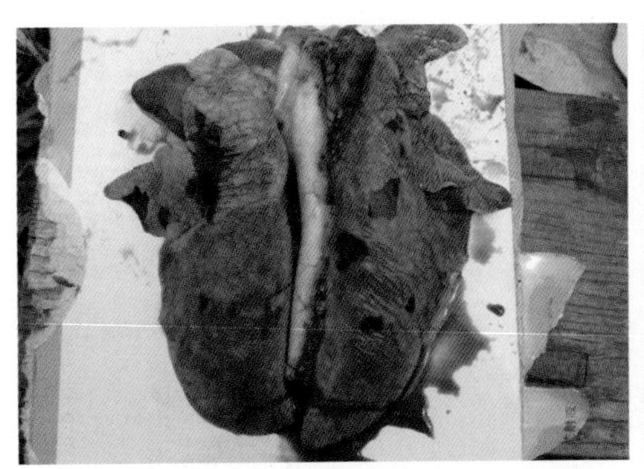

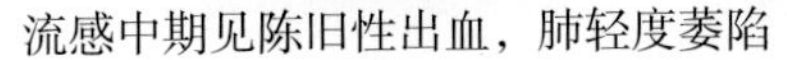

流感中期见陈旧性出血，肺轻度萎陷

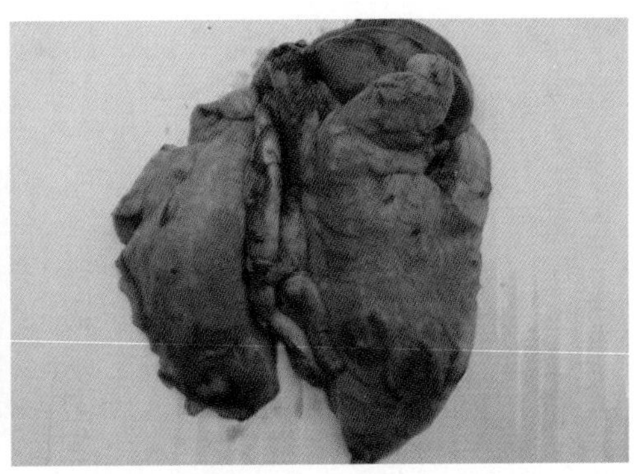

流感后期肺萎陷明显，继发细菌感染，形成肺脓疡

图 8-3（b）　猪流行性感冒

第四节　其他病毒感染

通过学习相关知识，多种不为广大养猪人熟悉的病毒存在养猪生态系统中。这些病毒是：猪巨细胞病毒、脑心肌炎病毒、猪肠道病毒、猪肠病毒、猪轮状病毒、呼肠弧病毒、猪腺病毒、猪蓝眼病毒、博卡病毒。这些病毒分别具有不同选择性的致呼吸系统、消化系统、神经系统、生殖系统疾病，并且都有较高的隐性感染率。但是由于检测手段未普及与检测项目偏倚，这些存在于猪群生态系的病毒引起的疾病未能得到及时诊断。随着现代科学技术的发展，以及人类对微观世界的认知的深化，更多与猪病有关的但以前未被发现的病毒将被发现。

实际中不可能对每一种病毒病都研发相关疫苗，那样便无法安排免疫程序。但这些病毒的危害又实际存在，人们即或找出是何种病毒所致，也难在没有疫苗；即使有疫苗也只可预防，根本无法治疗。更何况现实养猪生产中，人们更多的是无法精确确定猪病是何种病毒所致。这是一件令人非常尴尬的事情。

模糊理论，使人们从这种尴尬的处境中解放出来。

模糊理论是现代科学的理论。模糊理性认知其实早就存在人们生活中，人们应用这种模糊认知，应该是有人类出现便随之产生。例如，当一个人在远处出现，其背对着我们，当然无法看到此人容貌，但却可以通过背影准确判定是王二还是张三，这便是模糊识别。再例如，病人发热，血液检测白细胞减少，医生告知是病毒感染，是什么病毒感染医生也不知道，这就是模糊集合的识别。

现代医学包括兽医学对疾病的诊断一般是建立在逻辑推理上的，具体讲是建立在排中律的诊断逻辑上的。排中律的基本内容是：在同一思维过程中，两个互相否定的思想不能同时都是假的，必有一个是真的，也就是二者必居其一。例如，当母猪流产而产死胎、木乃伊胎之时，兽医会依据自身的经验判断，母猪可能患有猪细小病毒病或乙型脑炎，必须在他选出了两种病中择一为诊断。这便是排中律在诊断上的应用。但是这种择其一的诊断是不是真的符合客观实际呢？排中律做不到，只能在医疗实践中验证。如果与实际不符，兽医还会再次应用排中律进一步确诊，乃至多次这样的诊断。这便是当今普遍存在的精准认知的思维。

事实上，上述的诊断对象可能极为复杂，有 PPV、JE，还可能是猪瘟、伪狂犬病、巨细胞病毒病、脑心肌炎病毒病、呼肠孤病毒病、猪腺病毒病……排中律的应用，在此就变得极为复杂而繁琐。而模糊控制，却可以对上述模糊疾病的集合进行共性处理，让复杂的事物变得简单化。人们可以不必一定要诊断出是哪一种病毒病，而是用一种共性措施去处置，便可收到防治效果。但是这种共性措施必定是根本性，是能抑制或杀灭所有病毒的。

这种措施就是 IFN 诱导技术（详见上篇第四章）。

IFN 诱导技术的问世与成熟，使之有效防治各种病毒性疾病（狂犬

病不在此列）成为可能。该技术之所以展现出广泛的抗病毒作用与强大生命力（笔者的许多学生早已经将其应用于鸡、宠物、牛、羊的病毒性疾病的治疗），就在于其契合模糊识别与模糊控制这样新兴的现代科学；同时，又在于其契合《易经》以简驭繁的、简易的精髓。这也雄辩地告知，真正科学的理论技术，都是中西融合和中西贯通的，突破了时空的限制和文化的差异。

第九章 归元散 + 局部用药 + 喷雾吸入可防治的猪病

这一类疾病有：猪传染性萎缩性鼻炎、猪鼻支原体感染和猪滑液支原体关节炎。这 3 种疾病都是病原在产房或保育阶段先侵入猪鼻腔，并黏附在鼻纤毛或鼻分泌物中，有的会在扁桃体上定植；然后在不良环境的应激下，损伤鼻局部组织或泛化引发浆膜炎症。

病原早期侵入鼻腔或扁桃体是发生这类疾病的始动环节。以局部用药 + 喷雾吸入可以成功阻断该环节。而归元散可在恢复体质的前提下，最大限度地削减不良环境对机体的应激，杜绝疾病发生的诱因，达到良好的防治效果。当然，若能结合改善不良的饲养管理环境，治疗效果自然会更好。

第一节 猪传染性萎缩性鼻炎

一、病原学

引发猪传染性萎缩性鼻炎（Atrophic rhinitis，AR）的病原菌有：支气管波氏杆菌（*Bordetella bronchiseptica*）和多杀巴氏杆菌（*Pasteurella*

multocida）。

1. 支气管波氏杆菌　革兰氏阴性小球杆菌，两级浓染，能运动，不形成芽孢。该菌有 3 个菌相，即Ⅰ相菌、Ⅱ相菌和Ⅲ相菌。Ⅰ相菌有荚膜，且毒力比其他两相菌都强。该菌抵抗力不强，可被一般的消毒药杀灭。该菌可引发非进行性萎缩性鼻炎（non–Progressive AR，NPAR）。

2. 多杀巴氏杆菌　革兰氏阳性菌，多形性，可呈球杆状、杆状、短丝状，两级浓染，有荚膜，不形成芽孢。有 4 种荚膜型抗原（A、B、D、E），16 种菌体型抗原（1 ~ 16 型）。该菌抵抗力不强，可被常用消毒剂迅速杀灭。能产生皮肤坏死毒素的 A 型和 D 型菌株可引起猪进行性萎缩性鼻炎（Progressive AR，PAR）。

二、流行病学

1.NPAR　发生在 6 周龄以下的仔猪，尤其以 3 周龄以下仔猪更易感，带菌母猪是主要的感染来源，隐性感染广泛存在。感染产毒支气管波氏杆菌是发病的必要条件，但临床上能否发病，还取决于是否同时存在不良的环境因素，如高密度、连续生产、猪舍不间断使用、通风不良（尤其是粉尘超标）、营养不良、底色病的存在与否。

2.PAR　主要危害 4 ~ 12 周龄以后的猪。产毒多杀巴氏杆菌主要存在于患有 PAR 的猪群中，或者存在于有该病病史的猪群中。这类猪群中的无症状带菌母猪，是危险的传染源，一旦被引入带产毒多杀巴氏杆菌的猪群，极易引发 PAR。主要的传播途径是飞沫经气道感染，带菌的粪便亦是重要传染源，带菌的母猪是最危险传染源。被感染的仔猪在育肥期才出现症状。产毒多杀巴氏杆菌较少存在于气道，主要定植在扁桃体。同产毒支气管波氏杆菌一样，不良的环境因素会引发与加重 PAR 在临床上的发病。

三、临床症状

1. NPAR　患病仔猪打喷嚏，鼻塞，有不同程度的卡他性鼻炎，可见黏液或黏液脓性鼻液，食欲轻度或中度减损。病情发展 3 ~ 4 周后逐渐减轻，但是长期保留喷鼻症状，鼻部变形却不明显。

2.PAR　患病中大猪打喷嚏，鼻塞，也会有鼻液。与 NPAR 不同的是，患 PAR 的猪出现单侧性的鼻出血，轻微者鼻面部皮肤有皱缩，变形鼻骨使鼻泪孔堵塞；严重者鼻盘歪斜，上颚短于下颚。故患猪眼泪增多，舍内尘埃黏附其上，沿眼角形成黑线条，严重的形成熊猫眼。虽然体温正常，但生长发育迟滞，育肥期延长。

四、诊断

从有喷鼻、打喷嚏、流鼻血、鼻盘扭曲等典型症状者不难诊断。

若只有打喷嚏，则难以确诊。因为广泛存在的巨细胞病毒等多种呼吸道病毒感染，以及尘埃都可以引起此症状，临床确诊必须剖检。

在左右第一臼齿与第二臼齿之间做连线，用钢锯横断头部，暴露鼻骨横断面。正常者于断面上可见鼻中隔将左、右鼻腔均匀分开，每个鼻腔有上、下两个鼻道，每个鼻道各有上、下卷曲将鼻骨分开，上鼻骨有两个卷曲，下鼻骨只有一个卷曲。发生 PAR 时，鼻骨会萎缩变形，鼻中隔扭曲；严重者上、下鼻道连通，鼻骨消失。

其他诊断方法还有 X 射线诊断、细菌分离培养、血清学试验等。

五、治疗

支气管波氏杆菌、多杀巴氏杆菌对磺胺类、链霉素、土霉素、林可霉素、头孢霉素均敏感，可供选择用药。对 PAR 病例应大剂量持续静

脉给药 1 ~ 2 周，否则易复发。流鼻血严重者，应对症给予止血药，如止血敏。

六、预防

猪传染性萎缩性鼻炎疫苗为灭活油乳剂疫苗。商品猪场只接种种猪，妊娠后期 1 个月皮下注射疫苗 2mL；种猪场，除母猪免疫外，所产仔猪于 7d、21 ~ 28d 分别皮下注射疫苗 0.2mL 和 0.4mL；同时，每个鼻孔滴入不加佐剂的菌液，7d 滴加 0.25mL，21 ~ 28d 滴加 0.5mL。

七、猪传染性萎缩性鼻炎求真

1.PAR 的治疗要点 要联合用药，如头孢类 + 土霉素或头孢类 + 泰妙菌素。剂量比常规用量大 2 ~ 4 倍，疗程一般在 1 ~ 2 周，以静脉滴注效果好。对于流鼻血严重的应配合给予止血敏 10mL+ 安络血 10mL。即或坚持上述治疗，只能终止病情发展，并不能彻底治疗。

2. 从乳猪到中大猪喷鼻 打喷嚏是猪场极常见的事情，人们不会为此事去怀疑猪是否感染 PAR，更不会去接种萎缩性鼻炎疫苗。况且喷鼻、打喷嚏的病因很多，除有 AR 细菌因素外，还有呼吸道内的其他病毒、尘埃等因素。因此，实际生产中需要一种一举多得的措施，既能在幼猪阶段阻止这些细菌、病毒黏附，又能降低尘埃的危害。为此笔者将鼻腔喷雾 + 喷雾吸入，用于有喷鼻、打喷嚏、咳嗽的猪群，不仅成功阻止了 PAR 的发生，同时也大大减少其他呼吸道疾病的发生率，获得了良好的治疗效果。

（1）鼻腔喷雾或滴入疗法 磺胺间甲氧嘧啶注射液和长效土霉素注射液分别用生理盐水作 10 倍稀释后，分装于两个小喷壶（喷发胶用水壶）中备用。新生猪第一次吃完初乳后即可喷雾，将喷嘴对准新生猪鼻孔，喷嘴略进入鼻孔，喷雾 2 ~ 3 次。新生猪鼻部要与地面保持水平或稍微上抬，以防喷液流出。上、下午各一次，两药交替持续使用 7 ~ 10d。

（2）喷雾吸入技术　气溶胶（aerosol）是由固体或液体小质点分散并悬浮在气体介质中形成的胶体分散体系，又称气体分散体系。质点直径为 10 ~ 100μm。

气溶胶吸入消毒技术，也叫超低容量喷雾技术、气溶胶喷雾技术，是利用气溶胶发生器（超低容量喷雾器），将对猪体无害的消毒液呈气溶胶质粒喷雾到空气中，借助空气介质的高度分散系充分吸附在尘埃上，以杀灭尘埃上的病原微生物；并加大尘埃的重量与直径使其更快速地落地，减少飘浮时间，从而达到对空气消毒或对舍内有效消毒（防止病原微生物富集）的目的。

气溶胶发生器又称超低容量喷雾器，其喷出的药液微滴直径为 10 ~ 75μm，呈正态分布。大部分微粒直径在 50μm 以下，肉眼难见到，其雾滴数是常规喷雾器同等药量雾滴数的 50 ~ 150 倍。如此，在空气中分散度大，与尘埃接触面大，且飘浮时间可长达数小时，能彻底杀灭病原微生物。

超低容量喷雾技术的具体操作如下：

①药液选择　只能选择对猪体无害的消毒液，并注意配制浓度，如复合碘消毒液，浓度为饮水消毒浓度。

②操作要领　由于雾滴细，肉眼难见，不会在靶物上形成液滴或液膜，故不可用喷雾药痕来判断喷雾用药量。一般情况下每平方米用药量只需 0.8mL 左右。若舍内尘埃严重，呼吸道疾病严重，可每平方米用药 2mL。防治 FMD 的消毒中，每平方米用药可达 5 ~ 10mL。

初次应用，要先用清水喷雾演练。先计算好猪舍面积，装好所需清

水，启动喷雾后，喷头向上，操作移动步伐的大小、移动频率与喷雾射程、用药量同步，做到心中有数后才可正式喷雾消毒。

喷雾前最好关闭门窗，喷雾后 1 ~ 2h 再开启门窗。

③技术优点　与常规喷雾技术相比较，超低容量喷雾技术适用于空气消毒与压尘消毒，耗药量少。但雾滴直径小、数量多，在空气中能分布均匀，飘浮时间长，达到有效消毒空气与降压尘埃的目的，从而大大减少舍内病原微生物的富集。但注意：选择药物要恰当，如可选碘消毒剂；选择浓度恰当，如饮水消毒浓度。不仅可杀灭尘埃与空气中的病原微生物，含药雾滴吸入呼吸道后，药液中的碘还会有祛痰作用，有助肺部病变的猪康复，特别适宜日常载猪空气消毒；另外，超低容量技术在操作时噪声小，对猪群几乎无干扰。

喷雾吸入技术的应用不仅解决了鼻腔喷雾技术未解决的病毒感染与尘埃致病的问题，还与鼻腔喷雾使用的抗生素形成对吸入细菌杀灭的加合作用。因此，该技术是在集约化条件下解决猪呼吸道疾病的简易价廉的好措施。

第二节　猪鼻支原体感染

一、病原学

猪鼻支原体（*M.hyorhinis*）是存在猪上呼吸道的正常菌株，亦是乳猪、中猪常见病原，但大多为隐性感染。尽管猪鼻支原体是猪上呼吸道正常共生菌，但受不良环境影响，在机体防卫功能下降时可引发肺炎、中耳炎；若是在波氏败血杆菌、某些病毒参与情况下更易发生呼吸系统疾病。

养猪生产中，本菌在机体防卫功能下降时，会从上呼吸道进入体内泛化，引发 8 周龄以下仔猪的多发性浆膜炎与关节炎，以及更大的猪只发生关节炎。

二、临床症状与病理剖检

病猪轻度发热，食欲减少，精神不振，被毛粗乱，行走跛行，关节肿胀，呼吸困难，触诊腹部可能出现尖叫、挣扎、避让，有的猪还有眼结膜炎。大约经过 2 周转为慢性，留下长期存在的关节肿胀、跛行。

病理剖检急性期可见纤维素性化脓性心包炎、胸膜炎，而腹膜炎程度较轻。在亚急性与慢性病例，呈现纤维素性浆膜炎，浆膜粗糙，如云雾状，甚至发生粘连；病变关节滑膜肿胀、出血，滑液增多并混有血液，也可见到滑膜的纤维素性粘连。

三、猪鼻支原体感染求真

猪鼻支原体感染对养猪人是陌生的，更多的时候其被视为副猪嗜血杆菌病。这两种病临床上难以鉴别，确诊有赖于实验室诊断。

该病的治疗效果很差，但养猪人不明其中道理，只是拼命地注射药物，结果钱花了，猪仍然死了或成为僵猪。为什么这一类有纤维素渗出的浆膜炎的疾病（包括猪鼻支原体感染、猪滑液支原体关节炎、副猪嗜血杆菌病）的治疗效果都不理想呢？因为这些病原菌侵犯浆膜，机体的防卫反应就是浆膜炎症反应，渗出大量纤维素包裹病原菌，使其致病性局限化。任何事物都有双重性，病原菌是被局限了，但是由于没有血液循环，药物不能进入病灶，病原菌就不能被杀灭；同时纤维素粘连的特性，使得邻近脏器与患病浆膜粘连，失去正常功能。如果要彻底治疗这类疾病，必须先将糜蛋白酶注入浆膜腔，溶解纤维素

后再注入抗生素。这便是笔者在20世纪60年代治疗军马纤维素性肺炎所用的疗法。然而这对于猪来说，一是代价高昂，二是操作困难，因此不可取。

猪若患这类疾病，最好作淘汰处理，因此要做好预防工作。预防的关键是，切断入侵途径，增强机体防卫功能，提高猪应对环境的应激能力。本章中列举的3种病原，由于入侵途径是呼吸道，因此鼻腔喷雾给药与喷雾吸入是最好的预防措施。而副猪嗜血杆菌主要的入侵途径是创伤，因此做好创伤管理是最好的预防方法。

由于这些病原中的一些成员本来就是上呼吸道中微生态体系的正常成员，因此上述治疗措施的目的是和平共处，并不是完全杀灭它们，也没必要完全杀灭它们。即或是其中的非常驻致病病原，如产毒多杀巴氏杆菌也只是经上述处理后使其不能富集，达不到致病量。这些病原与猪体之间呈现少量多次的信息交换、物质交换、能量交换的关系，猪体获得了对这些病原的自然免疫，达到了系统的稳态。

而归元散的应用则是在防治霉菌毒素这一阴毒为害的前提下，调整体质，消除“平猪”现象，增强其防卫功能和抗应激能力，使机体抵抗力在逆境中不减弱，上述病原无以进入血液泛化，从而避免发病。

第三节　猪滑液支原体关节炎

一、病原学

猪滑液支原体关节炎的病原体是猪滑液支原体（*M.hyosynoviae*），定居在4周龄以上猪的上呼吸道。猪感染该菌后是否发病，取决于菌株的毒力、猪只体质和环境的优劣，但高密度饲养时能散播本菌。

二、临床症状与病理剖检

10～20周龄猪发病时，突然出现急性跛行，但体温正常，患病关节肿胀不明显，3～10d后跛行自行减轻。猪发病后多可自行康复，不见跛行。有的猪关节僵硬，但几乎不发生死亡。

病理剖检可见患病关节滑膜充血、水肿，滑液增多、浑浊，呈黄褐色；慢性的关节周围纤维化。

与鼻支原体引起的疾病比较，该病只侵犯关节，不侵犯胸腹浆膜腔，患病关节基本没有纤维素渗出，猪感染该病后治愈率高。

三、治疗

用青霉素、林可霉素、氟喹诺酮治疗有一定效果，但由于猪感染该病后可以自愈，故上述药物的疗效不好评定。

第十章　归元散 + 喷雾吸入 + 改善管理可防治的猪病

这类猪病有猪传染病胸膜肺炎放线杆菌病、猪巴氏杆菌病等呼吸系统的独立性疾病。

第一节　猪传染性胸膜肺炎放线杆菌病

一、病原学

猪传染性胸膜肺炎放线杆菌病（Actinobacillus pleuropneumonisis）的病原是胸膜肺炎放线杆菌（*Actinobacillus pleuropneumoniae*，APP）。其为革兰氏阴性小杆菌，有多形性，两极着色，有荚膜，不形成芽孢，无运动性。该菌具有生物Ⅰ型和生物Ⅱ型。生物Ⅰ型菌株毒力强，内有14个血清型；生物Ⅱ型有2个血清型。我国流行的菌株以生物Ⅰ型中的血清7型为主，其次为血清2、4、5、10型。

该菌对环境的抵抗力不强，可被常用消毒剂杀灭。在有有机物包裹的环境中，如痰和黏液中可存活数天。

二、流行病学

猪发病时无品种、年龄、性别之分。病猪与带菌猪是主要的传染源，经飞沫的气溶胶形式传播本病。不良的环境，如高密度饲养、闷热潮湿的空气、长途运输等可诱发该病；心、肺功能下降，底色病的免疫抑制可促使猪发病；有伙发的特点。

三、临床症状与病理剖检

1. 最急性型　病猪尖叫数声后倒地死亡，从鼻孔流出多量泡沫状液体，其颜色从灰白色到淡粉红色，甚至血色，头颈部皮肤与眼结膜可呈现紫红色。

病理剖检可见气管、支气管充满泡沫状液体，颜色同鼻液。肺脏膨胀，开胸后不见萎缩；全肺颜色呈暗红色，尤以隔叶病区最明显；浆膜折光性增强；肺小叶间质增宽，内有胶冻样物；病区肺组织有实感；切面湿润，有多量血样液体，稍加按压肺脏，便从细支气管流出血样泡沫样液体；心外膜、心内膜、心肌常有暗红色出血斑。

2. 急性型　患猪体温升高至41℃左右，高度呼吸困难，呆立不动或呈犬坐姿势；眼结膜潮红；有的从鼻孔流出淡粉红色甚至血红色的泡沫样液体；有的头、颈部皮肤呈暗红色。若不及时治疗，病猪大多死亡，病程1～2d。

该病病理损伤基本同最急性型，以肺充血、肺水肿，心脏出血病变为主。有的病例可见肺胸膜上有少量纤维素沉着，肺胸膜显得粗糙，无光泽，一般不见于胸膜粘连。

3. 亚急性型　多由急性型转变而来，病猪体温有所下降，全身状况有所好转；但咳嗽，呼吸困难。

病理剖检发现，肺脏随病程不同而呈现不同外观。红色肝变期肺脏较充血水肿期更实变，呈暗红色，切面干燥，有颗粒状物突起在切面上；进一步发展进入灰色肝变期，肝脏呈灰黄色或灰红色，质地比前期更实，切面干燥颗粒状突起物更明显。如果患病小叶的病程发展不一致，则肺脏呈现多色彩斑驳的外观，既可见到充血水肿区域，也可见到红色和灰色肝变区域；与此同时，可见到肺胸膜有纤维素沉着。若转化为慢性，则可见与肋胸膜发生粘连。

四、诊断

该病通过特有的症状与肺部病变不难诊断。间接血凝试验有助确诊，其抗体水平大于1∶16者为阳性。

五、猪传染性胸膜肺炎放线杆菌病求真

（1）文献与书籍均言该病多发生在仔猪，此与笔者所见相悖，笔者认为本病多发生于母猪和大猪。

（2）本病有伙发的特点，即在第一头猪发病后的若干天内，可连续有几头乃至十几头猪发病。第一头发病猪多突然死亡，但出现此情况时由于大多被卖掉或掩埋，而不进行尸检，因此耽误了诊断。直到陆续发生病猪才重视，造成了不应有损失。

（3）本病治疗药物多，有头孢菌素、庆大霉素、黏菌素和磺胺类等，但是普遍存在肌内注射情况，因此导致疗效差。发生该病时，应大剂量静脉给药，最好配强心剂（芦惟本·《跟芦老师学看猪病》）。

（4）若要采血做抗体检测，一定要采未做抗感染治疗的病猪血液，否则抗体检测会出现阴性，误导诊断。

（5）预防本病虽然有疫苗，但是为了避免极少数猪发病而全群普

免是得不偿失的，经济、实用的措施是用超低容量喷雾技术杀灭舍内的病原微生物，使其难以富集到致病量；同时，该技术可压尘埃，减少尘埃在病菌富集中的载体作用。

（6）霉变饲料中广为存在的伏马毒素可致猪潜在性肺充血，为猪传染性胸膜肺炎放线杆菌病的发生提供重要诱因。应用归元散可以消除伏马毒素这一潜在的诱因，结合超低容量喷雾吸入技术可以成功防治本病。

猪传染性胸膜肺炎放线杆菌相关症状见图 10–1。

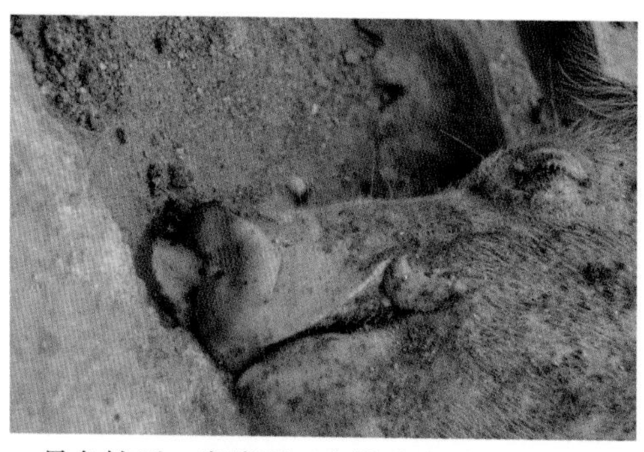

最急性型，病猪死于急性肺水肿，流粉红色泡沫样鼻液，眼睑水肿，皮肤瘀血暗红

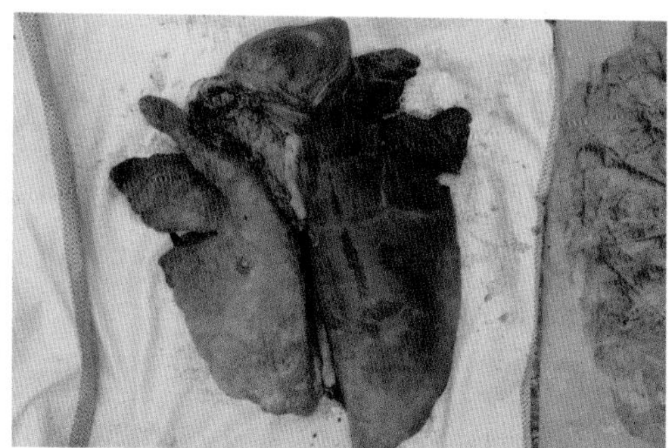

全肺肿大，坠积性瘀血使右肺更大、颜色更深

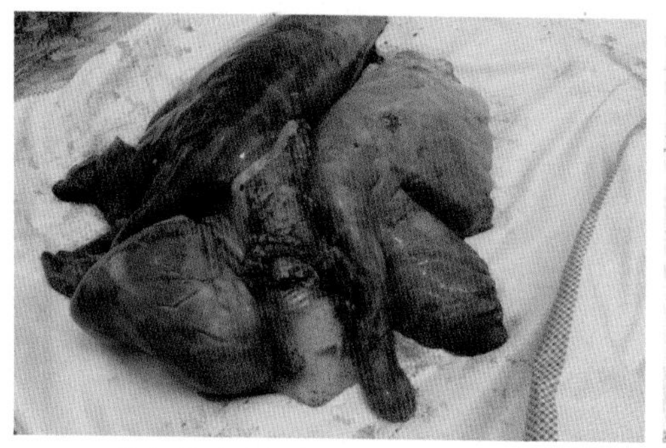

从气管流出淡粉红色泡沫样液体

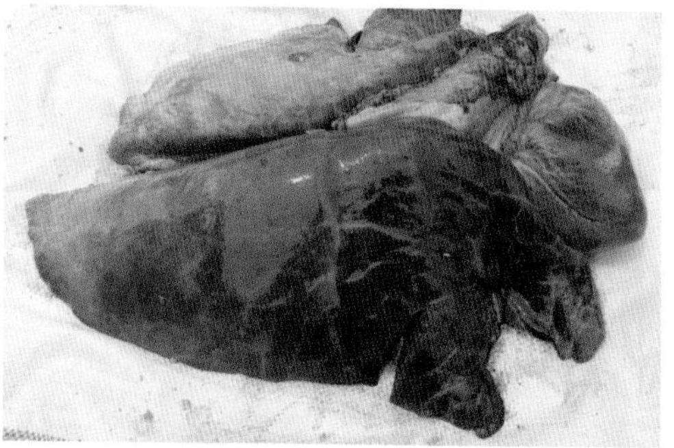

肺浆膜被纤维素覆盖，有散在出血

图 10–1（a） 传染性胸膜肺炎放线杆菌病

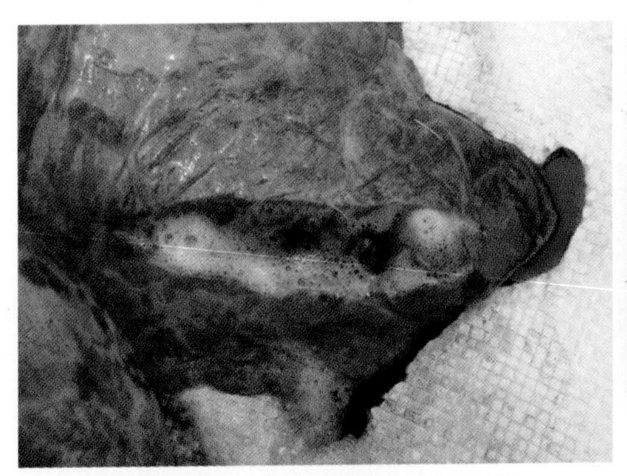
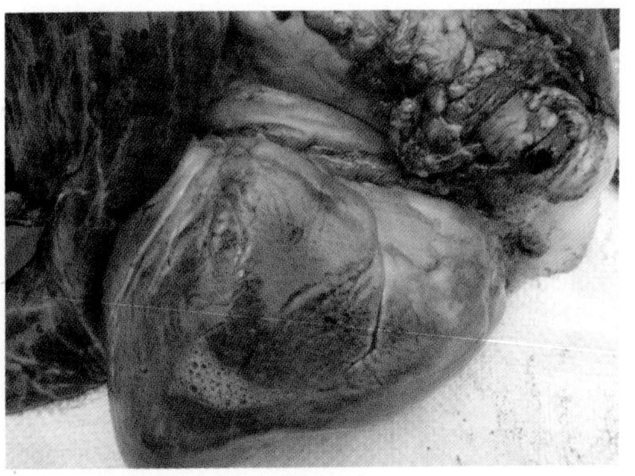

从肺叶切口流出大量泡沫样液体　　心脏外形正常，心肌未松软，有少量出血

图 10–1（b）　传染性胸膜肺炎放线杆菌病

第二节　猪巴氏杆菌病

一、病原学

猪巴氏杆菌病是由多杀巴氏杆菌（*Pasteurella multocida*）引起的以肺炎和喉水肿为特征的传染病。该菌为革兰氏阴性的细小球杆菌，无鞭毛，不形成芽孢，无运动，美蓝染色呈两极浓染。该菌血清型复杂，通常有荚膜型 A、B、C、D、E、F 6 个血清型，有菌体型 16 个血清型。我国流行毒株只有 A、B、D 3 个血清型，其中以 B 型流行最广。

该菌抵抗力不强，可被常用消毒剂迅速杀灭；可被 3% 碳酸 1min、0.5% ~ 1% 氢氧化钠溶液 2 ~ 3min 杀灭；55℃ 15min 可失去活性；在无菌蒸馏水与生理盐水中可迅速自溶。

二、流行病学

多杀巴氏杆菌可感染人与多种动物，是猪上呼吸道中的常驻菌。致病情况有两类：一类是内源性感染，即该菌原本就存在上呼吸道中。当环境恶劣、应激加剧时（高密度、尘埃、严重换气不良、寒冷、气候突变、底色病），该菌就进入体内繁殖，毒力增强，经血液、淋巴液泛化后引发疾病。另一类则是外源性感染，由已发病猪将毒力增强的本菌排到体外，经消化道感染其他的猪，经飞沫亦可传染。

该病在过去散养年代以散发为主，但都是以原发病的形式引起喉水肿与肺炎，且极为常见。笔者于20世纪60年代在兽医院曾一天连做5例气管切开术，以急救喉水肿病例，导致气管插管都不够用，而由该菌直接引发肺炎的反倒少见。在当今集约化养猪条件下，喉水肿的病型几乎见不到，这可能与频繁使用抗生素药物保健有关。

三、临床症状与病理剖检

1.最急性型 猪无任何前兆，突然死亡，或体温为41～43℃，眼结膜发绀，站立不动；高度呼吸困难，张口呼吸，喘气声十多步外可闻，口、鼻流出白色泡沫样液体，有的呈犬坐姿势喘气；喉部明显肿胀、皮温升高，手压有压痕，严重的整个下颚肿胀，病猪一旦卧地便死亡。

病理剖检可见喉部皮下水肿、增厚，呈黄红色胶冻样；喉黏膜高度水肿，黏膜呈半透明状，黏膜上常有出血点或出血斑，黏膜下有一厚层的黄红胶冻样物；咽背淋巴结、颈淋巴结、下颌淋巴结肿大和出血；肺充血、水肿；心外膜、心肌常见出血。

2.急性型 病猪体温为41℃左右，有轻、中度呼吸困难，以频咳为主；同时鼻孔流出卡他脓性分泌物；听诊呼吸音粗糙，可闻干、湿性啰音，偶闻摩擦音。

病理剖检所见基本与猪传染性胸膜肺炎放线杆菌病的一致，但在大叶性肺炎病区外的肺叶或小叶常见有散在出血性小叶性肺炎。

四、猪巴氏杆菌求真

1.《猪病学》（第九版）：“多杀性巴氏杆菌不是肺炎的原发因素，而是一种继发性感染因子。”该结论与笔者临床实践有悖。笔者从喉水肿型病例检出的都是巴氏杆菌，此型病例同样有肺充血、肺水肿等大叶性肺炎的第一期病变。据此，不能否认多杀巴氏杆菌可以原发病原的身份引发肺炎。为什么会发生认识上如此大的差别呢？笔者认为，这与中国和欧美地区流行毒株的血清型不同有关，我国流行毒株血清型是 B 型，而外国流行毒株血清型 A 型。

2. 猪巴氏杆菌肺炎与猪传染性胸膜肺炎放线杆菌病在临床症状与病理剖检方面极为类似，甚至无以据此鉴别。据笔者经验，重点在于首先确认病变基本在肺部，其他脏器少有或没有相关病变；其次确认肺部病变是大叶性肺炎或是小叶性肺炎，而不是间质性肺炎。不必再追究是猪巴氏杆菌肺炎还是猪传染性胸膜肺炎放线杆菌病，因为它们在治疗用药与防治措施上是一样的。这也是模糊诊断与模糊控制在这方面的应用。

3. 发病初期，联合性的抗感染静脉给药（是常规用量的 2 ~ 4 倍）有较好疗效，否则这两种病的治疗效果并不理想。APP 有纤维素渗出，形成大量纤维蛋白凝胶压迫肺泡上毛细血管，药物难以进入病灶。猪巴氏杆菌是常驻菌，近几十年滥用抗生素保健药致使其耐药菌株大增，因此治疗效果差。

人们不应该将这类疾病的防治寄托在抗生类药物上。因其具有散发性，所以也不应因为少数发病而普遍注射疫苗，何况血清型众多，疫苗保护率有限。超低容量喷雾吸入 + 归元散是防治这类疾病最简易、成本最低的措施，自然包括呼吸道疾病综合征。

第十一章　归元散＋改善管理可防治的猪病

这类疾病包括猪链球菌病、副猪嗜血杆菌病、胃溃疡、梭菌性肠炎、劳累氏病。

第一节　猪链球菌病

一、病原学

猪链球菌病（Swinie streptococusis，SS）是由猪链球菌引起的，可导致猪的败血症、猝死、脑膜炎、肺炎、关节炎、化脓性淋巴结炎、化脓性子宫内膜炎。该菌为革兰氏阳性菌，小球状，呈链状排列。有35个血清型，猪链球菌Ⅱ型是导致猪链球菌病的主导菌型。该菌广泛存在于猪的上呼吸道、消化道和生殖道。既有机体抵抗力下降引发的内源性感染，又有病猪排菌引起的外源性感染。

猪链球菌，亦可引起人的败血症、脑膜炎和肺炎。

该菌抵抗力不强，可被常用消毒剂迅速杀灭。

二、流行病学

各种年龄的猪都可发生，以仔猪、中猪多见，且多为散发，在饲养管理不良的猪场发病率可以达到 30% 左右，死亡率为 10% ~ 50%。在一些病毒性疾病控制较好的猪场，该病可能是主要防治对象。该病似乎多发生在潮湿、闷热的夏季和高密度的冬季，天气剧变时有助发病。

三、猪链球菌病求真

1. 猝死型猪链球菌病　此类型病较以前多见，患猪没有先兆而突然死亡，或经数分钟高度呼吸困难后死亡。猝死的病理环节有 3 种：①全肺性大出血窒息而死；②急性重度增生性脾炎导致脾破裂后大出血而死；③心肌重度出血，心律紊乱而死。有关猝死型链球菌病，相关书籍和文献都少有记述，广大养猪人知之甚少。笔者在河南省漯河市的一个猪场见到一年猝死百头的中、大猪，主要原因是猪场受到了猪链球菌的感染。

全肺性大出血猝死病例，病程最急性，患病猪突发高度呼吸困难到死亡只有几十秒到 2 ~ 3min。由于病程太短，猪链球菌未能从肺部泛化形成败血症，故没有链球菌病典型之病理变化（实质脏器与胃、小肠出血，脾脏中高度肿大、变性、出血，全身淋巴结髓样肿与弥漫性出血），只有全肺出血（沿支气管树剪开，可见细支气管与肺组织为血液或血凝块填充）。临床兽医务必注意。

当临床上出现急性皮肤苍白的猝死型病例时，要警惕脾脏破裂型的链球菌病。

2. 急性败血型猪链球菌病 该病的临床诊断主要依据是病理剖检。病理损伤的关键，在多脏器与组织的出血，尤以心、肺、淋巴结出血为最；此时若见有胃黏膜出血则诊断正确性上升；而仔细开腹后，若见肠与肠浆膜上有几根或一根如蚕丝般的白丝状物纤维蛋白丝可肯定猪链球菌的诊断。这些经验都得到笔者几十次实验室诊断的印证。

3. 经创伤感染是最主要传播途径 当今书籍均言，该病主要传染途径是消化道、呼吸道，此与笔者临床经历相悖。经创伤感染应是该病在规模化猪场的最主要传播途径。笔者在多个本病高发（发病率为 20% ~ 30%）猪场反复教授兽医、饲养员如何正确处理猪的每一次创伤，包括断脐、剪牙、断尾、打耳缺、耳纹、包腕、阉割、注射及其他外伤，结果保育猪发病率降为 1% ~ 2%，是这些猪场用疫苗、自家苗从未达到的效果，从而证实经创伤感染猪链球菌病是该病传播的主要途径。

以上事实与经验告知防治传染病并非一定用疫苗，找到主要传染途径，制定正确的防治措施，同样可防治传染病，体现大事必作于细的《易经》思维，体现企业管理的水平。

猪链球菌病相关症状见图 11-1。

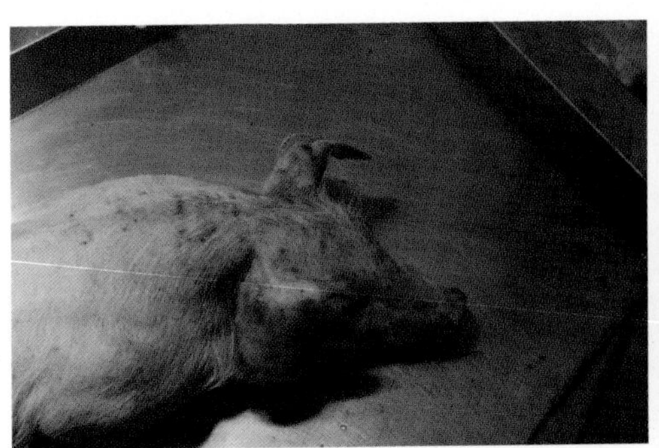

肺出血性猝死型，皮肤充血

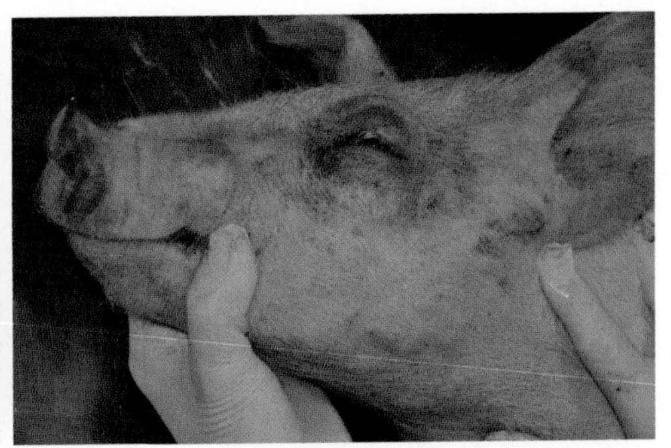

眼睑充血，水肿

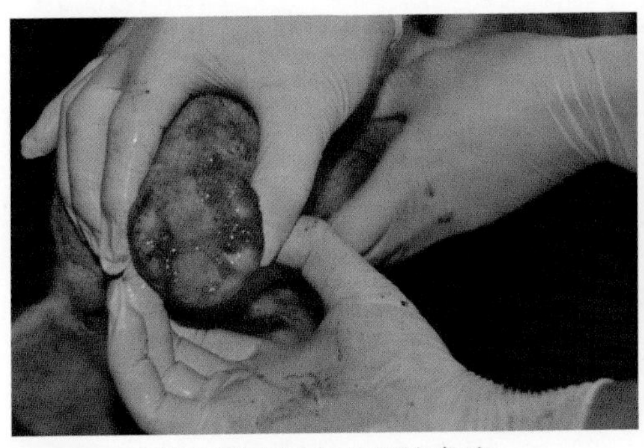

鼻双侧有淡色血泡沫鼻液

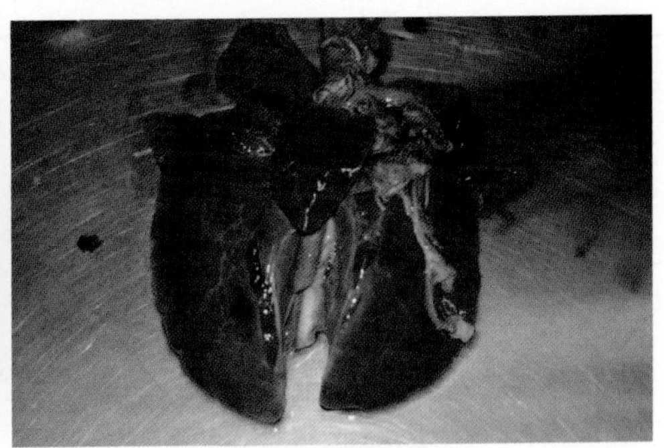

肺呈黑红色外观

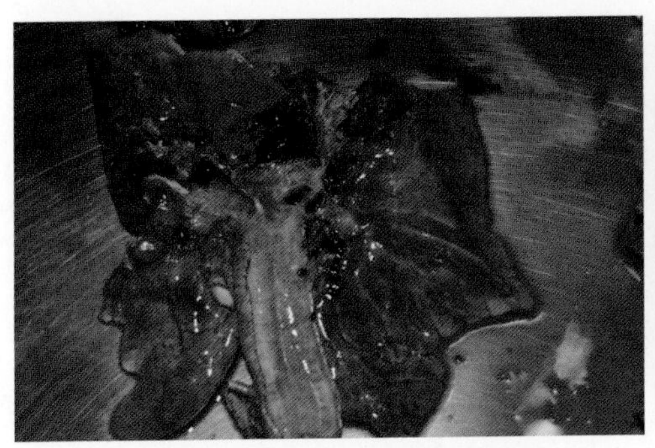

支气管以下气道全被血凝块堵塞

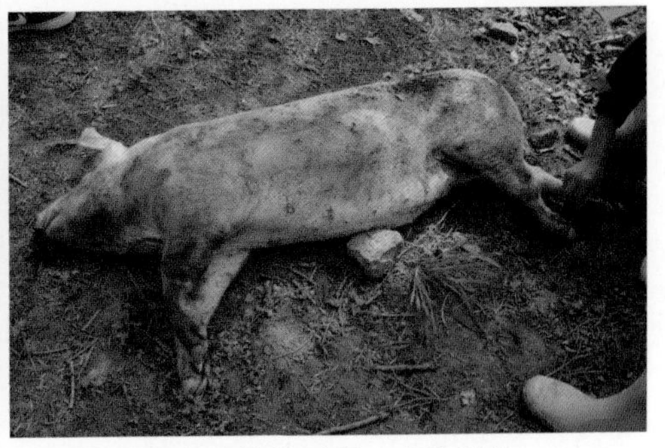

脾出血性猝死型，皮肤苍白

图 11–1（a）　猪链球菌病

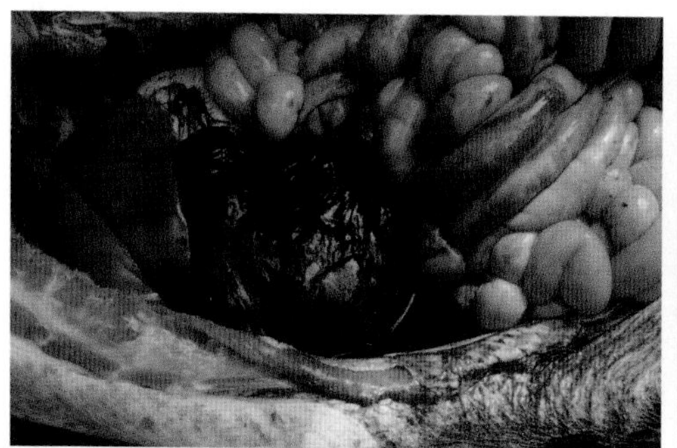

腹腔内有大量血凝块

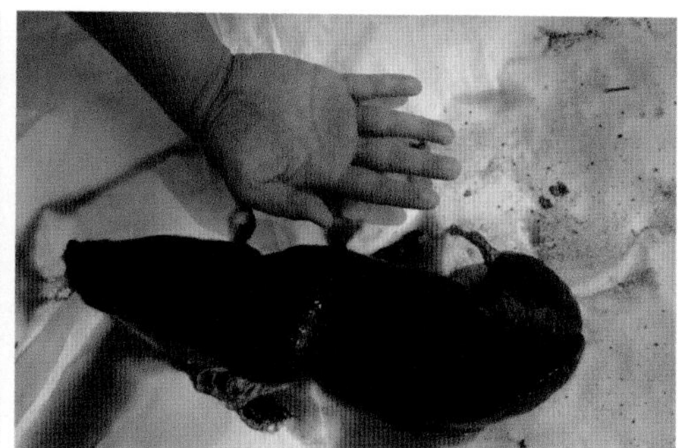

全脾高度肿大，呈黑红色，中间条状浅色区为破裂口

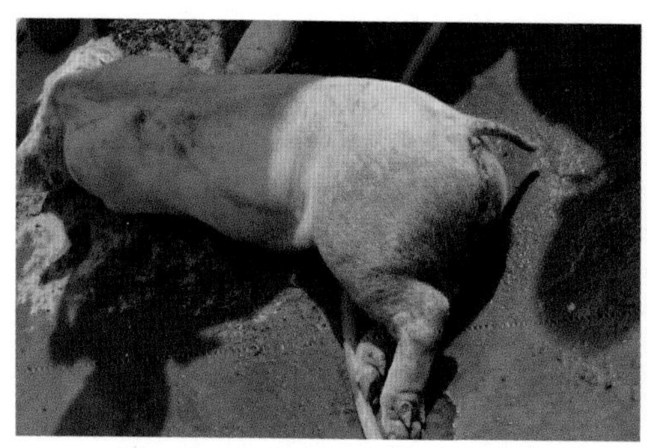

败血症型，局部皮肤充血与瘀血

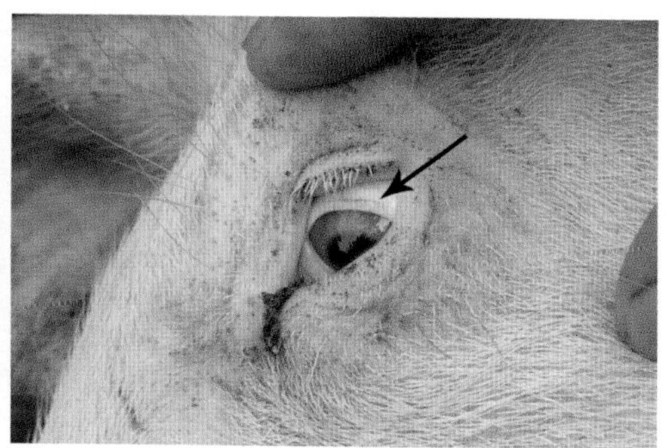

巩膜出血

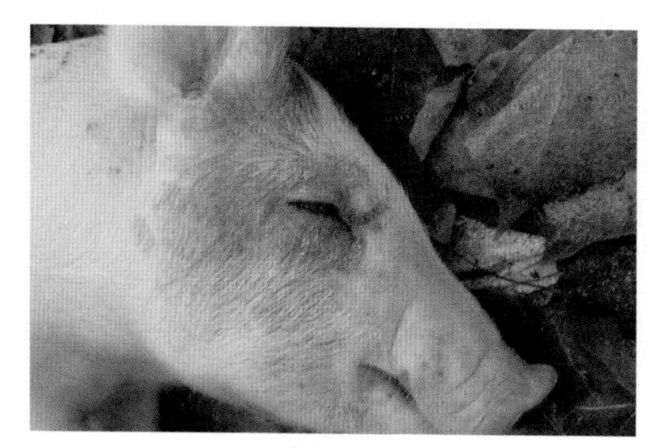

眼出血

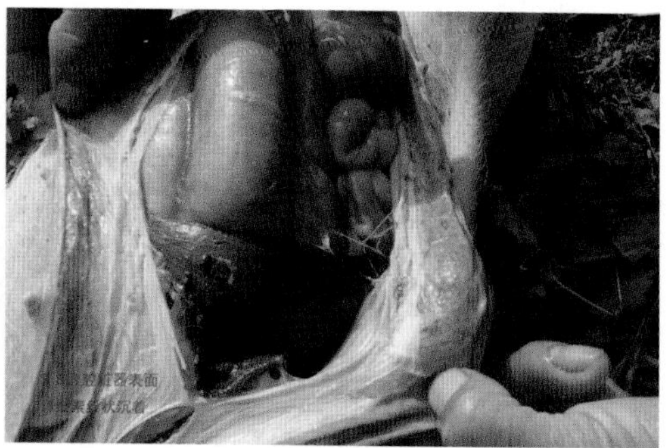

腹腔脏器浆膜有少量丝状纤维素附着

图 11–1（b） 猪链球菌病

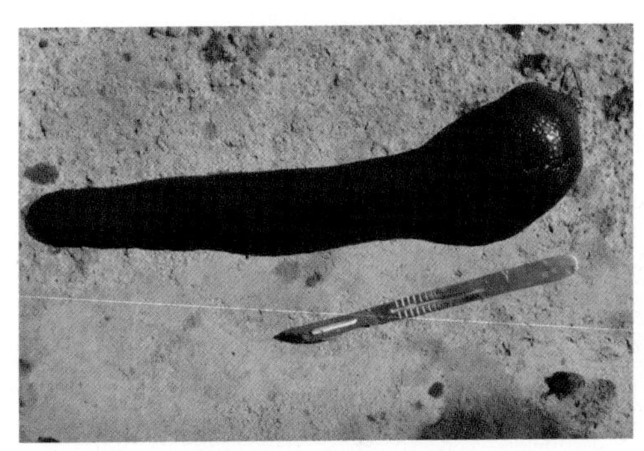

脾脏肿大，脾头尤著

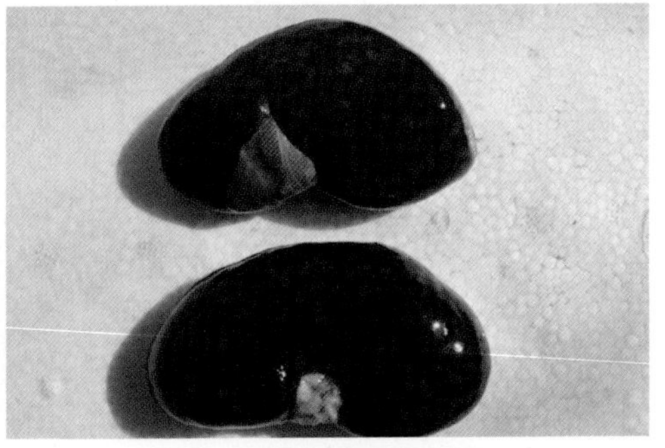

双肾出血

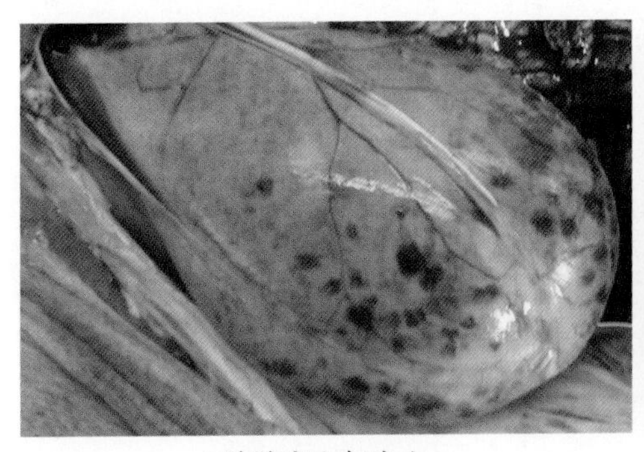

膀胱充血与出血

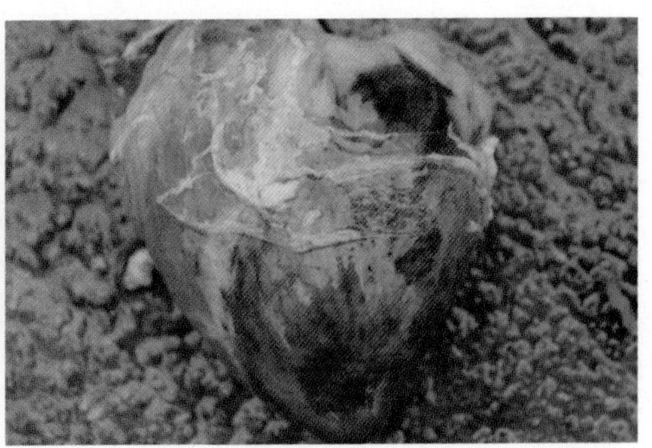

心外膜与心肌出血

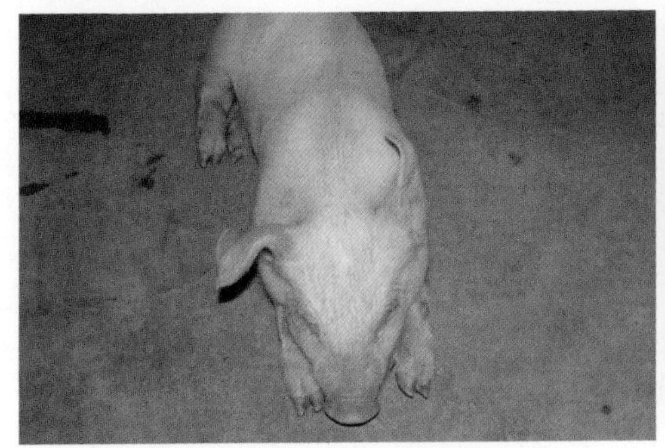

脑炎型，两耳舒展方向不一致

角弓反张，眼球水平震颤

图 11-1（c）　猪链球菌病

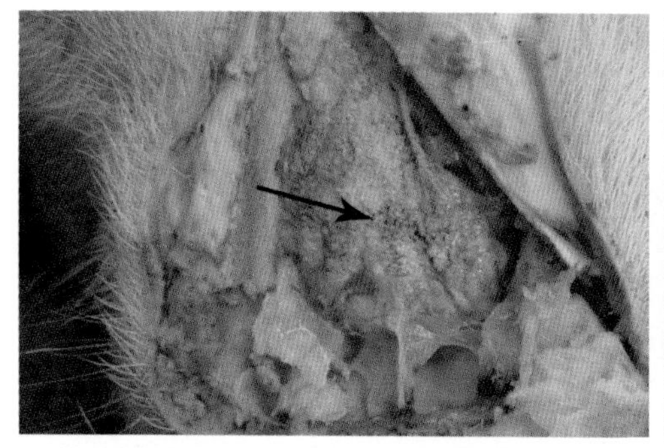

软脑膜增厚，出血，被大量颗粒状物覆盖

脓肿型

前肢腕关节脓肿

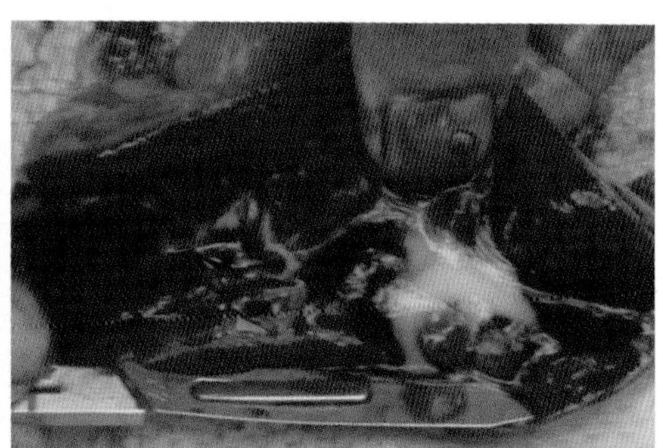

肾脏脓肿

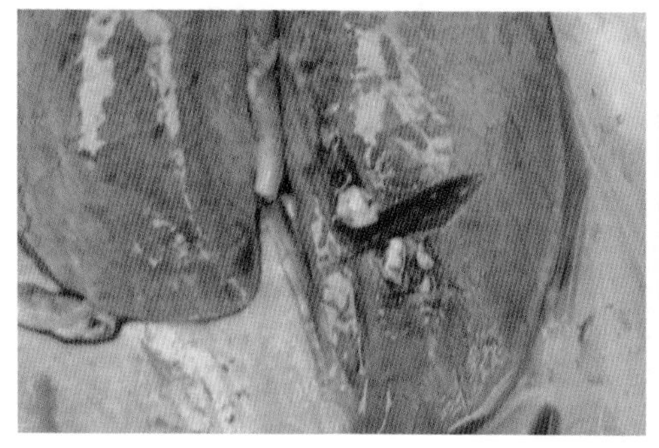

肺脓疡

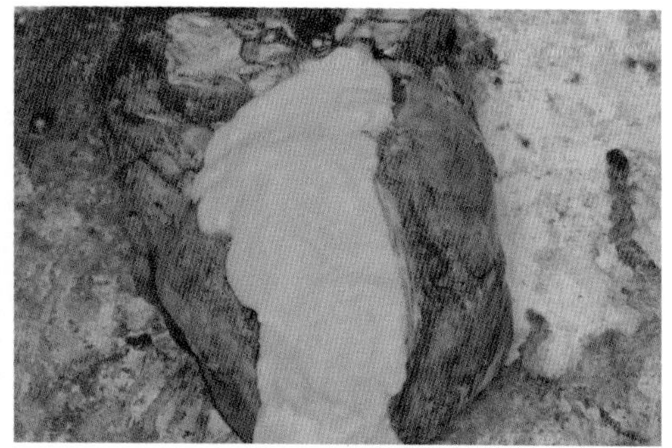

心包脓肿

图 11-1（d） 猪链球菌病

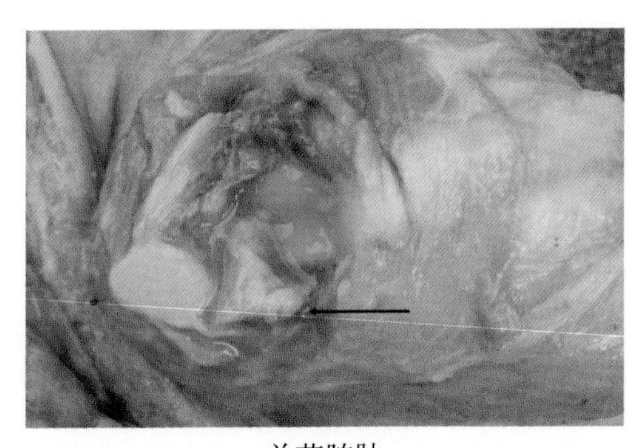

关节脓肿

图 11-1（e）　猪链球菌病

第二节　创伤管理

创伤管理是猪场管理中几乎被遗忘的内容，更没人提出创伤管理的概念，更谈不上系统的创伤管理技术问世。在猪场只重视传染病，只用疫苗防治传染病的偏颇理念的支配下，视传染病为孤立的疾病，无视传染病与其他病种的联系，如与中毒性的疾病、内科疾病、外科疾病等的关系。更视创伤为小事，于是断脐可以不消毒；一把牙钳从不消毒，一头接一头地剪下去；一把阉割刀从不消毒，一头一头骟下去；皮下脓肿无人处理，以致形成败血症……

总之，创伤管理工作做得不到位乃至被漠视已成为猪场的暗伤，是众多猪场疫病流行的主要因素之一，更是猪场管理水平低下的原因。

另外，业内不重视创伤管理还体现在有关养猪与猪病的书籍中难以寻觅创伤的论述。鉴于此，笔者认为有必要在本节作一详尽阐述。

一、何谓创伤

创伤是组织或器官的开放性损伤，伴有皮肤或黏膜或浆膜完整性的破坏。依致伤程度、大小、形状的不同，将创伤分为擦伤、搔伤、咬伤、刺伤、组织缺损、挤压创、挫裂创等。

创伤的结构可分为创缘、创壁、创底与创腔。创缘由受损的皮肤或黏膜及疏松结缔组织，或者是浆膜与浆膜下组织组成。创壁通常由肌肉、肌膜及其间的疏松结缔组织组成。创底是创伤的最深部分，因创伤深度而异，由不同的各种组织组成。若创壁间呈管状而长的间隙时，则称为创道，这是针刺伤的特点，多由注射针头形成；刺伤是养猪中最常见的创伤，如果针刺物被污染，则会将病菌带到创腔的深部，可能形成感染创。

二、猪场常见创伤种类

1. 刺创　由针刺状物体，如针头、钉、圈栏的毛刺等引起的创伤。刺创有长而窄的创道，刺创的创口小，或因组织的闭合难见创口。正因创口小，所以无法直接观察创壁、创底损伤的状态。如果致创物尖端有倒刺，则可以造成创壁、创底组织的撕裂伤。刺创的创底深，一旦感染，炎症分泌物便不易被排出，感染易扩大或易化脓形成脓肿。不符合卫生条件的注射针头是猪场发现感染性刺伤的主要原因。

2. 切创　由锐利的切割物体，如手术刀、阉割刀所致的组织损伤被称之切创。切创具有平整的创缘与创壁，伴有多量的出血与创缘的哆开，若无感染，经缝合术后可较快愈合。切创见于公猪去势引起的阴囊切创、疝气修复术引起腹壁切创，以及脓肿切开的切创。

3. 咬创　由牙齿咬合所致的组织损伤被称之为咬创。其损伤的性质取决于牙齿进入组织的深度，以及牙齿裂组织时颌骨的运动，因此外形很复杂。例如，乳汁不充足时，乳猪咬伤母猪乳头与乳区皮肤的伤口就浅，但伤口多；公猪打斗时，咬伤就深而大，甚至有组织的撕裂或撕

脱；并群时的咬伤程度一般居上述二者之间，多在体躯形成众多咬伤和刮伤。

三、创伤痊合的生物学过程（以感染创为例）

感染创的痊合分为三期：第一期为水化作用期，或创伤自家净化期；第二期为肉芽生长期，或脱水作用期；第三期为上皮形成期，或瘢痕形成期。

1. 水化作用期　此期从止血之时开始，致创物导致的创伤组织形成炎症反应，致感染细菌也引发创伤组织的炎症。首先呈现渗出性炎症。受创组织血供中断或不良，导致组织缺氧，血管通透性升高，液体成分渗出；死亡细胞崩解，钾离子浓度升高，导致疼痛加剧；白细胞渗出、死亡，释放多种蛋白酶，促使死亡组织细胞分解液化；组织的缺氧导致受创组织的环境 pH 酸化，加剧炎症程度，有利于水化作用。另外，抑制了创伤组织的巨噬细胞、白细胞的活性，有利于感染的扩大，加剧；感染灶中的细菌分泌多种酶类，如透明质酸酶等，破坏创伤组织扩大感染。

检查此期创面，可见有外来的被毛等杂物，创面是湿润的，有大量脓液，清去脓液可见创面苍白、水肿，有坏死腐脱组织。

2. 肉芽生长期　只有当感染得到控制后，创面才会有肉芽生长。此期酸中毒逐渐得到缓解，创面不见坏死腐脱组织，只见玫瑰红色颗粒状肉芽组织，上覆盖薄薄一层的分泌物或脓汁。

3. 上皮形成期　当肉芽组织填满创腔时，上皮组织从创缘向创面中心生长。

四、感染创伤的治疗

感染创伤治疗的第一要务是控制感染。

1. 清理创伤 用0.1%高锰酸钾溶液冲洗创腔，清除创腔内的腐脱组织、被毛等异物。如果经验不足，无法辨认坏死组织，可在第1天向创腔内注入1%美蓝溶液（亦可用紫药水或蓝墨水），浸润全部创面；第2天见到蓝染的组织便是坏死组织，一定要清除，不便清理时应做扩创术，让创面暴露在术者直视之下。

2. 保证引流通畅 若创底不与皮外相通，则炎症分泌物无法排出，必须在创底做一引流切口，使之与体外相通。创底是兜着的创伤，仅靠引流纱条是难以彻底引流的。引流不彻底，感染就不能控制，创伤治疗就是空话。良好的引流是利用机体自身的创伤净化作用控制创伤感染的好方法。

3. 控制感染 在良好引流的基础上，施以必要的用药可以更为有效地控制感染，促使创伤尽早痊合。

（1）冲洗液 除用0.1%高锰酸钾溶液外，可用复方过氧化氢液（3%过氧化氢100mL和5%碘酊2mL）、0.1%雷佛诺尔液、0.5%呋喃西林液、5%肥皂水。

（2）引流液 以魏氏流膏效果最好，即将木焦油（3.0mL）、碘仿（5.0g）、蓖麻油（100.0mL），混合搅拌均匀即可。将引流纱条或海绵条（依创腔大小、长短、匹配裁制）浸入魏氏流膏中数小时取出，括去过多的魏氏流膏即可填塞引流。

该引流液既可用于创伤第一期，亦可用于第二期。在肉芽未生长前一般1d换一次引流纱条，肉芽生长后可2～3d换一次引流纱条。填塞应疏松，不可填实，引流纱条应铺满整个创面。

一般创伤感染的控制不是靠注射抗生素，因为不做好清创引流，注射抗生素是无效的，而做好清创引流就没有必要用抗生素。但是，当创伤感染已形成败血症时，就必须用抗生素控制全身，以防感染。

当上皮形成时，在创面涂抹紫药水或 10% 氧化锌软膏即可。

五、创伤对猪只的危害与创伤管理的重大意义

无论何种创伤都会引发疼痛应激，其病理效应是极为广泛的。疼痛刺激通过下丘脑 – 肾上腺髓质轴导致肾上腺素与去甲肾上腺素增多，全身交感神经紧张性上升，进一步导致皮肤、内脏的血管收缩，全身血压升高，心肌活动加强，新陈代谢率与耗氧增加；胃肠排空延迟，食欲下降；泌尿系统紧张性降低，尿潴留；内分泌失调，肾上腺皮质激素、儿茶酚胺、肾素、血管紧张素Ⅱ、高血糖素增加，致分解代谢加强；胰岛素与睾酮分泌下降，致合成代谢下降；醛固酮、皮质醇增加，导致水、钠潴留，钾排出增加。有关研究表明，即或是轻微的一针肌内注射，这种效应也会持续 1 ~ 3d。由此可见，创伤对猪只的伤害有多大。

然而最大的伤害还不在此，在于创伤是一些传染病传播的最佳方式，能诱发传染病的流行。

《猪病学》（第九版）中表述:“PRRSV 容易经胃肠外途径感染（皮肤损伤的情况下），对胃肠道途径的感染则抵抗力较强”；“黏膜损伤可能会增加副猪嗜血杆菌入侵的机会”；“猪链球菌最常见的传染途径是通过皮肤损伤或切口，即使在许多病例并没有发现明显的皮肤损伤”；“*S.hyicus*（猪葡萄球菌）可以直接穿透表皮，并且由于打斗所致的创伤、不整齐的牙齿、粗糙的卧床或墙壁所造成的伤害，都可能导致真皮暴露，造成细菌感染”；在表述猪放线杆菌时:“有报道称通过肌肉接种所导致的发病与通过皮肤和黏膜损伤而入侵产生相同结果”；在表述隐秘杆菌时:“本病是由于内生性感染所致，呈零星散发，并需存在使其易感的外因，如外伤”。

遗憾的是，至今人们未将猪传染病的猖獗与创伤联系起来，特别是近年蓝耳病流行时与创伤管理的不到位有很大关系。人们只将目光盯在蓝耳病病毒上，不见猪群体质下降在发病学中的地位，不见创伤在流行病学中所起的作用是极其偏颇的，是极其错误的。

笔者通过对猪场创伤管理的全面控制，将 20% ~ 30% 发病率的链球菌病与副猪嗜血杆菌病的发病率降至 1% 左右，而并非用疫苗控制。无论从理论还是临床实践都证明，创伤管理在维护猪群健康方面，以及在阻止传染病的发生与流行方面都起着其他措施无可替代的作用。

六、做好各类创伤的管理工作

猪只从出生开始，一生要经历多少创伤？断脐、剪牙、断尾、打耳号与耳牌、前腕磨蹭伤、咬伤、刮刺伤、注射性刺伤、阉割等，恐怕有十多次，所有经历的创伤均是创伤管理的内容。

1. 创伤管理的基本原则

（1）尽量减少创伤的发生　如猪栏、地板无毛刺，不粗糙，避免猪被刮伤和刺伤；原窝培育避免咬伤；包腕预防前腕磨蹭伤；尽量用非注射途径给药减少注射性创伤。

（2）所有致创伤的工具，包括注射用具、牙钳、耳号钳、断尾钳、阉割刀均应切实消毒后方可应用，避免交叉感染。

（3）所有致创的操作在形成创伤前与创伤后均应对皮肤进行消毒处理，以预防创伤感染。

（4）发生创伤感染后，首要任务是控制感染，防止感染形成蜂窝织炎、脓肿、脓毒败血症。不允许有视而不见、看之任之的情况发生。

2. 断脐　断脐的关键有三点：①脐血一定要被勒回脐肝管内；②脐带不结扎；③残留脐带一定要浸入 5% 碘酊液内 5s。

3. 剪牙　据笔者观察，新生猪的犬齿长 4 ~ 6mm，剪断 1.5mm 的齿尖端后便暴露出了红色的齿髓腔。实际操作中，剪牙多距齿龈 1 ~ 2mm 处，会暴露出更大的齿髓腔。由于齿髓腔中有血管和神经，因此剪牙时无论如何操作都会引起猪齿疼痛，并可能导致感染。

生产实践中到底该不该剪犬齿？笔者以为应依实际情况而定。如果母猪进产房前与进产房后的减毒、减菌工作（洗澡、脚浴、临产前后躯、腹下皮肤的清洁消毒等）做得到位，母猪乳汁充足，带仔量适当，产房消毒良好，那么不剪犬齿是可行的。因为剪不剪犬齿是要视给猪群带来的危害（如带来疫病的流行、对母猪的伤害），以及剪犬齿对新生猪本身的伤害是孰轻孰重来决定的。笔者临床实践表明，在卫生条件良好，且每个仔猪能得到充足乳汁的情况下，教槽到位及断奶后又原窝培育的情况下，不剪犬齿对猪群的危害几无。此时个个乳猪都有充足的乳汁供应，没有必要拼命咬乳头而吸乳，一般不会对母猪造成伤害。

如果上述系统控制做得不好，即使剪去犬齿，对母猪与其他猪的伤害减少，但是被剪犬齿的仔猪仍然存在感染多种病毒与细菌的高风险。在那些流行 PRRS、PR、副猪嗜血杆菌病、渗出性皮炎等疾病的猪场应该考虑这些疾病的流行与剪牙的关系，进而决定剪不剪牙。

由此可见，做好系统控制，不剪牙是上策，剪牙是下策。一定要剪牙，起码要做到牙钳要消毒及做好母猪乳头的消毒工作，尽量减少因剪牙带来的风险。

4. 断尾　集约化养猪之前，到处都有美味的卤猪尾，现在再也尝不到了。为什么要剪猪尾巴？猪尾巴是多余的组织吗？显然不是，是人们在追求最大利润，猪尾巴成为高密度集约养猪，防止猪只咬架的牺牲品。

集约化养猪不仅带来咬尾，还使所有的创伤成为许多传染病传播的便捷之路。如果人们认识到集约化养猪时密度必须适度，认识到全价饲料并非符合猪的杂食性，认识到猪只需要的是多元的舒适环境而不是单调的环境，那么咬尾现象将难以发生。即使在现有的饲养条件下，不断尾时咬尾仍然是个案。为了少数的咬尾现象发生而牺牲所有的猪尾，形成全群的伤害是不值得的。可见要做到不断尾、不咬尾仍然是一个系统控制的问题。

若定要断尾，不仅引起猪只的创伤和疼痛，与所有的创伤一样还可能成为传染病传播的途径。尽管现在有电烙断尾器，断尾后基本不出血，也不易发生感染，但对猪只本身的伤害仍然存在。

为了减少伤害，断尾的长度很关键，越近尾根伤害越大。因此，小母猪宜在阴唇水平处，小公猪宜在阴囊水平处断尾。断尾宜在乳猪出生后 24 ~ 48h 进行，让其在尽量无伤害或少伤害的情况下吃好初乳比做任何事都重要。

5. 包腕 部分新生猪，特别是吸吮下层乳头的乳猪由于前腕可与地板产生磨蹭，因此会发生双腕前部皮肤的擦伤。尽管创口不深，但创面大，可布满腕关节前沿。创面持续 1 周乃至更长时间才结痂，可能是所有创伤中感染时间最长的，是众多传染病经创伤感染的主要途径之一。

新生猪按常规处理完成后，即可进行包腕。将人用的两张创可贴连成一条，将药面对准腕关节前沿，将双腕关节包扎，包扎后第 4 日龄拆除创可贴。如果不拆除，则会造成腕关节以下部位水肿。其后，仔猪腕关节皮肤可以承受与地板的磨蹭，不会再出现擦伤。

由于不知道哪头仔猪会出现腕部擦伤，因此包腕是针对所有新生乳猪的，并且一定在其吃初乳前完成包扎。

6. 阉割 阉割对小公猪的伤害是很大的，如何做到最小的伤害很

重要。①阉割的时间是小公猪日龄越小越好，但要保证其吃好初乳，因此选择 3 ~ 5 日龄阉割。②切口应选择在阴囊的最底处，并且应分别做左右两个切口，以便术后能良好地排液。③阴囊切口以能顺利摘出睾丸与附件为宜，不可过大。④一定要将精索内血液勒回到精索血管的腹腔段，并用手指钳闭，止血，封闭精索动脉，用指尖钳断精索，不可拉断精索。⑤摘除睾丸后，应向阴囊内撒布 10% 的甲磺灭脓粉剂。⑥术者的手及手术刀要作消毒处理，决不可以用不消毒的刀阉割一群猪。

7. 注射创　注射用具的消毒参见《跟芦老师学养猪系统控制技术》。然而，仅注射用具消毒是不够的，猪的皮肤消毒为众多猪场所忽视。皮肤消毒会增加工作量，但却是创伤管理的重要内容，用 5% 碘酊消毒注射部位无疑可以减少乃至避免注射创发生感染，进而避免演变成脓肿或蜂窝织炎。

母猪颈部的脓肿极为常见，其发生常与注射用具消毒不彻底、注射部位皮肤不消毒密切相关（注射油苗造成的脓肿不在此列）。颈部脓肿不及时处理，会因重力作用出现下方的流注性脓肿，或脓毒败血症，应及时对成熟脓肿作切开引流术，切口在脓肿的最下方，切开后按感染创处理。

8. 耳缺创与耳牌创　这类创伤无遗是对母猪的伤害，但是在没有更好的标识管理方法之前仍然是难以避免的，问题的关键是如何避免成为感染创。有效的办法是在完成耳缺或打好耳牌后，用 5% 碘酊喷洒消毒创口，每天上、下午各一次，持续 3d，并在 1 周内注意观察创口与耳有无肿胀。当排除血肿，确认感染后，可在耳根行封闭术，即将 0.5% 普鲁卡因 5 ~ 10mL 溶解 100 万 IU 青霉素，在耳根行环状皮下注射。

9. 刮刺伤与咬伤 见于保育与育肥阶段，而蹄部外伤则见于种猪。浅表创均可用5%碘酊涂抹或喷洒处理，每天坚持两次，连续数日；此外，一定要找到致伤的物体和原因，并消除，避免再次发生。若发生深创，则清创处理后再按感染创治疗。

总之，创伤管理的好坏关系猪只的福利，关系猪场内传染病的流行，自然关系猪场的生产水平与经济效益。不要因小创伤而不为之，它可能毁掉一个猪场，猪场的管理水平由此可窥见一斑。

猪创伤管理相关图片见图11–2。

脐带血未被勒回脐肝管，成为培养基，致脐部感染

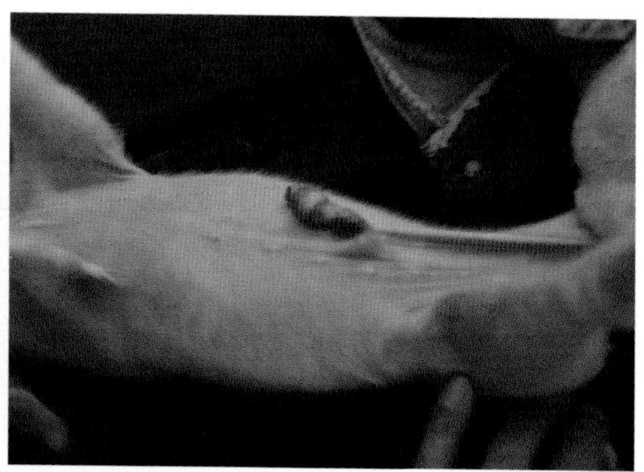

规范处理脐带是不需要结扎的，用脐带自身打结更是错误做法

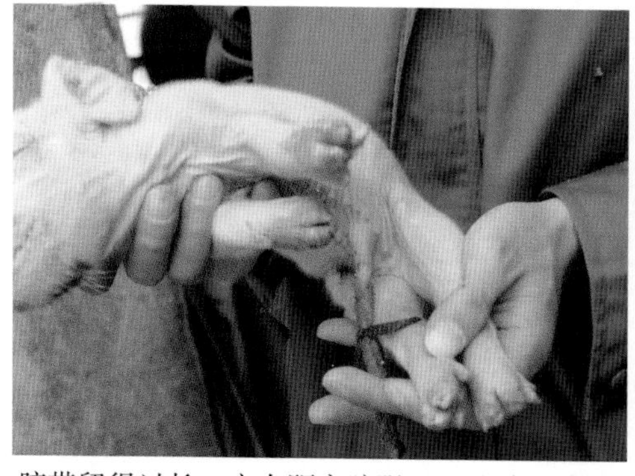

脐带留得过长，应在距离脐眼5cm左右处断脐

不洁断脐致脐部感染

图11–2（a） 创伤管理

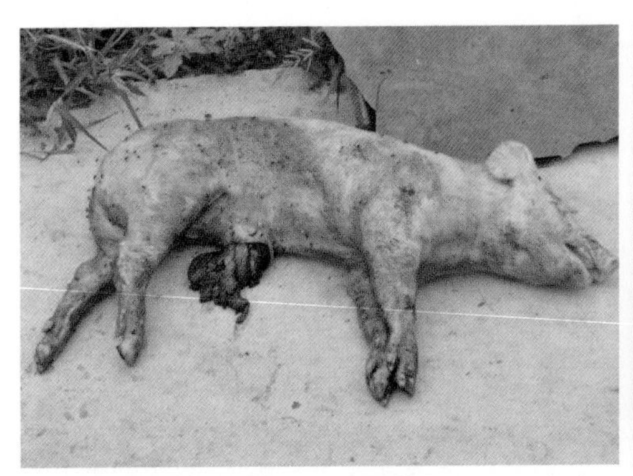

断脐时不当拉撕脐带，形成脐疝，在应激中；疝膜皮肤破裂，内脏被脱出而死

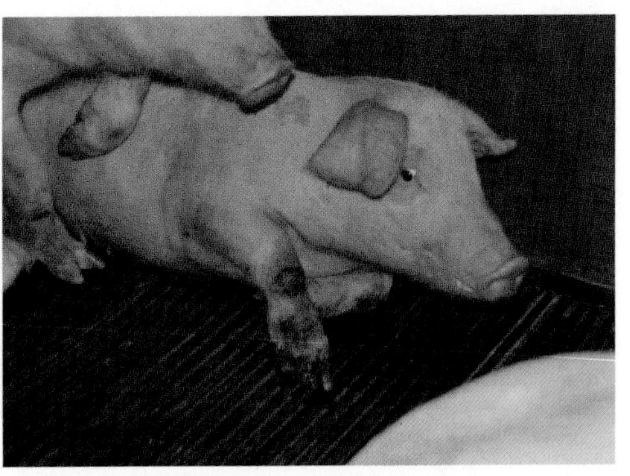

未包腕的新生猪致前腕磨蹭创伤

腕部磨蹭创伤感染，形成脓肿

耳部创伤致放线菌感染，形成大耳病

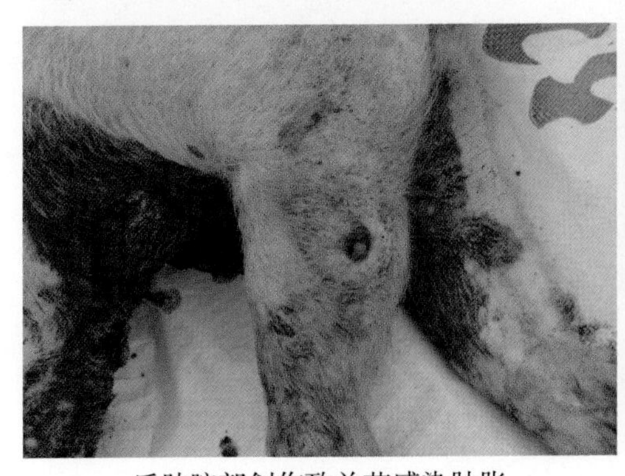

后肢腕部创伤致关节感染肿胀

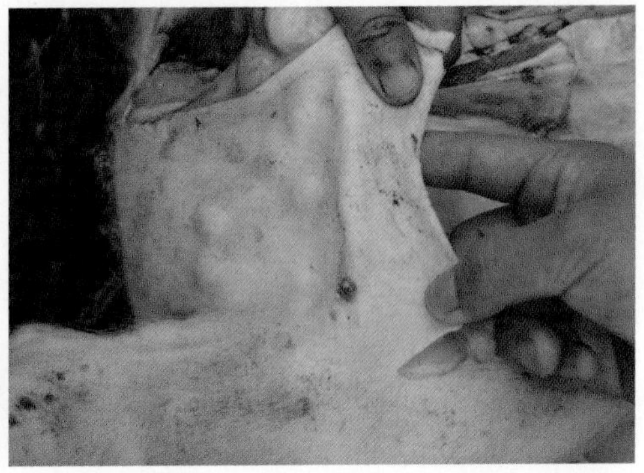

皮肤创伤感染，沿淋巴管散播，形成流注性脓肿

图 11–2（b）　创伤管理

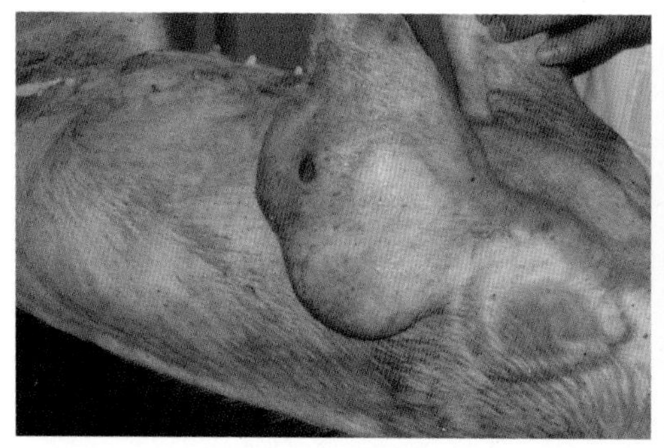
创伤致肘关节感染肿胀

上一张图的剖面图，黑色部分显示感染散播途径

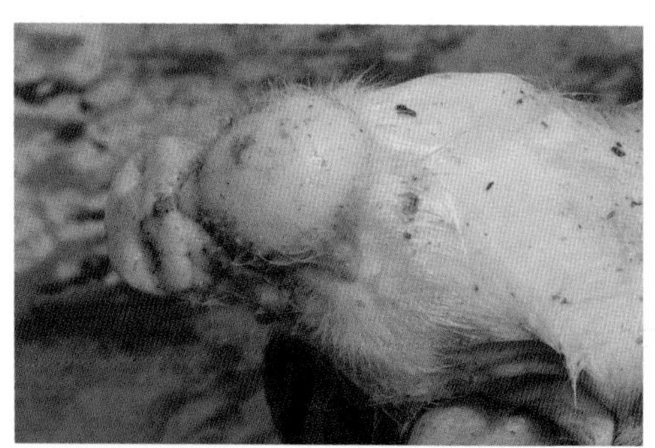
下颌肿胀，多由不当剪牙所致

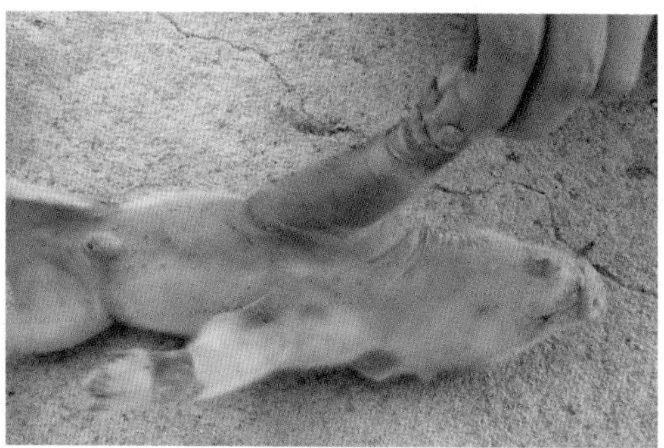
尽管包腕免于磨蹭伤感染，但不洁注射引发恶性水肿，创伤管理是系统控制技术

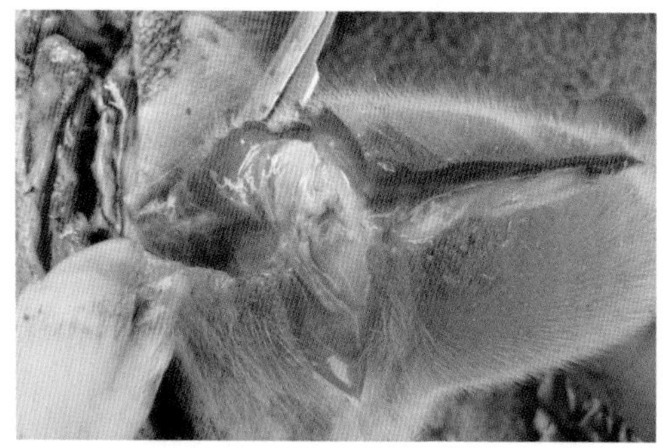
恶性水肿皮肤呈黑红色，皮温凉切口哆开，皮下与肌肉水肿

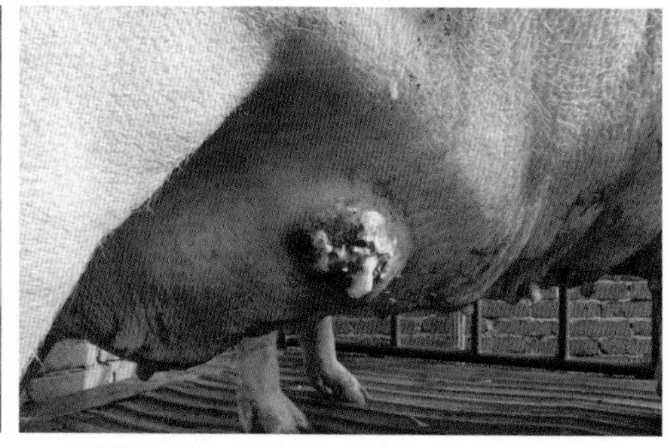
下腹脓肿，长期得不到治疗，也不淘汰

图 11-2（c） 创伤管理

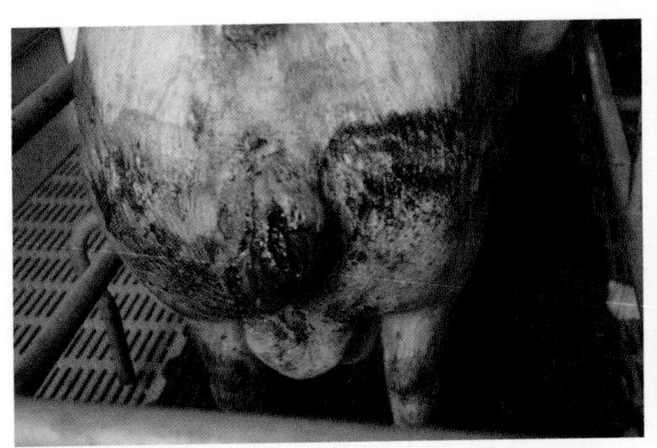

错误的助产导致母猪右阴唇大范围撕裂伤

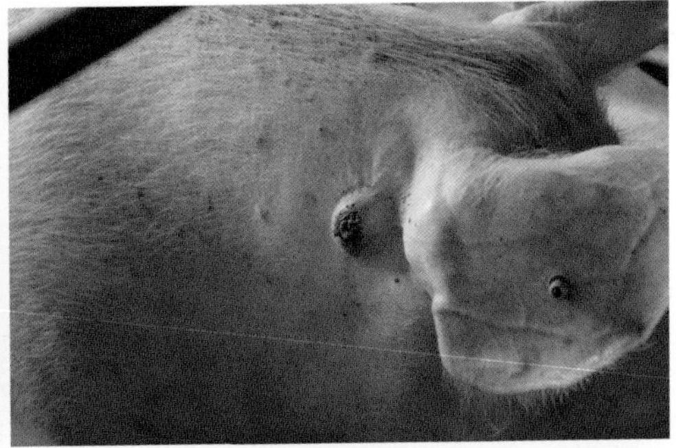

不洁注射与油苗致注射部位感染或形成无菌性脓肿（该注射部位错误）

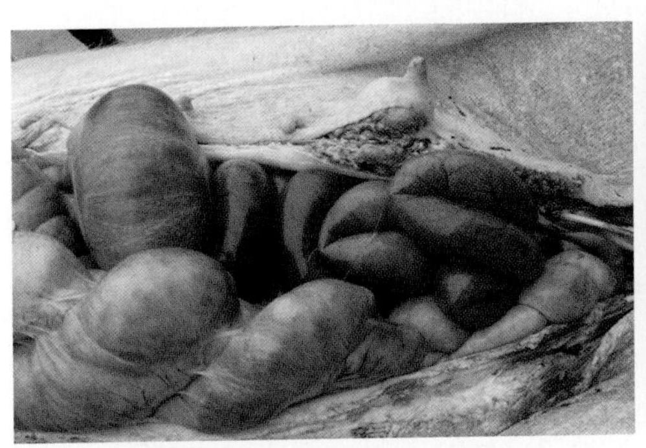

乳腺脓肿引发败血症链球菌病

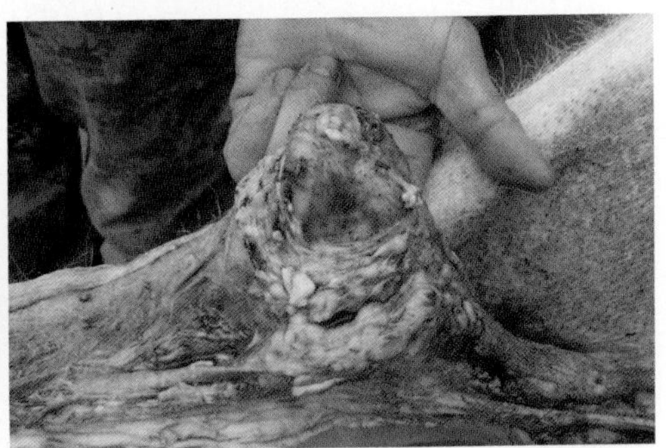

切开脓肿，有干奶酪样脓块，脓肿壁出血

注射用具不消毒、乱存放是众多猪场管理的通病

在猪舍内存放注射用具也是猪场管理的通病

图 11–2（d）　创伤管理

第三节　多病求真

一、副猪嗜血杆菌病求真

该病的特点是多发性浆膜炎，有淡黄色纤维素大量渗出，并发生广泛粘连。病程长，常伴有三腔积液。由于纤维素包裹细菌，因此药物无法直接发挥作用，故治疗效果差。疫苗、自家疫苗防治效果不佳。同猪链球菌一样，该病经创伤感染是主要传染途径。因此，做好产房与保育舍猪的创伤管理，可同时有效防治两病，不仅体现简易的哲学思维，还能防治渗出性皮炎。

二、胃溃疡求真

要区别食道入口处无腺区的溃疡与胃底幽门区的溃疡在今天临床上多无必要。众所周知，胃底幽门区溃疡于传染病（猪瘟、沙门氏菌病、猪丹毒）等有关。但是当今广为危害的底色病引起的溃疡，同样在此区域，而与其他管理因素、环境因素有关的贲门无腺区溃疡因集约化养猪模式也广为存在，故而这两种溃疡同时存在于猪群中。必须进一步改善环境与管理，同时又必须防治底色病，才能彻底防治胃溃疡。

在改善管理与环境方面，饲料不可粉碎得过细。按国家标准，母猪料粒度要全过2.8mm筛，粒度太细，易发胃溃疡病。猪饲用以膨化饲料与小麦为主的日粮后易发生胃溃疡，制粒时为了增加黏合性而添加小麦，便使胃溃疡的发生率进一步上升。当母猪在限饲阶段，又无青绿饲料补充时，易发生胃溃疡。日粮过于精细，尤其是母猪日粮中粗纤维含量少于6%时，饲料在胃中的停留时间过长，发生胃溃疡的概率就上升。高密度引起的精神紧张，限位栏的慢性应激均可诱发胃溃疡。气喘病等

慢性呼吸的疾病、圆环病毒病也可发生胃溃疡。霉饲料中的黏膜刺激性霉菌毒素，直接腐蚀胃黏膜发生溃疡。

散养放牧的猪，可由食道口线虫寄生发生胃溃疡。

胃溃疡的发生应是多种环境因素、管理因素综合作用的结果。因此，欲杜绝胃溃疡并非易事。猪场应结合本场具体情况仔细分析，找出最主要的因素，防而避之。

对于胃溃疡的防治，笔者经验证明，在频发胃溃疡的猪群，饲以200～300mg/L的西咪替丁粉剂，持续15~30d，以后每月饲喂15d，可以避免胃溃疡临床病例（表现慢性皮肤苍白的胃出血或猝死）的发生。改饲粉料为稀粥料可减少临床病例的发生。

归元散扶脾土，养胃阴，从治本上达到防治胃溃疡的目的；且含有胶体蛋白成分，因此有助于保护胃黏膜。与西咪替丁联用可达到更好的防治效果。

三、母猪梭菌性肠炎求真

母猪梭菌性肠炎在散养年代未见过，也未闻过。1991年，笔者在广三保养猪公司见到数例突发肠膨气而死亡的母猪，经细菌分离确认为梭菌，但因药品不全，生化检查未做完，故未定型，但是梭菌性肠炎之诊断无疑。后来陆续闻知不少猪场发生类似散发病例，也见过类似报道，足见该病应得到重视。

母猪梭菌性肠炎为散发、突发，病猪无任何先兆，最急性的几分钟至十几分钟因高度肠膨气致呼吸困难而死亡。笔者发现，该病的发生与慢性肠瘀血和慢性右心衰竭有密切关系。慢性肠瘀血可导致肠道菌群紊乱，梭菌大量增殖产气致病。而终身限位是慢性右心衰竭的重要病因，给母猪提供足够的运动空间可减少疾病的发生。

许多猪场对该病的发生没有预案，表现在疾病发生后母猪舍没有药物，有的要去买，等到药物买回后猪已窒息死亡。母猪舍应备有甲硝唑注射液、林可霉素针剂，并且应争取在最短时间静脉推注，这样常可挽救患猪。一旦肠膨气消散，仍要坚持用药 3 ~ 5d，以防止复发。停药后饲以益生菌、归元散可增强肠的血循环，防止梭菌增殖。

脉冲式或者持续性的抗生素保健用药会抑制肠道中有益菌群，为梭菌增殖剂创造条件，从而引发该病，应当废弃抗生素保健用药。

归元散能改善肠道的血液循环，维系肠道正常菌群，大大减少梭菌性肠炎的发生。

四、劳累氏菌病求真

猪劳累氏菌病又名猪增生性肠炎（Porcine proliferative enteropathy，PE）、猪肠腺瘤病（Porcine intestinal adenomatosis，PIA）、增生性出血性肠炎（Proliferate haemorrhage enterities，PHE）。该病病原是胞内寄生菌——劳累氏胞内菌。笔者最早见到该病是 1991 年在广三保养猪公司，应为从国外引种而引入，现今众多猪场都有该病。该病亚临床感染多，表现育肥期延长；便血的临床病例较少，且与底色病、高密度、高热、过冷等环境因素有密切关系。该病多发生在中、大猪，未见母猪发病。脉冲式或持续性抗生素保健用药会加剧本病的暴发。

临床血便病例，即 PHE 容易直观判断；但对于 PE 与 PIA，没有血便，只有贫血、不规律腹泻、生长不良的病例就必须剖检方能诊断。而 PE 与 PIA 是广泛存在的，也是造成经济损失最大的两种病型，却是养猪人最忽视的，因为病猪一般在腹泻几天至十几天后会好转，食欲也可恢复正常。

劳累氏菌病的治疗用药有多黏菌素、泰乐菌素和林可霉素，出血

严重的可注射止血敏和安络血。但药物治疗只能达到临床治愈，无以断根。

目前，根除劳累氏菌病仍然是一件困难的事情，外源种猪普遍带有该菌，唯有用中国自己培育的无劳累氏菌的SPF种群，才是防治该病的根本措施。归元散可以减少，甚至不发生血便的临床病例，但不能根治该病。

猪劳累氏菌病相关图片见图11–3。

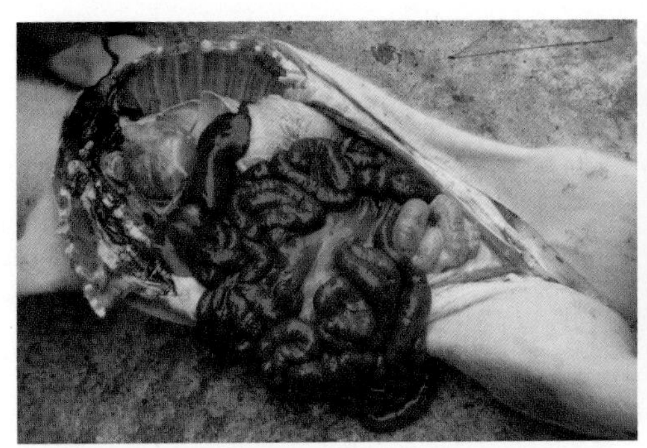

急性出血型，皮肤苍白，空、回二肠充盈，呈黑红色

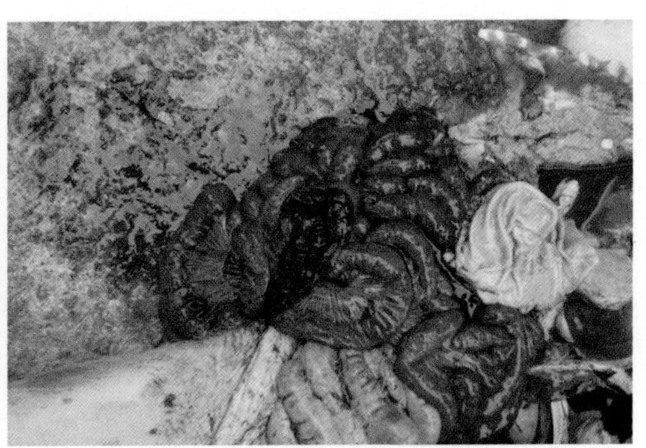

肠剖面，肠腔内有血凝块

慢性腹泻型，病猪消瘦，腹痛、弓背

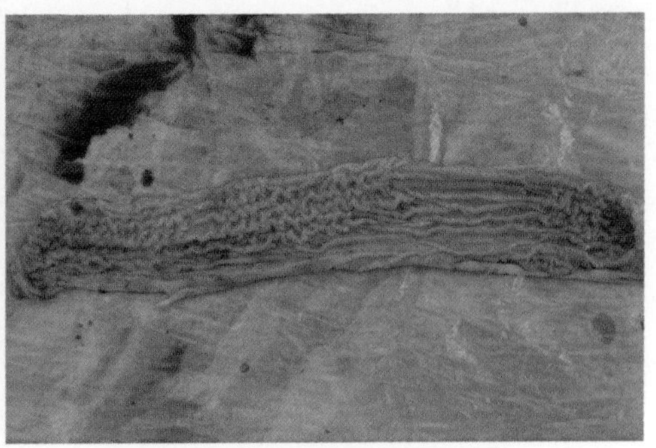

回肠增生，肠壁皱褶纹理絮乱

图11–3（a）　劳累氏菌病

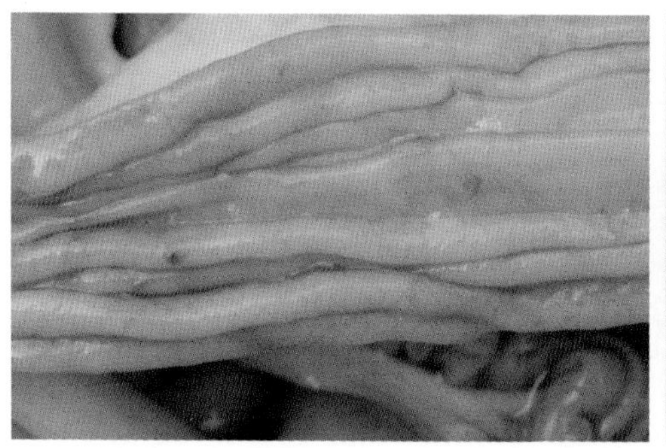

环状皱壁消失，呈纵向增生，不见丘状肠绒毛

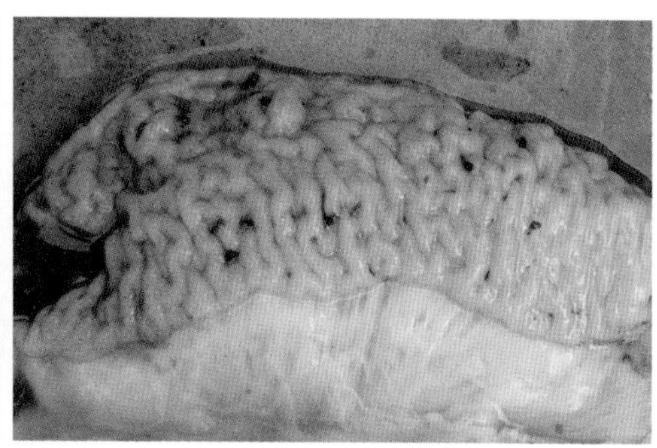

肠黏膜增生，呈腺瘤

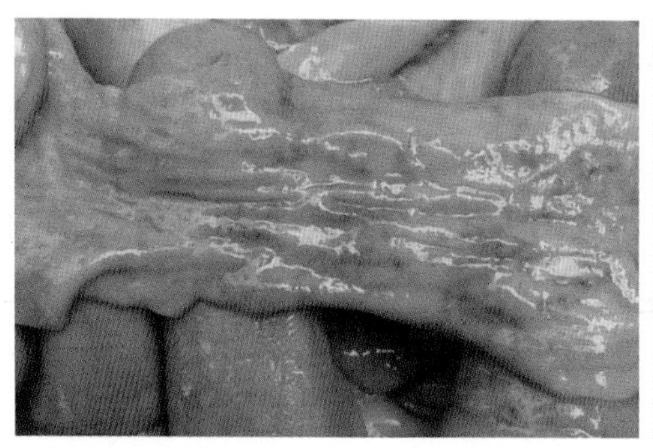

病初肠段轻度出血增生，表面仍被黏液覆盖

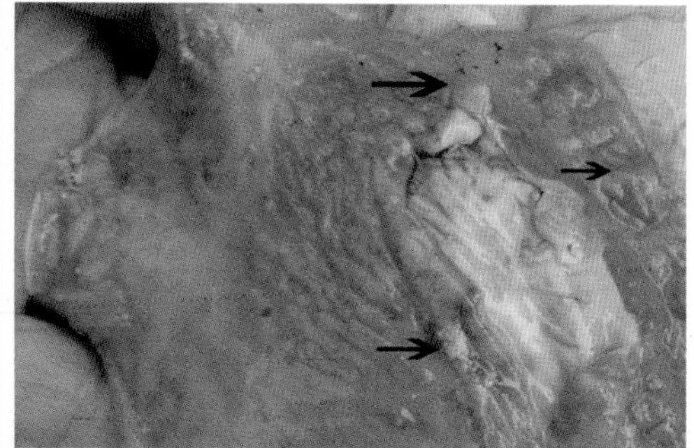

结肠黏膜出血，增生，有少量肠腺瘤

慢性出血型，回肠增生出血

结肠出血，增生

图 11–3（b） 劳累氏菌病

第十二章　归元散 + IFN 诱导可防治的腹泻病

本章包括高死亡率乳猪腹泻，传染性胃肠炎，流行性腹泻，轮状病毒腹泻。

第一节　高死亡率乳猪腹泻

近 10 年来乳猪腹泻出现了更为复杂的情况，在原来常见的细菌性腹泻与病毒性腹泻之外，还出现一种大范围的顽固且呈地方性流行的高死亡率的腹泻。粪便性状如黄痢，但脱水更严重，且不为抗生素控制；高死亡率似 TGE 等病毒性腹泻，但却又不为诱导的干扰素与口服饮水浓度的消毒液（该措施对单纯性病毒性腹泻有特效）控制，并且普遍存在吃第一口初乳就呕吐的特殊症状。这再明白不过地揭示这种高死亡率的乳猪腹泻一定不是由人们所熟悉的病毒或细菌所致，而是由人们并不熟悉的病因或病理环节所致，并且这一病因也不应该是类似上述细菌与病毒的某种细菌或病毒。

一、高死亡率乳猪腹泻的特点

1. 腹泻日龄早 最早可在刚出生第1天，乳猪吃初乳后立即呕吐，随后在1日龄就发生腹泻。多数病例在2～4日龄发生腹泻，但多不发生呕吐。

2. 粪便均是黄色稀粥样 粪便没有特异恶臭味，没有多过的气泡，没有眼观的血液成分，未见TGE样水样腹泻；呕吐物为黄白色乳凝块与胃液，呕吐一般发生在腹泻前，腹泻开始时呕吐多停止。

体温在40℃左右，部分病猪体温正常；腹泻初期多保留吮乳欲；脱水发生较快，眼球下陷明显；一般不见弥漫性血管内凝血过程，病程3～5d。

3. 腹泻只发生在产房乳猪 流行病学调查表明，腹泻只发生在产房乳猪，且连续多批次发生，可以连绵1年之久；发病率为50%～100%，按常规的病毒性腹泻或细菌性腹泻治疗时死亡率为80%～100%。种猪、保育猪、中大猪均不发生；产房的卫生管理与既往一样，找不到相关原因，同样也找不到外源性疾病传入的迹象。该病流行主要发生在中大规模的猪场，上市的养猪公司几乎无一幸免。

4. 各种药物治疗效果不好 治疗效果表明，用抗生素与化学类药及抗病毒（干扰素、转移因子、集落刺激因子、卵黄囊抗体，内服饮水消毒浓度的复合碘液）治疗无效，外加内服补液盐或腹腔补液没有以往的效果，只能延长病程1～2d。但是在有PR病变的猪群，用超前滴鼻可以预防新生猪至断奶不发生本病；在有HC病变的猪群，用超前免疫亦可预防本病。

二、腹泻乳猪剖检特点

病尸外观消瘦，眼球下陷，皮肤弹性差，后躯多为粪便污染。

病理剖检可见小肠、大肠黏膜有轻度至中度充血或出血，部分病例肠壁有不同程度的变薄，肠黏膜皱褶减少乃至消失；肠系膜淋巴结髓样肿或轻度出血；肠内容物呈稀粥样，黄白色，无特殊恶臭味，部分病例无肠内容物。肝脏肿大，色淡，质地变硬。胆囊萎缩内无胆汁；或胆囊肿大壁薄，内有不等的黄色至褐色的稀薄胆液。肾脏肿大，剥离肾包膜时多有包膜纤维深入肾皮质而不易剥离（意味肾实质浊肿或颗粒样变），肾皮质色淡，切面上部分或全部皮质的结构较模糊；肾上腺双侧性高度肿大，皮质髓质有不同程度的出血。心肌松软色淡，心脏横径增大，冠状脂肪呈胶冻样浸润，心肌未见出血。其他组织器官难见大体病变。

部分病例剖检可见典型伪狂犬病病变（肝、肺坏死灶，扁桃体肿大、水肿出血、纤维素渗出，肾脏针状出血）或者猪瘟的病变。

三、病情分析

根据以上乳猪腹泻的临床症状、病理病变、流行病学和治疗结果，笔者认为下列意见值得参考。

1. 本次流行的高死亡率乳猪腹泻不是由单一病因引起的疾病　笔者见到的有肠型伪狂犬病性腹泻、肠型猪瘟性腹泻、肝源性腹泻，以及可能有冠状病毒、轮状病毒、细小病毒参与的腹泻。在所有腹泻病例中，均有不同程度的肝源性腹泻，其中以非伪狂犬病与非猪瘟性腹泻病例中肝源性腹泻的病损最为严重与最为明显，治疗难度也最大。

2. 难以认定传染性胃肠炎病毒、猪流行性腹泻病毒、轮状病毒和博卡病毒是本次腹泻的主因

（1）如果传染性胃肠炎病毒（*Transimissible gastroenteriris virus*，TGEV）是主因，那么发病的猪群一定还有保育猪、中大猪等，但是这些猪群均未发病；如果 TGEV 是主因，那么以往有效的治疗措施（如干扰素诱导、饮用饮水消毒浓度的复合碘液）应该有效，但事实刚好相反。

（2）如果猪流行性腹泻病毒与轮状病毒是主因，那么上述治疗措施也应有效，但却事与愿违。

（3）从患猪体内分离出了博卡病毒（Bocavirus，BOV），是否就可以认定博卡病毒是本次高死亡率乳猪腹泻的主因？BOV属细小病毒科、细小病毒亚科，该亚科里有人博卡病毒、牛博卡病毒、猪博卡病毒和犬细小病毒Ⅰ型。2005年人类首次分离到该病毒，我国于2006年9月5号从急性呼吸道感染患儿鼻咽抽吸物中分离到人博卡病毒。2009年瑞典首次从断奶仔猪多系统衰竭症病猪体内分离到BOV。同年，我国学者用PCR调查了部分省市191份猪的样品，其中的75份为BOV阳性。业已证实，健康人群广泛感染BOV，与BOV在猪群中广泛自然感染的事实一致。因为在幼儿多种呼吸道疾病中分离到BOV，所以人医目前将BOV的致病性趋向定位于伴随病毒的性质。BOV对聚维酮碘敏感，注射干扰素与转移因子也应该有一定效果，可在临床应用中却完全无效。这些事实都表明，广泛存在于猪群中的在众多乳猪腹泻疾病中以伴随病毒身份出现的BOV难以被定为本次流行的主因。

3. 肝源性的腹泻扮演了什么角色？ 笔者在临床诊断中见到腹泻乳猪的肝脏肿大、重度变性乃至有硬化的外观与手感。胆囊萎缩，只占据部分胆窝，没有胆汁；或者胆囊高度肿大，胆囊变得薄而半透明，胆汁呈淡黄色，稀薄如水。笔者在剖杀未发生腹泻的1～3日龄乳猪中也同样发现这类肝脏的病变。与此同时笔者还发现，肝脏发生病变时，肾脏、脾脏均有高度变性。这无疑表明在发生腹泻前（胎儿时期），乳猪的实质脏器均受到严重损伤，特别是肝脏与胆囊的损伤引发胆汁分泌障碍形成的肝源性腹泻在本次腹泻中的病理作用十分明显。

4. 霉菌毒素致未发病猪群和发病猪群临床表现相同 临床诊断还

发现，无论是发病猪群，还是未发病猪群，也包括外观健康的新生猪均有不同程度的阴唇红肿、睾丸下坠、股后部与下腹水肿、眼睑水肿、流红色泪液、肛门皮肤呈黑色等情况。这些在本书上篇中已阐述得极为详尽，均是新生猪在胎儿时期便为霉菌毒素损害，形成了先天性阳虚内寒、阴阳双虚证；而其中肝脏的损伤导致胆汁分泌障碍所致的肝源性腹泻（西医的观点），或肝血虚的肝阳亢盛、肝木克脾土的泄泻（中医的观点），即是高死亡率乳猪腹泻的主导病理环节（西医的观点）或致病机理（中医的观点）。

不可置疑，霉菌毒素经胎盘垂直性损伤胎儿实质脏器（尤其是肝脏）是有别以前任何一种病因的乳猪腹泻的直接病因。

四、归元散成功防治高死亡率乳猪腹泻

如前所述，由于西医没有效防治底色病的药物，因此对以底色病为原发病的高死亡率乳猪腹泻也就束手无策。囿于思维模式的固化，只能在继发病因（病毒）上做文章，催生出少有临床效果的疫苗，与正确的认识论渐行渐远。

也如前所述，归元散成功解决了中外兽医界长期未决的霉菌毒素危害防治的难题，自然也就顺理成章地解决了以底色病为原发病的高死亡率乳猪腹泻的防治难题。母猪在产前 30d 饲服 1% 归元散，即可避免新生猪发生高死亡率腹泻。从 2015 年至今，在 10 万头以上母猪的临床应用证实，归元散预防霉菌毒素的效果十分显著，不仅改善了母猪体况，还提高了其生产性能，获得了养猪人的一致称誉，被冠以“神药”。

笔者慎重告诫读者，归元散没有直接抗病毒的作用，而是通过体质调节，使猪体整体功能得以提升，大幅提高抗病力，使得有病毒参与的高死亡率乳猪腹泻的猪群，在没有采用任何抗病毒措施的情况下，同样

能获得良好的效果。

笔者同样慎重告诫读者，养猪生产追求最大的保险系数。尽人皆知，后备母猪配种前90%的个体早已自然感染细小病毒，却仍然一头不漏地接种细小病毒疫苗，这便是这一思维的体现。同样，在防治高死亡率乳猪腹泻中，妊娠母猪在产前30d应用归元散，最好在产前10d应用IFN诱导技术。

当然猪病的临床现象十分复杂，用传统的相关病毒疫苗、返饲也有成功的案例，但遗憾的是这些不具备普遍的指导意义，否则该病也不会至今仍然广为地方性流行。如何抉择？唯有养猪人自已在实践中去检验、去体会。

读者会发现，本节论述的防治高死亡率乳猪腹泻的中药归元散与《跟芦老师学养猪系统控制技术》一书相关章节中推荐的用药不同。这很自然，随着认识的深化，用药自然创新。新药归元散的问世，使得对该病疗效更确实，作用更广泛。

笔者最后慎重指出，高死亡率乳猪腹泻是霉菌毒素危害中国猪群的深度写照，霉菌毒素危害猪群母仔两代，循环不休，猪群何来宁日？养猪人应该从中吸取刻骨铭心的教训，将有效防治霉菌毒素的危害列为科学养猪的第一要务。

第二节　经典三种病毒性腹泻

经典三种病毒性腹泻是指猪传染性胃肠炎，猪流行性腹泻和轮状病毒腹泻。尽管这种病毒性腹泻在各自流行病学、临床症状、病理剖检方面有稍许不同，但其相似之处却让人们难以作出临床鉴别，一旦疏于防控，会造成以乳猪、保育猪为重点危害的严重经济损失。

无论是二联苗还是三联苗，无论是主动免疫还是被动免疫，它们对这 3 种病毒性腹泻的免疫保护率均为 90% ~ 95%，每年要接种两次。但实际效果在许多猪场并非如此，更有养猪场接种联苗后仍然发生大面积腹泻，所有这些情况值得我们对 3 种病毒性腹泻探实求真。

（1）仅凭临床症状无法鉴别这 3 种病毒性腹泻。病理剖检方面，这 3 种病毒性腹泻发生时均有小肠壁菲薄、透明的特点，但 TGE 发生时的胃憩室出血、PED 发生时的背长肌透明变性有助诊断。由于这类病变出现率并不高，因此要剖检多头猪才可能见到。

（2）即或有非常明确的诊断，但是对这 3 种病毒性腹泻的处置也完全一致，鉴别诊断的意义黯然；而模糊诊断实用意义重大，只要区别是细菌性疾病还是病毒性疾病即可。

（3）应用二联苗或三联苗仍然发生腹泻的原因多不在疫苗本身，是由于发病猪群原本就存在底色病引起的肝源性腹泻或有其他病毒的参与，而联苗却不能防治肝源性腹泻与联苗以外的病毒性腹泻，呈现无效的结果。

（4）归元散 +IFN 诱导，可以有效防治这三种病毒性腹泻。与预防治高死亡率乳猪腹泻一样，归元散可提高免疫力，解决肝源性腹泻（内源性腹泻）与外源性病毒性腹泻。加之应用 IFN 诱导技术，防治自然就有了双保险。这种防治措施的组合当然也适合其他病毒的继发感染。

（5）如何做到在上述防治模式下的疫情最小化？具体做法是：①归元散的用法按前文所述；②要制定发生病毒性腹泻的防治预案，关键是制定腹泻监测体系，即参与生产的所有人员都是监测员，任何人只要发现腹泻猪都应立即上报。一旦发现首个疑似病毒性腹泻病猪，全舍的所有猪或全场均进行 IFN 诱导，并及时消毒栏舍，以将疫情控制在最低程度。这比全群一年两次普免联苗的成本低得多，但效果却好得多。

第十三章　归元散防治母猪生殖系统疾病

归元散一方疗多病，而且疗效确实。所防治之病，以雌畜科与产科的猪病最多，诸如不发情、滞产、产白死胎、少乳、母猪消瘦症等。当今流行的中药制剂只是一方对一症，如针对不发情有动情散之类、针对少乳的有乳多多之类。惯性认识让人们对归元散有如此广泛的疗效而无法理解。许多朋友希望在本书中讲一点玄妙之机，以求深入理解，然而欲理解其玄妙，必须先讲解有关生殖生理与生殖病理方面的中医理论。

第一节　母猪的生殖生理

畜体与人一样，以脏腑经络为本，以气血为用。但雌畜却有发情、妊娠、胎产、哺乳等特殊的生殖功能，此乃脏腑、经络气血天葵化生功能作用于胞宫的表现。胞宫是发情与孕育胎儿的器官，气血是发情、养胎、分娩、哺乳的物质基础。脏腑是气血化生之源；经络是联系脏腑，运行气血的通路；天癸是肾产生了一种促进机体生长发育成熟和生殖的

物质。因此，欲了解雌畜的生理机能，必须以脏腑、经络为基础，明了脏腑、经络气血、天癸与胞宫的关系，重点明了肾、肝、脾、胃，以及冲、任二脉在生殖生理上的作用。

一、冲任督带四脉与胞宫的生理关系

胞宫（子宫）不属五脏六腑，是奇恒之府，它不仅有子宫本体，还包括卵巢和输卵管。此与西医不一样。为何谓之奇恒之府？五脏都是藏，藏血、藏精，藏而不泻；六腑都是通泻，是泻而不藏。但胞宫，一旦妊娠为藏，一朝分娩为泻，故有藏有泻，谓之奇恒之府。

冲、任、督、带四脉属“奇经”。之所以谓之奇经，是因为有别于十二正经，别道奇行，无表里配属，不与五脏六腑直接联通。冲、任、督三脉下起胞宫，上与带脉交合，冲、任、督、带又上联十二经脉。因此，胞宫的生理功能主要与冲、任、督、带四脉的功能有关。

冲、任、督、带四脉的共同特点是：四脉均属经络范畴，是联络脏腑与气血流行之路径；十二经脉气血旺盛，流溢于四脉而聚蓄，故冲、任、督、带四脉有湖泊与海洋一样的功能；冲、任、督、带四脉又相互连通、相互制约，从而调节全身气血，潮润肌肤，协调胞宫生理功能；流蓄冲、任、督、带四脉的气血不再逆流于十二正经，故《难经》曰“入于八脉而不环周”之说，冲、任、督、带四脉的功能都是以脏腑为基础的。

1. 冲脉与胞宫　冲脉“渗诸阳”“渗诸阴”，与十二经相通，是十二经气血汇聚之地，为全身气血运行要冲，故有“十二经之海”“血海”之称。冲脉通于诸阳经，在经之血得以温煦；与足阳明胃经相通，得胃气濡养；与肾脉并行，得真阴滋养；“渗三阴”，故与肝、脾经脉相通，取肝、脾之血以为用。

2. 任脉与胞宫 任脉与肝、脾、肾、胃诸经交会，得胃气之濡养，得三经血之养；任脉主一身之阴，凡精血津液等阴精均由任脉总司，故有“阴脉之海”之称，为机体妊养之本而主胞胎。任脉气通，方可促使胞宫具有发情，排卵，胎孕生理功能。

3. 督脉与胞宫 督脉与任脉、冲脉一样起于胞宫，为“阳脉之海”，与“阴脉之海”的任脉相互制约协调，维持机体阴阳脉气的平衡，使胞宫的功能正常。督脉得肝气以为用，肝藏血而寄相火，体阴而用阳；督脉与肾相通，得肾中命火温养；督脉与心相通，得君火之助。总之，督脉得相火、命火、君火之助，故为“阳脉之海”。

4. 带脉与胞宫 带脉横行于腰，与纵行的冲、任、督脉交合，并通过冲、任、督三脉间接下系胞宫；带脉取足三阴、足三阳诸经气血以为用，约束冲、任、督三脉维系胞宫生理功能。

综上所述，冲、任、督三脉均下起胞宫，上与带脉交合；冲、任、督、带四脉又上联十二经脉，从而与脏腑相通，进而将胞宫与机体经脉、脏腑联系为一个整体。胞宫的濡养有赖四脉存蓄十二经之气血，因此冲、任、督、带四脉支配胞宫的功能均是建立在脏腑功能基础上的。脏腑发病，功能失调，首先影响冲、任、督、带四脉，进而影响胞宫的生理功能。

二、脏腑与胞宫

机体的卫、气、营、血、津、液、精、神都是脏腑之精粹化生而来，脏腑的功能是机体生命活动的根本。胞宫的发情、胎孕、分娩、泌乳等生理功能均由脏腑的濡养来实现，因此只有了解脏腑与胞宫的关系，才能知道病态时脏腑功能失调是如何影响胞宫的功能，才能知道胞宫的功能失调责在何脏腑。

1. 肾与胞宫　通过前述已知肾通过四脉与胞宫联系。《素问·奇病论》“胞络者系于肾”表明，肾与胞宫还有一条四脉之外的直通经络，这是其他脏腑与胞宫关系上没有的，可见肾与胞宫的关系非同一般。

肾为先天之本，元气之根，主藏精气，是机体生长、发育、生殖的根本；肾精又为化血之源，直接为胞宫发情，胎孕提供营养物质基础。肾主生殖，而胞宫的全部功能就是生殖功能，因此肾与胞宫功能是一致的。只有经过一定时间，肾中真阴——天癸承先天之微少，而逐渐化生、充实、成熟，才能有胞宫的发情、胎孕、胎产、泌乳等养育功能。无论肾阴虚，还是肾阳虚，均会影响胞宫的生殖功能。

2. 肝与胞宫　肝肾同源，肝脉同样通过冲、任、督三脉与胞宫联系。肝藏血，主疏泄而司血海；而胞宫发情、排卵、胎孕、胎产、泌乳等功能均需血，以血为用。可知肝对胞宫的生理功能有重要的调节作用，当肝血虚、肝气郁结、肝阳上亢时都会影响胞宫的生殖功能。

3. 脾与胞宫　脾脉通过冲、任二脉与胞宫联系。脾为气血化生之源，内养五脏，外濡机肤，为维持机体后天生命活动的根本；另外，脾还司中气，其气主升，对血液有收摄、控制的作用，即是脾统血、脾摄血。脾司中焦的主要功能在于“生血”和“统血”，而胞宫的生殖功能无一能离血而就，故而脾所生所统之血直接为胞宫的生殖功能提供物质基础。若出现脾胃虚弱（脾失健运，中气下陷），脾阳不振，脾不统血，湿困脾胃（湿困脾胃，脾胃湿热），则均会损伤胞宫的生殖功能。

4. 胃与胞宫　胃经冲、任二脉与胞宫联系。胃主受纳，腐熟水谷，为多气多血之腑。所化生之气血为胞宫的生殖所需。故胃中谷气盛，则冲、任二脉气血充盛，方能为胞宫的功能提供物质基础。胃气虚寒，胃阴虚，胃气上逆，均会影响胞宫的生殖功能。

5. 心与胞宫　《素问·评热病论》：“胞脉者属心而络于胞中。”

可知心与胞宫有一条直通的经络联系；另外，心还通过督脉与胞宫相联系。心主神明和血脉，统辖一身上下，故心功能正常与否，将直接影响胞宫的生殖功能。心阳虚、心血虚、心阴虚都不利于胞宫的功能。

6. 肺与胞宫 肺通于任、督二脉，并藉二脉与胞宫相联系。肺主一身之气，有“朝百脉”“通调水道”而输布精微的作用。机体的精、血、津、液皆有赖肺气运行。胞宫所需的一切精微物质，皆由肺气转输和调节。肺气虚，肺阴虚，瘟邪犯肺，风寒束肺均会损害胞宫的生殖功能。

三、天癸的生理基础与生理作用

中兽医书籍并未见与天癸相关的论述。但是当今不发情母猪日趋增多，西医只能用激素处置，且许多时候并无效果，母猪即或发情，对后续生产力的负面影响也很大。欲以中医药决之，必须先读懂天癸的内涵与相关内容。事实证明，归元散之所以能使经西医与市面流行中药等多种方法处置仍顽固不发情的母猪发情，全在于应用中医天癸理论指导组方的结果。

《素问·上古天真论》：“女子七岁，肾气盛，齿更发长，二七而天癸至，任脉通，太冲脉盛，月事以时下，故有子；三七肾气平均……七七任脉虚，太冲脉衰少，天癸竭，地道不通，故形坏而无子也。丈夫八岁，肾气实，发长齿更；二八肾气盛，天癸至，精气溢泻，阴阳和，故能有子；三八肾气平均，筋骨强劲……七八，肝气衰，筋不能动，天癸竭，精少肾脏衰，形体皆极；八八则齿发去。”上述表明，天癸男女皆有，直接发动参与男女生育过程，其从天癸至到天癸竭的过程，也就是机体生、长、壮、老的过程。因此中医认为，天癸是一种促进机体生长发育与生殖的物质，它源于先天，藏之于肾，受后天水谷精微的滋养。

历代医家对天癸有明白叙述，皆认为天癸是“天一之阴气”“阴精也”“为先天之元气”“人之既生，则此气化于吾身，是为后天之元气”，并且此“阴精”“元气”是受“五脏六腑之精而藏之”。因此，发情与否受先天与后天影响。

四、气血对胞宫的生理作用

气血乃机体一切生命活动的物质基础，发情、胎孕、胎产、泌乳无不以血为本，以气为用。气血由脏腑化生，通过冲、任、督、带之胞络与胞脉运达胞宫，在天癸的作用下，为胞宫的发情、胎孕、产育及上化乳汁提供物质保障，完成胞宫的特殊生理功能。

第二节　母猪的生殖病理

雌畜科的疾病表现在发情、妊娠、胎产、养育泌乳及杂病等方面，与雌畜的生理特点与生殖功能密切相关，其病因、病机等都有独自的特点和规律。

一、病因

影响母猪身心健康与繁殖功能的致病因子有五大方面，即淫邪因子、瘟病、人为饲养管理因子、情志因子和体质因子。

1. 淫邪因子　淫邪因子是指风、火、暑、湿、燥、寒六种病邪的统称。这六种因子在一年四季的更迭中转换不息，如果按时不亢不弱更迭，谓之六气；如失去常态，如太过、不及或者非时而至，则谓之六淫。六淫皆能导致疾病，但因母猪以血为本，因此寒、热、湿邪更易与血相搏而发病，影响母猪的生殖功能。

（1）寒邪　寒是阴邪，性收引凝涩，易伤阳气，影响气血运行。按部位分有外寒、里寒；按性质分有实寒、虚寒。四种寒邪常交替互存。猪在五行配属中属水寒之畜，对外寒有一定耐受性，一般的低温天气对母猪身心健康和生殖功能不会有明显的影响。但若母猪本身就存在内寒时（底色病时的阳虚内寒证），则同气相求，外寒无疑会加重阳虚内寒证，加剧母猪繁殖功能障碍，如宫寒不孕、胎死腹中、不发情等。

（2）热邪　热为阳邪，耗气伤津，每易动血，迫血妄行。同寒邪一样，应以虚实为纲求证。猪对外热的抗性脆弱。热之极为毒，暑热极盛之时，不仅气行上逆喘息，引发胎动流产；还会伤津耗气，致冲任经脉气少血滞，影响胎儿生长，出现弱仔，乃至死胎、流产；影响后备母猪发情，即或发情，则排卵也少，出现小窝比例上升；冲、任二脉气少血滞还会使泌乳减少，甚或无乳。热毒不仅不会减轻阳虚内寒证，由于热毒耗气、耗津，因此病情更为复杂，出现或加重阴虚血虚。

（3）湿邪　湿邪为阴邪，重浊腻滞，阻塞气机。母猪以血为本，以气为用，气机阻滞，则冲、任二脉血流不畅，导致繁殖障碍。湿邪常与寒邪、热邪相伍为害，湿邪从阴化为寒湿，加重寒邪滞留之性，医治难度加大，治疗时间更长；湿邪从阳化为湿热，加重热邪气机阻滞。

2. 瘟病　影响母猪生殖性能的瘟病众多，主要有 CSF、PR、JE、PPV、PRRS、PCV、流行性感冒，以及腺病毒、肠病毒感染；另外，还有引发高热的细菌性感染，如传染性胸膜肺炎、链球菌病、衣原体感染、弓形虫感染等。

温邪发病急，热象偏盛，易化燥伤阴；或使冲任津血虚少，胞宫或胎元失却濡养；或直接损伤胎元而致胎死，流产。

3. 人为饲养管理因子　这类致病因子繁多，如高密度饲养、恶劣

的舍内空气、饮水不足、限位饲养、饲料霉变、抗生素类保健药物的使用、苦寒攻伐的中药保健等。它们都属阴邪，可损伤机体阳刚之气。在不同的猪场，这些致病因子以不同侧重的组合作用机体，呈现综合损伤的效应，其中以饲料霉变引发底色病是最基础性的病变与损伤。

4. 情志因子　情志因子是指喜、怒、忧、思、悲、恐、惊七种情志变化。猪的情志因子自然与人类相差甚远，但仍然存在可以成为独立的病因致病。例如，初产母猪假性宫缩无力导致的滞产，初产母猪拒绝哺乳，限位栏中母猪的各种刻板行为（如摆弄饮水器、空嚼等）均是情志不遂的表现。七情的本质依然是阴邪，损伤气血。

5. 体质因子　现代基因型的种猪在不断追求高产性能的培育中，无法兼顾与高产性能相矛盾的遗传性状——体质，导致背膘越来越薄，胃的容纳越来越小，心肺功能越来越差。这意味着现代基因型种猪体质呈弱化趋势。由体质差的种猪产出的后代自然是体质不良的后代，特别是当猪群广泛存在底色病时，可以看到产出睾丸下垂的新生公猪，眼睑、下腹与股后部水肿的新生猪。《灵枢·百病始生》记载："卒然逢疾风暴雨而不病者，盖无虚，故邪不能独伤人。"吴德汉·《医理辑要》记载："需知发病之日，即正气不足之时。"这均道出体质在发病中的重要性。

原本就先天不良的现代基因型种猪，在后天培育中又受到以霉菌毒素为主的众多阴邪的危害，必然形成阳虚内寒，进而形成阳阴双虚的体质，由此引发多种传染病与非传染性疾病。若未阻断病机，此等恶性循环必将世代更迭。

二、病机

病机即发病之机理。《医学源流论》："凡治妇人，必先明冲任之脉……冲任脉皆起于胞中，上循背里，为经脉之海，此皆血之所从生，而胎之所由系，明于冲任之故，则本源洞悉，而候所生之病，则千条万绪，以可知其所从起。”李时珍更是一语中的：“医不明此，罔探病机。”

总之，中医疗妇人之病皆以损伤冲任立论。在各种致病因子的作用下，脏腑功能失常，损伤冲、任二脉为病；气血失调，损伤冲、任二脉为病；致病因子直接损胞宫，影响冲、任二脉为病。人畜各异，至于疾病的发生皆一统之理，故诊疗母猪生殖疾病时必须重视“冲任为损”的核心机理。

1. 脏腑为病影响冲任为病

（1）肾　肾气不足，则冲任不固，系胞无力可致宫脱；冲任不固，胎失所系可致流产；冲任不固，不能摄精成孕，可致不孕。肾阴亏损，则精血亏少，冲任血虚，不能凝精成孕。肾阳不足，冲任失于温煦，胞脉虚寒，可致胎动、流产、不孕。气化失常，气机阻滞，致湿浊泛溢肌肤，出现妊娠水肿。

（2）肝　肝气郁结，血为气滞，冲任失畅，胞脉阻滞，致不发情。肝气犯脾，水谷运化失常，冲、任二脉失于濡养，出现胎死、弱仔。肝血虚，冲任血失充盈，胞宫同样失于濡养，导致不发情。

（3）脾　脾气不足，冲任不固，血失统摄，胎失所载，发生流产。脾虚血少，化源不足，冲任血虚，血海不按时满盈，出现不发情或流产。

（4）心　心血不足则心气不能下达，冲任血少，血海不能按时盈满，故不发情。

（5）肺　肺气失宣，水道不利，发生妊娠水肿。肺气失宣，肃降失调，孕满不产或滞产。

2. 气血为病影响冲任为病　发情、怀孕、生产、哺乳都是以血为本，以气为用。气血之间相互依存、相互滋生，又相互影响。总而言之，情志因素主要引起气分病变，如《素问·举痛论》："百病皆生于气也，怒则气上，喜则气缓，悲则气消，恐则气下……惊则气乱，劳则气耗，思则气结。"而寒热湿邪，则主要引起血分病变。因此，临证要辨明是以血为主，还是以气为主，特别是霉菌毒素是气血皆损的病因。

3. 直接损伤胞宫影响冲任为病　霉菌毒素、瘟疫邪毒、搏结胞宫，损伤冲、任二脉，致母猪不发情、不孕、胎死、流产、无乳。

综上所述，三种病机不是孤立的，而是相互联系和相互影响的。脏腑发病可致气血失调，气血失调可致脏腑发病，病邪直接损伤胞宫亦可致脏腑气血失常，这些影响都是通过损伤冲、任、督、带四脉的病机实现的。

第三节　不 发 情

外源母猪 7 月龄（土种猪 5 月龄）无发情表现，或断奶后 15d 无发情表现，均谓之不发情。前者为原发性不发情，后者为继发性不发情。

母猪生长至 7 月龄，冲、任二脉强盛，血海充盈，天癸自至，始有发情。可见发情的前提是经 7 个月的发育，冲、任二脉强盛，血海充盈；而冲、任二脉强盛，血海充盈的前提是母猪在先天与后天的培育下，五脏功能必须正常，气血充盈且运行正常。因此，无论是先天的还是后天的，凡是能影响脏腑与气血病因的都可以导致冲、任二脉失去濡养，血海不盈，天癸难至，自无发情可言。由此可见不发情病因甚多，特别是群体性不发情，必然有一主导的具有普遍性的病因存在。正确分析，找到这一病因是诊疗的关键。

一、肾虚型

先天不足，肾气未充，精气未盛，或多产膘少，久病伤肾，冲任气血不足，血海不能满溢，天癸不至或中断，致不发情。证见形瘦体小，性欲淡薄，懒于运动，稍跑即喘。

治当补肾益气，养血调天癸。就母猪临证看，难以区分是肾阴虚，还是肾阳虚，以肾阳虚为主组方，兼顾肾阴虚较稳妥，常用熟地、山药、山茱萸、泽泻、丹皮、肉桂、五味子、炮附子等组成。

二、脾虚型

先天不足或后天患过腹泻，致使脾虚化生之源匮乏，冲任气血不足，血海未能满溢，天癸不致而不发情。证见形瘦体小，性欲淡薄；或食欲不振，大便溏薄；或间隔性腹中胀气或哺乳掉膘太过。

治当健脾益气养血调天葵，以参苓白术散多用，即党参、白术、茯苓、白扁豆、山药、连肉、桔梗、薏苡仁、砂仁，加当归、牛膝，养血调天癸。

三、寒凝血瘀型

寒邪侵于冲任，与血相搏，血为寒凝成瘀，瘀阻冲任，气血不通，血海不能满溢，天癸不至或中断，故母猪不发情。证见体温偏低，背有出血点或瘀斑，四肢蹄部不温，眼睑发青。

治当温经散寒、活血调天癸，用温经汤（吴茱萸、当归、川穹、芍药、党参、桂枝、阿胶、生姜、丹皮、甘草、半夏、麦冬）。

在治疗母猪不发情实践中，以上三型常同时存在，并且还夹杂气滞、痰湿血瘀（肥胖不发情）。欲组方必须不囿于上述分型用药之束，

抓住主型，兼顾其他。归元散把握住霉菌毒素阴寒之特性，控制了病因，取得了治疗母猪不发情的良好效果。

归元散治疗母猪不发情，疗程较长。原因为：①先要消除霉菌毒素的危害；②要使已经受损的脏腑功能恢复正常，要让气滞血瘀变为气畅血通，要让冲、任、督、带四脉得到充分濡养，必须要有时间的积累，才能打通冲、任二脉，并使血海满盈方能发情。一般情况下，需 1% 的含量添加饲喂 30 ~ 45d，若用 0.5% 则打通力度较小，严重者不一定能打通；若有胞宫器质性损伤，则本方亦难以打通冲、任二脉。

给 60kg 体重的后备母猪（约 120 日龄）开始应用归元散，可以避免原发性不发情，并且体质健壮，为一生的高产打下基础。初始 1 个月按 1% 的量添加，以后按 0.5% 的量添加。

第四节　延期分娩与滞产

延期分娩又谓之超期分娩；非难产的产程超过正常的分娩时限（2 ~ 3h）谓之滞产。延期分娩与滞产是现代养猪极为普遍的疾病，危害巨大，产弱仔、傻仔、白死胎的增多，能消耗母猪大量体能，不利于母猪产后恢复，易发生产后感染；致使泌乳减少甚至无乳，易发生新生猪传染病。

正常分娩是胞宫正常生理功能的体现、瓜熟蒂落的必然结果。如果母体气血虚弱或气滞血瘀，则冲、任二脉不实，血海的血少，自然胞胎营养不足，自然延期分娩。这与西医的分娩发动是由成熟胎儿发动的机理是一致的。或虽有发动，但母体因气血虚弱、胞宫收缩乏力必然导致滞产。

一、气血虚弱型

母体气血虚弱，血虚则胞胎濡养不足，不能滑利；气虚则胞脉运行不畅，无力送胎下行，致延期分娩或滞产。

治疗宜益气养血活血送胎，以八珍汤为基础加减（人参、白术、茯苓、熟地、当归、白芍、川穹、炙甘草，酌加香附、枳壳、牛膝）。

二、气滞血瘀型

气滞则血亦瘀滞，胞脉壅阻，气血运行不畅，阻碍胞胎下行，以致延期分娩或滞产。

治疗宜行气活血，促胎产出，以催生安胎救命散为基础用药（乌药、前胡、菊花、蓬莪术、当归、米醋）。

归元散兼二型预防之。

当今，业界流传一种错误的言论，即新三系母猪延迟分娩（妊娠至118d，甚至更后）是正常现象。在不断追求更高产的偏激育种中，现代新三系母猪体质更差、体储更少，却怀胎更多，自然胞胎气血不足，需要更长时间的濡养才能瓜熟蒂落。该论调掩盖了偏激育种破坏生物习性的本质，产出超过母猪乳头数的仔猪成活率低，产房周转时间延长，形成隐性的资源浪费。

第五节　少乳与无乳

怀孕母猪分娩后乳汁甚少或全无谓之缺乳。缺乳导致新生仔猪获取母源抗体少或缺失，易发生传染病，出现大批弱仔，死亡率上升；仔猪咬伤母猪乳头与乳腺皮肤，导致乳腺感染。因饲料配制不合理造成的营

养性缺乳不在此列。

一、气血虚弱型

气血亏虚则脾胃虚弱，气血化生不足，以致气血虚弱，无以化乳，出现缺乳。

治疗宜气血双补，活络通乳，以通乳丹为基础方加减（党参、当归、生黄芪、麦冬、木通、桔梗、猪蹄，见《傅青主女科》）。

二、肝气郁滞型

肝木受损，肝失条达，气机不畅，气血失调，致经脉湿滞，阻碍乳汁运行，出现缺乳。

治疗宜疏肝解郁，活络通乳。以下乳涌泉散为基本方加减（当归、川穹、花粉、白芍、生地、柴胡、青皮、漏芦、桔梗、通草、白芷、穿山甲、王不留行、甘草，见《清太医院配方》）。

归元散兼二型预防之。但对于在后备母猪培育期，或更早阶段就受到 F-2 毒素伤害的母猪，其乳腺间质大量增生，乳腺腺胞发育甚少或全无，其化生乳汁功能基本丧失，归元散的治疗效果也不好。

第六节　弱仔和死胎增多

此系非传染性弱仔、死胎超标。公认弱仔率大于 10%、死胎率大于 5% 为超标；初生重小于 1.0kg 的为弱仔。

一、病因与病机

（1）现代基因型母猪心肺功能弱，妊娠期宫胞的供血、供氧必受其影响，加之猪是多胎动物，因此弱仔超标极为常见。

（2）妊娠期限位饲养，缺乏运动锻炼，加重对宫胞供血、供氧的不足。

（3）底色病的广泛存在，损伤了母仔两代的脏腑气血是现代养猪弱仔超标最主要的病因。

（4）母猪妊娠后期，人为营养不足（饲料营养不达标、饲喂量不足），或饮水不足，也是弱仔增多的常见原因。

（5）持续的高温天气，使得母猪采食量下降是造成季节性弱仔增多的原因。

（6）非传染性死胎病因，如产程过长，胎儿死于产道内；霉菌毒素致胎儿死于宫胞内；持续高温加剧死胎发生。

（7）产程过长还使胎儿处于供氧不足或短暂缺氧状态，产出傻仔样弱仔。

二、临床症状

（1）多数弱仔初生重小于1.0kg，出生后半小时内自行站立困难；或虽可站立，但是活动能力差，对母猪哺乳呼唤反应迟钝，常常吃不上乳汁。傻仔不能自行吮吸乳汁，定向困难。

（2）死胎体长均大于20cm的，为白死胎。存在底色病的母猪群，死胎的实质脏器有可见的变性，如肾脏皮质的出血，肾上腺肿大、出血；肺不张，肺脏沉于水底。

三、归元散治未病

欲预防弱仔、死胎超标，至少要在妊娠母猪产前1个月应用归元散，饲服量不能低于1%。归元散养肾气，滋肾水，培脾土生肺金，肺

金生肾水，使母猪气血旺盛，丰沛于血海，增加了宫胞的血流量与血氧含量，胎儿可得到充足的营养，从而大大减少母猪产弱仔的概率。对十多万头母猪应用归元散的效果表明，绝大部分猪场弱仔率只有 2% 左右。

宫胞供血充盈，妊娠母猪分娩应时有力，产程为 2 ~ 3h，从而大大减少了白死胎的数量。许多猪场除炎热夏季有 1% ~ 2% 的白死胎外，其他时段几乎见不到白死胎。

欲发挥归元散的最大作用，应同步消除妊娠后期饲喂量不足、饮水量不足等不良因素的影响。

第七节　妊娠母猪产后感染

妊娠母猪产后感染是威胁母猪持续生产能力的重要疾病，其主因是产程过长，宫颈开放时间超常，加之不当的助产而发生感染。当今针对妊娠母猪产后感染的措施都是治已病，即发病后治疗。

（1）给予抗生素或抗菌药以控制感染，在炎症初期该处置有效果，前提是剂量为常量的 2 ~ 3 倍，静脉给药。2 次 /d，至少持续 5d。

（2）给予中药，如清宫散、益母生化散。必须早期应用。

（3）宫胞内填塞药物栓剂、胶囊。应用后恶露逐渐减少，但是常常形成慢性宫胞内膜炎，致使母猪再孕不能，或产出小窝。

（4）宫胞内冲洗。据笔者观察经此处理的母猪多因配不上种而被淘汰。

（5）将上述几种措施结合治疗，但多数母猪被淘汰。

为什么母猪产后感染的治愈率不高？母猪是双子宫角妊娠，产后子宫角会下垂到后腹腔下部，在体况正常且未感染的情况下有自我净化的能力，且可在 3 ~ 5d 内排完恶露。但是在宫胞受感染的情况下，仅自我净化能力是难以排出大量炎性渗出物的，哪怕用了活血化瘀、增强宫缩的药物也难以畅通排出，未及时排出的炎性分泌物会形成于宫内而持续感染。

此时宫内冲洗是最不可取的，因为如果没有吸引器将冲洗液彻底吸出，则残留于宫胞内的冲洗液会形成持续感染。

总体来讲，怀孕母猪产后感染的治疗是下策，上策是预防。

归元散针对怀孕母猪产后感染的主因组方用药，缩短产程，极大地减少了母猪感染的概率；调节了体质，增强了宫胞自我恢复与净化能力，从而基本上避免了母猪产后感染。

第十四章　归元散防治的疑难杂症

第一节　母猪消瘦症

现代基因型母猪消瘦症的病因机理复杂，先天性病因是现代基因型种猪弱性的体质。形成弱性体质的原因是培育高生长速度与高繁殖力带来的高代谢速率，又不能与高代谢速率匹配的是弱的心肺功能与薄的背膘储备；高代谢速率必然要求有高激素水平，下丘脑－垂体－肾上腺皮质系统始终处于亢奋状态，肾上腺肿大，这就形成潜在性阳虚证。

后天培育的环境，如终生限位、缺乏运动，特别是底色病的广泛存在，阴毒性质的霉菌毒素，损伤了猪体五脏六腑气血经脉，使得潜在性阳虚证成为显性阳虚内寒证。而高繁殖力带来的巨大气血消耗，又得不到应有的补充，经脉气亏血少，无以濡养肌肤，呈现毛焦肷吊、肌瘦骨隆、贫血乏气的消瘦症。

现代基因型母猪先天性体质造就的潜在性阳虚证是人们目前无法改变的，但是可以通过控制潜在性阳虚证被激发为显性阳虚内寒证的最主要病因——霉菌毒素，从而维护脏腑的正常功能和气血津液的正常运行，后天化生正常，经脉气血旺盛。不仅可以满足冲、任二脉濡养胞宫，完成生殖功能；还可以滋养肌肤，康复母猪消瘦症。

归元散在彻底清除霉菌毒素对脏腑气血的危害基础之上，成功地阻断了阳虚证由潜在演变成显性的危机，强壮了脏腑功能，尤其是脾胃后天化生功能，使其元阳有充足的补充，经脉气沛血旺。不仅满足了高繁殖力对冲、任二脉气血的需求，还能补充体能，治疗消瘦症。

用 1% 添加的归元散饲服，经 2 周就可以看到消瘦母猪老皮脱落，鲜嫩新皮出现，被毛逐渐光亮，肌肉逐渐丰满，膘情向好，分娩哺乳后掉膘较前减少，断奶后 5d 发情率高达 95% ~ 100%。

第二节　低体温症

本节要讲述的是肝气郁结引起的低体温症，相当于西医的植物神经功能紊乱。

低体温症发生的机理有：第一外邪传经入里，气机为之郁结，不得疏泄导致阳气内郁，不能温达四肢末端，见四肢不温、肛温亦低（相当西医的感染性低体温症、中毒性低体温症）。但本节论述的是第二种低体温症，即由肝气郁结所致。肝为刚脏，主藏血，性喜条达而恶郁结；肝为后天阳气萌发之脏，肝体阴而用阳。因此，肝气既充沛又条达通畅，阳气方可向机体各部位的输送；反之，失去阳气推动，自然发生血瘀，气血失去温煦功能，位于末端的部位受其影响最为明显，故呈四肢不温的“四厥证”。

低体温症在现代养猪中并非罕见，主要散发于种猪群中。其病因有二：一是单调枯燥的限位环境，使得猪情志不遂、肝气郁结；二是霉菌毒素损伤肝脏，肝血减少，肝气郁结。二者又以霉菌毒素的影响最为严重，而且二者又形成加合致病效应，增加了治疗的难度。

肝气郁结，最易传脾。脾主四肢，脾土壅滞不运，同样可导致阳气难以敷布而发生厥逆。如果仅为肝气郁结，患猪在临床上的表现是少活动，采食慢而少，四肢末端与口角冰凉；如果肝病传脾，病猪不仅有肝气郁结之病证，还有食欲废绝、腹痛、腹泻。因此，四肢末端冰凉的“四厥症”是主证，其他症状为或然证。

业界对猪低体温症多不认识，只知通过注射或服饲能量和维生素及用抗生素来治疗。自然无疗效可言，于是陷于束手无策的境地，不少种猪因拖延太久而被淘汰。笔者将20世纪六七十年代治疗水牛低体温症的经验用于治疗低体温症种猪，同样收到满意效果，一般2～3剂四逆散便可药到病除。此书中的四逆散组成是：柴胡、白芍、枳壳、炙甘草各30g（此方与《跟芦老师学看猪病》一书中用的略有不同，望以现方为准）。

四逆散为调和肝脾的和剂。柴胡入肝胆经，其性轻清升散，既解肝郁，又透邪生阳，致使肝气条达，阳郁得疏，恰合病因病机为君。白芍酸甘，入肝经，敛阴养血，以养肝体，肝体得养，则肝用易复，还能防柴胡升散过度以劫肝阴，芍药合炙甘草有良好缓急止痛的作用，为臣药。枳壳寒清苦降辛行，下气破结清热，助柴胡调畅气机，合白芍调理气血，为佐药。炙草甘温调和诸药，益脾和中，扶土以制木，为使药。此言一散一收，一疏一养，一升一降，亦肝亦脾，亦气亦血；四药合用，散而不过，疏而无伤，肝脾同治，气血兼顾。

归元散在猪低体温症中的应用，重在预防，而不是治疗。低体温症发生的机理是肝气郁结，肝气郁结源于肝血减少，肝血不养的最主要因素是霉菌毒素。归元散能消除霉菌毒素对脏腑的毒害，肝血自得濡养，肝血充盈自然气行血行，气郁何来？既无气郁，阳气便通畅布达，四逆又何来？肝气无过，肝自不克脾土，肝脾调和，或然症（食欲废绝、腹痛、腹泻)，自不见踪影。因此，应用归元散后猪低温症不再出现。

第三节　顽固性疫苗抗体低下或缺失

顽固性疫苗抗体效价低下或缺失，是指给猪群尤其是种猪群反复接种疫苗后，仍然存在相当比例的个体的相关疫苗抗体水平不合格甚至缺失的现象。该现象极为普遍，是疫苗生产厂家、经销商极为头疼的事情。明知免疫抑制是最为主要的原因，却无良方，只得用黄芪多糖等药物以求心理上的慰藉。疫苗生产厂家也只能在改良佐剂、增加抗原剂量、增加接种次数上下工夫，其结果也非如人意。

其原因皆为处置免疫抑制的措施不当或乏力，没有看到免疫抑制的元凶是霉菌毒素，而不是那些有一定免疫抑制作用的病毒(如PPRSV、PCV-2)。故而处置措施只能停留在治标的层面上，如用免疫多糖类亢奋免疫系统、加大疫苗抗原量激发免疫系统等。殊不知不去除霉菌毒素这一根本病因，上述措施的效应微之又微。霉菌毒素损伤脏器与免疫系统的功能又岂是上述措施能消除的?

正因为归元散能彻底去除霉菌毒素对机体的危害，包括对免疫系统的损伤与对脏腑功能的损伤，同时又有增强免疫系统功能多种刺激成分，因此对顽固性疫苗抗体效价低下或甚无的杂症具有良好的治疗与预防效果。

临床实践表明，对于那些免疫功能不良的群体与个体，应用归元散1个月后再接种疫苗，同时复检相关疫苗抗体，则90%～100%的个体都有了高水平的效价。当然，此期间仍然要继续应用归元散。

下篇

习医篇

下篇

习医篇

修身心，读经典，做临床

笔者20世纪60年代中期从学校毕业分配到兽医院，恰值“文化大革命”时期，偌大的兽医院就笔者一个人看病、开方、化验、打针、收款、发药乃至采购。当时猪病简单，青霉素、链霉素、土霉素，外加磺胺类可以解决之。但是牛、马、驴、骡的病却复杂得多，使用抗生药、输液等措施常无疗效。当时农村是集体所有制，耕牛是集体饲养或社员轮流饲养，多不经心，疏于饲养管理，一到农忙又劳役过度，外感内伤交织，病情复杂，西医治疗手段难以奏效，现实迫使接受西兽医教育的笔者学习中兽医知识。

好在大四时上过几十学时的中兽医课，但当时听得稀里糊涂，只知道诸如阴阳五行、六淫、脏腑气血的一些粗略知识。如是重温教材，也借来《元亨疗马集》，还查看了《实用兽医诊疗学》中与中兽医诊疗相关的内容，企图能用中兽医看畜病，结果却陷于用西医观点看病诊断、用中药去治病的境地，疗效不佳。

耕牛发生腹泻，大便脓血，体温升高，遂以西医诊断为急性肠炎，参用白头翁汤，居然治愈。心中窃喜，以为中医不过如此简单。

随农忙进入尾声，多例腹泻耕牛入院。照搬白头翁汤非旦无效，且耕牛全身状况更差，体温不退反升。笔者情知不妙，加用磺胺类药、氯霉素，结果腹泻停止了，白细胞计数也正常了，但温度只退到低热水平后再也不退了，且耕牛仍然没有食欲。

因兽医院就我一人，所以请教无人，只能自己思忖反省。最后悟出，后来的腹泻病例，都是因农忙耽搁了时间，由实证变为虚实俱存症。用大苦大寒白头翁汤治疗，自然阳气愈损，甚至阳损及阴，出现阴虚低热之证。

至此，方知用西医观点诊断，用中医方式用药是学不会中医的。

1963年，笔者到汝南兽医院实习。当时一位年过70岁的老兽医，上午看马病、牛病，下午看人病，连县长都来找他。老者当时无事便奉卷研读，全是《伤寒论》《金匮要略》《本草纲目》等中医书籍，并无中兽医书籍。

据考，周代医者有五类，即医师、食医、疾医、疡医、兽医（经史百家医录），均依医书所载医理诊断看病。人畜虽有贵贱之分，但医理并无二至。况且，中兽医书籍少得可怜，无以满足系统学习的需要，如是笔者开始认真学习中医，力图用中医观点看畜病。

下面，笔者谈谈如何学中医，用中医观点看畜病，以服务养猪业。

第十五章　学中医，看猪病

第一节　冠冕洗礼，医道之使命

学习中医的第一节课是什么？许多人并不知晓，或猜是中药，或猜是药性赋，或猜是阴阳五行。非也，学中医冠冕洗礼第一课是读懂医道神圣之使命，这是全然不同于西医的关键。

“医之道奚起乎，造物以正气生人，而不能无夭箚疫疠之患，故复假诸物之性相辅相成者以为补救；而寄权于医，夭可使寿，弱可使强，病可使痊，困可使起，医实代天生人，参其功而平其憾者也（《医道传承丛书》）”。

今译为医学之术是怎样产生的呢，天地这一造物主以阴阳完全之气孕育了人类，即或如此没有阴阳之偏胜，但人类仍然不能摆脱早夭、病困、瘟病、疮疡等疾病。于是天地造物主假它物物性之偏性来纠正病体病性之偏胜，从而治病。天地造物主将这神圣使命授权于医者，原本夭折之人使之长寿，体弱之人使之强壮，患病之人可使痊愈，卧床不起者使之站立。因此，医者实为替天行道，用天地赋予的医功为病人祛疾之无憾之人。

《类经附翼》同样言之："夫生者，天地之大德也；医者，赞天地之生者也。"

中医替天行医道的关键是假它物（中药）天生之偏性来纠正病人病性之偏胜，也就是利用药物四气五味的偏性医治病人阴阳气血的偏胜，达到水火气血长养之目的。这便是中医"生生之道"，其本质就是"循生生之理，用生生之术，助生生之气，达生生之境（《医道传承丛书》）"。"生生"就是阴阳交感化生万物，万物生生不息。

可见中医的伟大就在于以代天生人为己任，以扶持人体"生生之气"为宗旨，达到"天人合一"的境界。

读者不禁问，西医也是以救死扶伤为己任，与中医有何不同？此问甚为切要！甚不同者有二：其一，中医是以药物之偏性纠正机体病性之偏胜，如风寒证用辛温药、风热证用辛凉药、胃肠热毒不下者用苦寒药、气虚者用气厚味薄补气药、血虚用味厚气薄质重的补血药等，最终机体与邪气共存，相安无恙。正如郭橐驼所言："能顺木之天以致其性焉耳。"西医截然不同，风寒风热皆以病毒、细菌感染概之，以抗病毒药、抗生素类药用之，必杀灭而后快之。其二，中医以药物偏性治疗机体偏胜的本质是助机体"生生之气"，而不是戕害之，使"真气内存，邪不相干"；西医之药物多有戕害机体脏腑气血的副作用，尤其猪病中应用较多的抗生素，产生耐药性后，猪体肝、肾受损，导致用药无效，疾病缠绵，死亡增多，即或治好了病，然而体质更差，无丝毫助"生生之气"可言。

这便是中医与西医炯然不一的要命之处，也是习医之人，特别是西医学中医之人首先要明理的要命之处。

只有深入思辨中医神圣之使命才能树立正确的医道观。涵盖大道（阴阳之道、医德之道）与常道（具体的医道措施），且交融一体。既是代天生人畜，挽众生性命于一人之工拙，必是"大医精诚"，怀普救

含灵疾苦之心，决无图财贪钱之念，亦无邀射名誉之心。其“精”，乃医技之精，一必终身真读经典，遵绳墨，且不囿于绳墨；二必献身临床。舍其一，技不精也。其“诚”，乃心之诚也：一必诚对其天，那是“天在看”；二必诚待病人、病畜，那是“人在做”。

故而，历代中医师徒相传均是遵其“非其人勿教，非其真无授”（《内经·金匮真言论篇第四》）之经旨，只传授品德高尚、且有才智悟性之人。

观我今之兽医，能践否？反之，必不能成良医，何奢言大医？

习医者明其使命，诚其心、精其技乃习医冠冕洗礼第一课。

第二节　彻底搁置西医思维与观念

中医理论形成于距今 5 000 多年的先秦时代，由于受当时科学技术的限制，人类对微观世界的认知是空白的。人们天天接触到的是大自然的宏观现象与信息。如日从东边出，又从西边落；春夏秋冬更迭不息；太阳（阳）给予人们温暖，大地（阴）庇护、滋养着万物。祖先们于是对天文、地理、气象、植物、矿物，以及社会进行了长期的仔细观察；同时，对人体结构、生理功能、病态变化进行了长期、仔细、力所能及的观察与探索，并且将这两大类的观察与研究结合起来，得出了许多正确的乃至天才的结论。如将人体依天地阴阳一样分为阴阳属性，将脏腑归属于天地间木、火、土、金、水五种物质属性，并具有脏腑朴素的五行生克关系。正是这种宏观上的研究，弥补了微观上的认知不足，从而形成了中医特有的宏观认识论与方法论。

这种宏观认识论与方法论就是哲学，就是特有的中国（东方）哲学。

哲学研究的最基本对象就是矛盾。中医看病就是对阴阳这一对矛盾属性观察处置的结果，用哲学推理查明引起阴阳变化的病因、发病部位，涉及的脏腑与气血，推导疾病演变机理，最后利用药物的矛盾偏性，纠正人们阴阳的偏盛与不足，达到治疗疾病的目的。

正是以这种宏观的哲学思维行医，中医一个病可能包涵西医多个疾病，一个处方可以治疗西医多种疾病。例如一个桂枝汤，不仅治风寒表虚的感冒、流感，而且可用于不明原因引起的发热、咳嗽、坐骨神经痛、心率失常、白细胞减少症、妇人崩漏、痛经及多种皮肤病。这在西医是不可想象的。一个归元散能防治底色病、滞产、母猪不发情、母猪少乳、消瘦症、提升免疫力多等病症，这正是中医宏观哲学思维指导治疗现代猪病的结果，是当代西兽医难以想象的，更是无以做到的。

西医利用微观手段，将疾病细化，各病分治是其特点。以归元散防治的疾病为例，西医防治滞产与不发情的药物是风马牛不相及的，是决然不同的，西药中没有一种药或者一个处方，既能防止滞产又能治不发情。这便是西医挟形质之说与中医持意会之说的天壤之别。

因此，学习中医的第一要务是搁置各病分治的形而下的诊疗思维，树立宏观的哲学的诊疗思维，以一个完全不懂医学的人的身份去学中医，当学徒。

下面逐一阐述中医诊疗中常用的具体思维方法。

一、比较

比较是研究治疗对象之间异同点的方法。有比较，才有鉴别。比较是对客观世界进行认知活动的基础，是逻辑规律和各种科学方法的前提。“揆度奇恒”中的“揆度”就是比较，“奇”则是异常现象，“恒”则是正常现象。笔者就是以自身50余年的临床经验，通过比较发现当

今猪群背部出血、皮炎、皮疹、眼流红色分泌物、新生猪阴唇水肿、新生公猪睾丸下垂是正常猪所没有的异常现象。

通过比较可以发现复杂病因中的主要病因。众所周知，终身限位是阴邪，霉菌毒素同样是阴邪，猪群的那些阴损的症状到底是以哪个阴邪为主而引起的呢？通过比较终身限位母猪与在自动饲喂管理系统下可以自由运动的母猪便发现，它们均存在上述的阴损症状，便知霉菌毒素是主因，终身限位是次因。

兽医临床不仅重视自身经验的比较，更要重视病畜与健康家畜的比较，重视病畜与貌似健康家畜的比较，重视疾病不同阶段的症状与病理剖检的比较。

学习中药与方剂同样要应用比较方法。辛温解表药众多，辛温是共同点，但是具体到哪一味药就不一样。例如，麻黄之辛，功在发散；细辛之辛，功在走窜；诸药皆辛散耗阴，唯防风、桂枝辛中有润，是散剂中的润剂。又如，理气药多辛温，唯枳实、枳壳、川楝子性寒；陈皮善行脾肺之气，青皮善行肝郁之气，台乌药善解寒凝肾经之气。补血药中熟地质黏性滞，守而不走，久服腻膈；而首乌补血之力不及熟地，却阴而不滞，阳不甚燥，可久服无虑（只是针对腻膈而言，久服首乌有损肝的副作用）。大承气汤用于燥屎、胀满之实证，黄龙气汤适于气虚胀满之证，增液承气汤是针对阴液亏损之胀满之证。

二、类比

类比是将两类事物进行比较，根据两者有一系列相同属性推论和证明它们在另一些特性和规律上也是相同的。中医学从整体观出发，常用自然界和社会的现象来和人体内的事物相类比。例如，树木得土壤的滋养才能生长，焕发生机；肝属木，脾属土，因此肝阴亏损时可以培脾土而生肝木；肝木克脾土时，可扶脾反制肝木。

又如中医“气”之粗象，不易理解，不妨先看自然界中何种情况下可以见到“气”呢？自然是在寒冷季节，太阳初升，照在水塘湖面上，可见缕缕白气轻飘冉冉升起；当太阳再升高，气便减少；太阳当顶，便无气可见。这正如人体之气必在心火温煦之下才能产生。心火必旺弱适中。心火太小，如太阳未升，气无从产生；心火太过，如日中天，同样耗气太过，依旧乏气。故而方有“肾家之少火以息相吹耳”之说。

类比是学习中医学可以看畜病的基础，因为人畜在生理结构、病因病机、药物方剂均可类比。在归元散的制方中，针对阳虚内寒证并没有选用壮火之药，却取得息息生少火的效果。

在中兽医的传统书籍原本就少得可怜的情况下，现今很多农业类院校没有开设中兽医课程，有志用传统医学为畜牧业服务的同仁，自学中医学，研读中医经典著作可能是唯一可行的途径。

三、演绎

演绎是从一般到个别的思维方法，用从归纳所得的一般共性的结论为依据，去研究个别的尚未认识的新事物、探求新的结论。笔者认识霉菌毒素的本质，建立底色病的过程就是演绎的过程。笔者通过查找古医典籍得知霉菌是阴物，而霉菌毒素是霉菌的产物，自然是阴物的阴物，故为阴毒之最。阴邪必损阳的共识告知，霉菌毒素必然损伤阳气；阳气衰，必然内寒生，故得出阳虚内寒的诊断，进而类比化妆打粉底，建立了底色病之说。

四、以表知里

以表知里是通过观察事物的外在表现，分析判断事物内在的状况和

变化的一种思维方法。《管子·地数》曰：“上有丹砂者，下有黄金；上有慈石者，下有铜金；上有陵石者，下有铅锡赤铜；上有赭者，下有铁。此山之见荣者也。”这是以表知里在古地质学中的应用。

中医名言“有诸内必形诸外”，正是这种思维方法在疾病认识中的升华。

早在20世纪六七十年代，湖区水牛在水冷草枯的冬季多出现消瘦症，其中肝片吸虫是主因。肝开窍于目，肝脏损伤必形于眼，眼内角有多量脓性分泌物，却无眼结膜炎。只要在冬季，见到无眼结膜炎，却有多量脓性眼分泌物的湖区水牛必为肝片吸虫患牛。又如，但见牛、猪出现四肢厥冷，精神沉郁，食欲废绝，体温低下，又无急性感染与内出血急症者，必为肝气郁结、阳气郁结之症，四逆散主之每试必应。

笔者对底色病的本质认知也是从“有诸内必形诸外”开始的，只不过是反推。首先看到母猪阴唇红肿，背部对称性出血、皮炎、皮疹等症状，就推测内脏必有损伤，剖检证实推测的正确性。最后又告知同仁，如何用“有诸内必形诸外”来看猪病。

“有诸内必形诸外”的思维方法看似简单，却需要长期经验的积累，深入临床进行细微的观察，必须亲躬大量的剖检实践，该方法可在现场快速正确诊断。

上述的诊断思维方法，西医自然也用。与西医见物细化的思维不同的是，中医应用这些方法的特点是以“助生生之气”的整体观（助人畜与环境统一、助人畜自身统一）为指导的，在阴阳学说、五行学说、经络学说等哲学思想的基础上，综合运用这些思维方法的，于是形成独特的中医思维方法。

第三节　用唯物辩证观学中医

精气学说、阴阳五行学说是中医最根本的理论，是中医特有的哲学属性，是中国东方式的哲学。哲学研究对象是事物最普遍的属性，没有具体的形质，如矛盾、存在与意识、思维等。而中国哲学中的“气”则更是让人有虚无缥缈之感，加之古代人类对许多自然现象无法解释，因此形成了对“气”的神秘感。到19世纪，欧美文化的进入让人们对“气”更加不理解，认为是迷信、伪科学，这成为现代人特别是已经灌满西医观点的人学中医的巨大心理障碍与偏见。

一、精气学说不是迷信，是唯物哲学观

中国古典哲学认为世界上一切都是“气”构成的。在宇宙未形成之前，世界是混沌的，名曰太始；后宇宙形成，方有了气。气的“清阳者，薄靡而为天；重浊者，凝滞而为地”，由此可见，中国古典哲学认为，世界的生成并非什么鬼神的衍生，而是“气”这种物质，自然是唯物的。这也为现代科学技术（量子物理学）证实“气”是真实存在的一种物质现象。量子是物理学中所指的一个肉眼难见的不可分割的基本个体，存在波粒二象性；而中式哲学的“气”同样是肉眼难见且存在无形之气与有质之形的二象性。“气”的运动称谓气机，其本质是阴阳“二气交感，化生万物，万物生生而变化无穷焉（《太极图说》）”。此相当量子纠缠（quantum entanglement，即相关的量子相互作用后，由于各量子所拥有的特性已综合成整体性质，因此无法单独描述各个量子的性质，只能描述整体系统的性质），量子纠缠产生新的事物，当今已成功实现18量子纠缠。量子力学还表明，显态秩序受隐态秩序的控制。显态秩序是形而下，隐态秩序是形而上，由此不难理解中医在调理水火气

血上决胜西医的原因了。

气有两种状态：一种是无形之气，肉眼难见，极为细小、分散，以弥散状态不断地剧烈运动；另一种为形质，它是细小而分散之气集聚在一起，以凝聚状态存在，形成看得见、摸得着的实体。人们将前一种弥散状的气称为“气”，后一种有形质的实物称为“形”。故中医有“气聚则形存，气散则形亡”之言。

进一步深入学习精气学说要掌握以下要点。

1.“气”运动不息，变化不止　“气”的运动，称为气机，其运动方式为升、降、出、入。“气”的运动必然产生各种各样的变化，这些变化称为气化。气化生万物谓之化生。化生方式不外乎无形之气变为有质之形，有质之形化为无形之气。总之，没有气机，便没有气化，没有世界万物。正常状态下，气机的升、降、出、入是保持平衡的，气化方能正常进行。故《内经》曰：“出入废则神机化灭，升降废则气立孤危。故非出入，则无以生长壮老已，非升降，则无以生长化收藏。”

2.“气”是天地万物之间的中介　天地万物之间靠气联系为一个整体，相互影响相互依存。动物呼出二氧化碳为植物光合作用提供碳源，光合作用产生氧为动物生命所需。六气（风、火、暑、湿、燥、寒）太过或不足或不时而至便为六淫。六淫可致人与动物发病；机体脏腑之间也是以气来实现生克乘侮。

3.天地之精气化生为人，天地之偏气化生为畜　《内经》：“天地合气，命之曰人。”《淮南子》：“烦气为虫，精气为人。”人得天地之全气，不偏不胜；家畜因得天地之偏气，故猪为水寒之畜、鸡为风木之禽、羊为赤火之畜、牛为湿土之畜、马为燥金之畜。猪性偏寒，当阴寒霉菌毒素侵入时，便同气相求，危害相比其他畜禽严重。

总之，精气是人畜生命的动力，精气足而生命活动正常，气机必须协调通畅。精气来源于先天并受后天精气的滋养补充，后天精气来源于水谷精微的化生。

二、阴阳学说是朴素的对立统一论

学习阴阳学说，首先不要与阴阳风水挂钩，先入为主的观念是非常不利于学习中医的，阴阳是对事物或现象的矛盾对立属性的概括。阴阳起源于《易经》，易卦由阴爻和阳爻组成。世间万物可用阴阳分类概括，如天地、日月、水火、男女、动静、内外、冷热、正反物质。阴阳的矛盾属性可以指相互对立的事物或现象，也可以标示同一事物内部对立的两个方面，如人畜体内的气与血、脏与腑、中药的寒热温凉等。阴阳属性，不是绝对的，是相对的。例如，男人体内雄性激素占优势，但体内仍然有少量雌激素，而女人则相反。因此，阴阳概念是相对的。《内经》："阴中有阳，阳中有阴。"正是事物这种既相互对立又相互联系的对立统一属性，才造就了无穷无尽、千差万别的大千世界。陆生动物为阳，水生动物为阴，两栖动物青蛙则是阴中有阳；而鲸生活在海水中，却呼吸在空气中。这种过度现象正是阴阳属性形成的千差万别的大千世界。

1. 阴阳交感 是指阴阳二气在运动中相互感应而交合的过程。天之阳气，地之阴气，阴阳二气交感形成云、雾、雷、电与生命，进而化生万物。《易传·咸》："咸，感也，柔上而刚下，二气感应以相与。"又言："天地感而万物化生。"阴阳交感的理论指出，阴阳二气是永恒运动的，二气在运动相遇，又处于和谐状态时，就会发生交感。交感使阴阳二气这一矛盾统一为一体，产生万物，包括人畜，并使其处于不断变化之中。

2. 阴阳相互制约 阴阳相互制约，使其事物矛盾双方处于和谐状

态，即“阴平阳秘”，也就是系统控制论所言的“稳态”。处于“稳态”的事物才能体现最佳的本质属性，如猪体现最佳生产性能。阴阳制约失衡，便产生疾病，甚至死亡。例如，肝血亏损致肝气过盛，心火不制肾水泛滥，治疗的根本措施就是调整阴阳。

3. 阴阳互根互用　阴阳相互依存的关系谓之“互根”；阴阳双方相互资生，促进、促长，谓之“互用”。阳不能自立，必得阴而后立，故阳以阴为基；阴为阳之母，因不能自见，必得阳而后见。故阴以阳为统，而阳为阴之父。因此，调整阴阳用药多为阴阳双调。

4. 阴阳相互转化　例如，夏天转化为冬天，热症转为寒证，表证转为里证。阴阳转化，体现物极必反的哲理。正如《内经》所言：“重阴必阳，重阳必阴。”阴阳转化的过程可以是渐进式，也可以是突变式。“病来如山倒，病去如抽丝”，正是这一转化过程的形象之语。发生疾病时，表证与里证、寒证与热证、虚证与实证、阳证与阴证，经常会相互转化。例如，持续高热会耗损大量阴津，出现阴津虚证；阴津虚少，又导致肠津不足，出现结屎的里实证。用药不当亦会出现药性反转，如久服附子祛寒，随时间推移，祛寒效果递减，最后反倒加剧寒证。

西医与中医都讲两个统一，即机体本身是一个统一体，机体与环境是一个统一体。但是，在“统一”到哪里却有天渊之别。西医认为机体本身是统一到中枢神经系统，但是在患脏器疾病时却是针对各个脏器治疗，而并非针对中枢神经系统；中医认为机体本身统一到阴阳，各个脏器患病是针对各个脏器的脏气之阴阳调理的。至于讲到机体与环境的统一，西医无法回答统一到哪里；而中医同样回答统一到阴阳。可见，一旦将医疗实践上升到哲学层面，西医则难以释意。

总之，阴阳学说是中医基础理论，亦是中医的哲学属性。只有学好它才能正确认识机体的五脏六腑，气血津液及经络的生理功能，才能正确认识病因、病机，才能正确诊断，才能正确选方、用药，才能正确防治。正如刘完素言："观夫医者，唯以别阴阳虚实，最为枢要。识病之法，以其病气归于五运六气之化，明可见矣《素问玄机原病式》"。

三、五行学说是唯物观与矛盾制约协同的辩证观在中医上的体现

五行学说起源于殷商或更早年代的五方说（东西南北中）、五材说（木火土金水）。因此，五行学说认为世界是由木、火、土、金、水五种基本物质构成，这便是"五"的含义；"行"则是指木、火、土、金、水运行变化的规律。五行学说是阐明木、火、土、金、水运行变化的学说。五行学说的内涵如下。

1. 五行各自的特性。 "木曰曲直"，有生长、柔和、调畅的特性，故凡有生长、升发、条达、舒畅性质或作用的事物均属木。

"火曰炎上"，有温热、上升的特性，凡温热向上性质或作用的事物均属火。

"土爰稼穑""至哉坤元万物资生""坤厚载物"，有生化承载、受纳性质的事物均属土。

"金曰从革"，属地沉重，可制作兵器，具有沉降、消杀、收敛等性质的事物均属金。

"水曰润下"，具有滋润、下行、寒凉、闭藏性质的事物均属水。

2. 事物按五行属性进行归类 中医五行学说将自然界各种事物和现象，以及机体脏腑、组织、器官、生理病理现象进行了广泛的联系，并以取象比类或推演络绎的方法，按照事物的不同形态性质和作用分别归属于木、火、土、金、水五行中，用于阐释机体脏腑组织之间、生理病理方面的复杂联系，以及机体与外在环境之间的相互关系，从而将机体

生命活动与自然界的事物和现象联系起来，形成了联系内外环境的五行系统，以此说明机体本身及机体与环境的统一性。

五行配属表见表 15-1。

表 15-1　五行配属表

自然界						五行	人体				
五味	五色	五化	五气	五方	五季		五脏	六腑	五官	形体	情志
酸	青	生	风	东	春	木	肝	胆	目	筋	怒
苦	赤	长	暑	南	夏	火	心	小肠	舌	脉	喜
甘	黄	化	湿	中	长夏	土	脾	胃	口	肉	思
辛	白	收	燥	西	秋	金	肺	大肠	鼻	皮毛	悲
咸	黑	藏	寒	北	冬	水	肾	膀胱	耳	骨	恐

3. 五行的相生相克和制化　五行相生是指五行中滋生、助长、促进的关系，为木生火、火生土、土生金、金生水、水生木。五行相克，是五行中存在有序的、间隔的、递相克制的制约关系，为木克土、土克水、水克火、火克金、金克木。五行制化，是五行生克关系的相互结合，如此才能维持和促进事物的平衡协调和发展变化。总之，五行相生相克制化是五行之间维持正常状态的内部机制。

4. 五行的相乘相侮和母子相及　相乘是指五行中某一行对其所胜一行的过度克制，即木乘土、土乘水、水乘火、火乘金、金乘木。五行相侮，是指五行中某一行，对其所不胜一行的反向克制，又称反克、反侮，即木侮金、金侮火、火侮水、水侮土、土侮木。相乘、相侮中都存在太过与不及两种情况。总之，相乘、相侮是五行异常克制现象;五行母子相及是指母病及子和子病及母，皆为五行之间相生异常的现象。

笔者认为在学习五行生克乘侮关系中只有通过临床实践，即在用药中才能真正体会。例如，用四逆散治疗低体温症，见食欲不振、腹泻、四肢冰凉，貌似脾经之虚证，用培补脾土方药并无疗效，因为此时脾经之证是肝木气郁克脾土之故，并非脾经自虚证。用四逆散养肝血疏肝木，则脾经之证不治而除。笔者在20世纪六七十年代治疗马、牛过劳引起的气喘病时，除用宣肺平喘药与滋养肺阴药外，还多加有治肾虚的白果、五味子、代赭石，收到了水生金之效。

原本是金生水，怎么又可以水生金呢？这是许多人学习五行想不通的，翻不过的坎。清·程芝田·《医法心传》一段话，有助理解："惟颠倒五行之理，人所难明，然知病之要全在乎此。如金能生水，水亦能生金，金燥肺痿，须滋肾水以救肺是也。水能生木，火亦能生木，肝寒木腐，宜益火以暖肝是也。火能生土，土亦能生火，心虚火衰，宜补脾土以养心是也。土能生金，金亦能生土，脾气衰败，须益气以扶土是也。"

陈家谟·《本草蒙筌》："不读本草，无以发《素》《难》治病之玄机。"指出读本草，通医理之重要性。

笔者学习五行学说的重要体会就是白天医疗实践，夜静观书深思，悟度奥妙。当然学习中医学全都如此。

第四节　学中药与方剂的些许体会

一、学中药的些许体会

常用中药400余味，可用中草药1 000余味，历经5 000多年临床的洗礼，至今几乎无一被淘汰（有些中药有损伤肝肾的副作用，有副作用不等于要淘汰，如夏枯草、首乌，关键在剂量与疗程的控制）。而纵观西药，自1848年鸦片战争至今不到200年的历史，临床应用过的药物就达7 000余种，但保留至今的不过几百种。中药、西药孰可经得起

历史的检验，岂不是昭然若揭吗？中药何来如此旺盛的生命力？全然“天人合一”之理性。

1. 学中医从学中药始　学好中药之重要性在于“人知辨证难，甚于辨药；孰知方之不效，由于不识证者半，由于不识药者半。识证矣而药不当，非特不效，抑且贻害（周岩·《本草思辨录》）。”周岩还指出：“读仲圣书而不先辨本草，犹航断港绝而望至于海。夫辨本草者，医学之始基。”

中医是一门须长期临床实践积累的学科，是长期师徒传承的技艺。历代新入门之人都是从学中药开始，从看老师看病开始。为何如此？博大精深的中医理论抽象玄妙，初学之人观之，如坠云雾，唯极少数悟性极高者能通之。仅观书就能学中医，这是多数人从中医不可选之路，特别是满脑子已灌满西医理念之人难以通达之路。在西药，特别是抗生素类药物江河日下的今天，众多兽医已对中医药知识有迫切需求，但又对中医药艰奥难明感到畏缩彷徨。笔者以为唯从学中药开始为入门之路，在临床中学最为上策。

2. 有关中药书籍　初学者不妨先读《药性歌括400味》，或其白话解读本。初步了解中药分类，以及常用中药的四性、五味、归经、功效、主治及剂量。高学敏·《中药学》，讲述全面，有现代医学对中药成分的分析、药理作用、临床应用、不良反应与毒性试验的论述，方便从不同角度学习中药。至于《本草纲目》由于其内容繁多，因此可针对性选读，特别是中兽药研发人员应通读。至于其他本草读本，如《本草蒙筌》《本草便读》等均可供读。

《神农本草经》是中药学的祖典，是习医人必读之书。清代名医张璐言：“医之有本经，尤匠之有绳墨也。有绳墨而后有规矩，有规矩而后能变通，变通生乎智巧，又必本诸绳墨也。”可见，先人将《神农本草经》奉为绳墨与规矩。

然，该书对中药的论述极为简要，语言文字与今之较多差隔，令人难懂。例如，黄芪“气味甘，微温，无毒。主痈疽，久败疮，排脓止痛，大风癞疾，五痔鼠瘘，补虚，小儿百病。”若辅以前人解读之书便易读易懂。陈修园的《神农本草经读》指出，黄芪乃“禀少阳之气，入胆与三焦，禀太阴之味，入肺与脾”；并指明黄芪并非泛言的补益之品；还借叶天士之语阐明黄芪之所以主小儿百病，是因为小儿为稚阳，即少阳，少阳生气条达则无病，黄芪主助少阳之气，故此。

《神农本草经》将中药分为上、中、下三品，上品多可作食饵，故在许多上品中药中出现“久服轻身延年”之语，泽泻项中还出现“久服……能行水上”方士附会谬说。宋代沈括于《梦溪笔谈》指出：“方书仍多伪杂，如《神农本草》最为旧书，其间差误尤多，医不可不知也。”读者务必慎思，正确读懂中医经典读本。

又，知母项有“补不足，益气”之词。不明经典旨意者视知母为养阴上品，实则错矣。《本经》原意是邪热除，正气自复，即为补也。此等间接寓意之词，常见于古籍读本中。例如，《素问·脏气法时论》:“肝欲散，急食辛以散之，用辛补之。”意为肝气郁结，欲条达舒散，应以辛的药物横行而散，畅通气机；肝木本为条达之性，辛应之，故为补之意。

再如秦艽，产于秦，根相互纠结而名。《本草纲目》却言：左纹为秦，右纹为艽，实为错矣！

故读中医经典一要虚心学；二要细心悟；三要慎于思辨，去伪存真，去粗取精。

3. 学中药　最好要亲自品悟中药的四性五味。学中药最好亲口嚼尝，将少许生药材放入口中，先不嚼，而是将药材含软，用舌尖品尝。

最先感到的味多是主味。例如，细辛，最先尝到的就是辛麻，黄芪的则是甘味。其后是将中药嚼碎，进一步品悟。例如，白术有黏粉感、山药有粉感，均略有甘味。中药的归经与作用均是依据其性味而定的，知其性味更易理解药物功效。中药的四气多是依据应用后纠正机体阴阳偏胜而得以确定的。例如，生姜的温性是通过治疗风寒感冒得知的，黄连的寒性是经过治疗心与小肠实火得知的。

4. 要在同类药中明白每种药物的个性　辛温解表药有十多味，除防风、生姜辛而微温，其他均是辛温；唯桂枝，防风是有甘温之性味，由于味甘，可生津，故桂枝、防风辛散发汗之时不会伤津，谓之辛散中之润剂；麻黄、羌活均为苦温，苦能泄，故走膀胱经，有胜湿利水之功。再如补血药，熟地、首乌、当归、白芍、枸杞、龙眼、阿胶、桑葚，除白芍酸苦微寒、桑葚甘寒之外，其他均为甘温或甘平养血药；白芍酸苦，则入肝，摄肝阴而养血，苦则泄，与寒性一并泄肝火，因此白芍适用于涉及肝阴血虚导致的肝经诸疾，如胸胁腹痛、肝木克脾土的泄泻、月经不调、血虚眩晕等证；而熟地至甘之性，在于养肾精，益肾阴补血，适于涉及少阴肾经阴血虚导致的诸证，如肾虚骨弱、腰膝无力、血虚心悸、月经不调，且熟地至甘之性守而不走，多服久服必腻隔。

5. 广揽众家之言，释疑去惑，以求其真　《神农本草经》曰："人参气味甘，微寒，无毒，主补五脏，安精神，定魂魄，止惊悸，除邪气，明目开心益智。"而高学敏·《中药学》："甘、微苦、微温，大补元气。"一者言寒，一者言温，孰对孰错？《神农本草经》言寒应指辽参，《中药学》言温应指高丽参。以辽参为例，生于至阴之地，得坤土之阴多年，自然阴寒，故为至阴之品。至阴之品又何以能补气壮阳？《神农本草经》："人参惟微寒清肺，肺清则气旺，气旺则阴长，而五脏安，古人所谓补阳者即指其甘寒之用不助壮火以食气而言，非谓其性温补火也。”再如知母，众多本草言其“苦寒益五脏之阴”。张山雷·《本草正义》：“知母能消肺金，制肾水化源之火，去火可以保阴，即是所谓滋阴火。故洁古，东垣皆以为滋阴降火之要药，继自丹溪而后，则皆用以为补阴，诚大谬矣。夫知母以沉寒之性，本无生气，用以清火则可，用以补阴，则何补之有？”

二、学方剂的些许体会

中医看病极少用单味中药治病，而是多味中药组成方剂，发挥方剂用药整体调整的疗效。中医方剂众多，《普济方》载方数万，历代经典方剂有上千。若有精力穷尽至精自好，恐非常人之所能，众多名家亦谙熟所擅长的专门之方。至于兽医，尤其是当今猪病兽医，病畜单一，病种少寡，实无必要全面攻读。下面针对有志用中药防治猪病的读者谈几点体会（读方基本知识不在此列）。

1. 制方的前提是识证知法 方是承前启后的，承前就是识证知法，启后就是识中药。中西医用药最大不同是西医为对症用药，痛则镇痛，发热则退烧；中医则是用药物性味之偏性来调整纠正机体阴阳之偏胜，即对证（本与标）用药的。这“症”与“证”就有天渊之别。中医之证必须用八纲去辨明白。八纲如何辨证？不熟知各种临床症状与八纲的关系，即症状之八纲的属性，就无法辨证。例如，猪背部皮炎皮疹，可为热毒宣泄，亦可为阴毒被正气逼迫而出；又如眼流红色泪液可为风热袭目，亦可为肝阳上亢。如何辨？自然需要医理与丰富临床经验，否则差之毫厘，失之千里。

辨完证，该用什么方法，即老八法（汗、吐、下、和、温、清、补、消），新八法（化、祛、理、活、安、开、固、驱），共十六法。

是用单一一个法，还是几个法综合应用，都要依据临证需要选择。既以主证为主，又照顾兼证；自然急症者应先治标，后治本。

“读经典，做临床”方能成就真医。由此可见，不懂临床，便无以识证，进而无以选法，法既不选，何以择方？无方何以投药？若要学中医，必定投身临床。然而当今投身临床的中兽医凤毛麟角，因此目前流行的中兽医药方，难觅真方，更谈不上传世之方。尽管坊间有“中兽药第几人”的虚名，终只能组千分之一添加的欺世之方。

2. 学先人组小方，组精方　纵观《伤寒论》百余方剂均是小方，为九味药以下。当今兽医药界盛行组大方、贵方，连人参、冬虫夏草都用上。组大方者辨证多不准，只能面面俱到，各方面药都用上，以弥补辨证不准乃至主观臆断的错误。有德的中兽医要做到无一味虚设之药，无一厘不斟酌之份量。

3. 结合猪病、畜病实际学习中医方剂　今举两例抛砖引玉：

例一，益母生化散。中医只有生化散，由全当归、川穹、桃仁、黑炮姜、炙草组成；兽医加了益母草得名益母生化散。从原方看中医立方用药是针对产后血虚、寒凝宫血之证，因此才重用当归，又加炮姜以温养血海。但母猪分娩是不流血的，不存在产后血虚症，反倒是产程长、产后胞宫空虚，邪气趁虚而入，于宫中残血相搏，热结成瘀，即产后感染多见。若照搬此方多有不妥，至少不必重用当归，更无需炮姜，偏热之方有碍热结消散，常演变为外观难以发现的慢性子宫内膜炎，虽恶露不见，貌似康复却屡配不孕。

临床上更多见产后恶露不绝，多伴有便秘。此时热与血结，瘀阻宫胞之里实证彰显无疑。治当清泻瘀热，活血止痛，用减味大承气汤，再加清热化瘀药组成更妥。可选用大黄、元明粉、桃仁、冬瓜子仁、丹皮、二花、地丁、益母草等组方。如果猪群受霉菌毒素的危害未控制好，母猪原本就有阳虚内寒证，那么就更复杂化了。虚实俱存，寒热并在，更应清补结合，或者先清后补方为稳妥。

例二，瘟热传宫胞流产证。如母猪发生流感引发的流产即属此症。由于瘟热内传血室宫胞，灼涸血海，因此胞胎失于濡养而流产。此案由瘟邪所致，应按卫气营血辨证。瘟邪既已由表入里，内传血海，可知瘟邪已入血分；欲驱瘟邪，仍要瘟邪由表出，故要用“汗”法；但热毒不清，邪难由表而解，故还要用“清”法。

瘟病汗法，自当选用辛凉解表剂，银翘散当首选。然银翘散为瘟病初起作用，此证已入营血，应将“汗”“清”二法合用，用清营汤（犀角、生地、元参、竹叶心、麦冬、丹参、黄连、二花、连翘）。

结合猪病临床，断不可照搬此方。原方中黄连、丹参是针对邪热传心包，神明错乱所用，猪病并无此况，故应删去；犀牛角，现已禁用，以水牛角代之；本案瘟邪入营血，部位在下焦，故应加黄柏、秦皮、清下焦邪热，但恐清热力度不逮，还可加蒲公英、地丁；若流产后胎衣不净，应加益母草、当归、川穹。

最后组方：水牛角$_{15}$、生地$_{30}$、麦冬$_{30}$、玄参$_{30}$、竹叶心$_{30}$、二花$_{30}$、连翘$_{20}$、黄柏$_{20}$、秦皮$_{15}$、公英$_{30}$、地丁$_{30}$、益母草$_{60}$、当归$_{30}$、川穹$_{15}$。此方寒凉甚重，热退即止。若恶露仍不净，当另处方。此方，水牛角清热凉血解毒散瘀为君；生地、麦冬、元参养阴清热为臣；竹叶心、二花、连翘清热解毒，透邪于外于上，黄柏、秦皮清里热于下，蒲公英、地丁入血分清热解毒，益母草、当归、川穹养血活血，下排恶露，十药共为佐使。

若发病母猪原本就有底色病，必虚实夹杂，寒热互现，当另处方。

4. 制方应制“治未病”之方　猪不是宠物，针对个体，各病分治的用药是没有广泛应用基础的。只有把握病本，明白理、法、方、药方能

制出“治未病”之方。

医方古籍众多，初学者当以汪昂《医方集解》首阅，求理法方药之贯通；读费伯雄《医方论》，可知对《医方集解》中方剂的评论，有助于对该书的全面理解与创意；张秉成《成方便读》条析清楚，又有七言歌诀便于记忆，实为初学者的良师益友。

第五节 医理是柱石，临床是基础

临床是学习中医的基础，在此基础上有多么丰厚精髓的医理，方能筑起多么高深的医道，进而搭建起不同高度的识证、立法、选方、遣药的大厦。脱离了临床，医理方药便是空中楼阁；没有医理临床大厦支撑无望，更谈不上悟制传世经方。医理与临床的关系如此分明。

如此明白之理，业内同仁却鲜有人知。于是不识猪病临床博导、博士、教授组方，不识猪病临床的“中药专家”组方，请老中医组方。终因不识猪病临床，要么抄袭老祖宗经方，如麻杏石甘汤、扶正败毒散、玉屏风散，不一而足；要么以某种中药提取物或某些中药提取物填充其间，再冠以高科技、中西结合的美名；要么明目张胆地胡乱凑合成1kg饲料只用1g的所谓神药。如此奇迹却发生了，养猪人用了这些中药似乎有效，也似乎无效，不能防治猪病，但也不会死猪，养猪人却付出了血汗钱。

在西药江河日下的今天，养猪人对蜂拥而起的如此混乱中兽药市场，既寄托希望又百般无奈。正是在这种心态下，归元散一问世便获得养猪人如久旱逢甘露般的首肯；广泛、确实之疗效使人们看到中药取代抗生素成为养猪业保护神的希望，也反衬只有谙知临床才能成就传世经方的道理。

但只有临床经验是远远不够的，必须熟知中医医理。清代名医吴仪洛言："夫医学之要，莫先于明理，其次则在辨证，其次则在用药。理不明，证于何辨？证不辨，药于何用？"

理、法、方、药四大项，明理是第一性的。理不明，辨证便是盲人摸象，差之毫厘，失之千里；证不辨，药当投之而不当。药之不当，何谈防治？

笔者于2007年就指出，当今中国猪群基本证是阳虚内寒，病因是以霉菌毒素为主的损阳因子，病机是阴毒损伤猪体阳刚之气，病位在所有脏腑与诸经，传变在于易继发各种瘟疫与某些杂病。所有结论都离不开用医理对证的归纳、分析和演绎。归元散针对上述诊断择法选方用药，从病本上解决猪病，取得广泛、确实的疗效。

如今中兽药生产厂家众多，研发人员众多，其中不乏高学历、高职称者，为什么没有一个产品能有很好的治疗效果呢？除了前述没临床经验、没有扎实的医理外，笔者以为，当今环境很难以培养出既有丰富临床经验，又有扎实中医理论的中兽医人才，其原因如下。

如今兽医专业多取消中兽医课程，毕业之时即满脑子西医"行而下"的思维，何能容中医"行而上"的思维？即使有人想学中医，也连入门之坎都摸不着。这种"行而下"固化的思维模式将遗祸长远。取消中兽医课程实质上是取消了"行而上"思维模式的教育，这是极其错误的。

人类大脑需要"行而上"与"行而下"两种思维模式并存。

其一，真正的兽医是能看多种畜种疾病的。只有有广泛的临床经历，才能具备丰富的看病用药经验，才能对不同畜种疾病进行比较与借鉴（此与西方细分科、分畜种的兽医教育和临床兽医相反）。笔者正是有诊疗马、牛、羊、猪、禽、狗、猫，乃至猴、鹿、虎的经验，才告诉

养猪人，猪的副嗜血杆菌病是没有治疗价值的，关键在防；告诉同仁，IFN 诱导不仅对猪病毒病有特效，对其他动物的病毒病同样有特效，宠物医院用它治疗犬瘟热等病毒病获得了好的声誉。当今猪场兽医只能看猪病，并且局限在一个小小猪场内，临床经验少得可怜。而西药就那么十多种，中药连门儿都摸不着，即使用中药也不辨证，也没有本钱去辨证，只知用清热解毒中药，何以能成才?

其二，制药公司中药西化的欺骗性宣传，成为当今猪场兽医接受中医药知识的主要来源，如什么萆薢可以识别病毒，什么中药可以杀灭病毒、消灭蓝耳病。此风气甚坏，摧毁了中医药本来的面目，是对祖国医学的亵渎。猪场兽医一旦受其熏陶便难以自拔，将贻害一生，更谈不上成为用中医看猪病的人才了。

其三，当今急功近利的拜金主义，阻碍了青年一代学习中医的想法。学中医要潜下心来，苦读书、勤临诊、苦思悟，要进行长期的实践积累，不是一朝一夕学成的。笔者见过许多病例，也有原始记录与病历，经实习学生借阅和多次搬家，现已丢失大部，今只能找到 1968 年的病例与 1972 年的病例。上面介绍的病均是用中药治疗的，且是用中医医理诊断的，现不嫌孤陋，用照相件附上与读者共享（图 15-1 至图 15-3）。

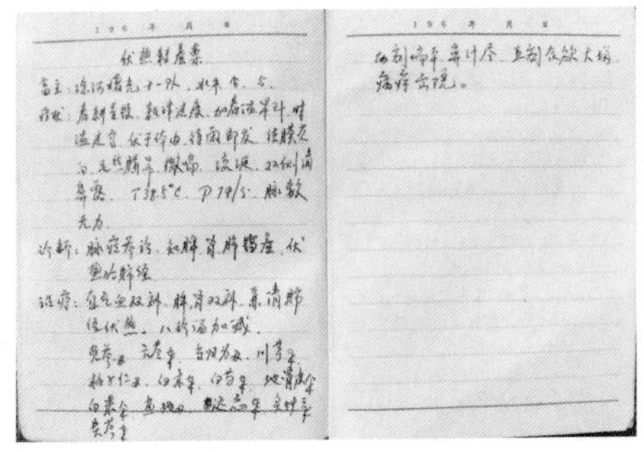

图 15-1　伏热转虚案

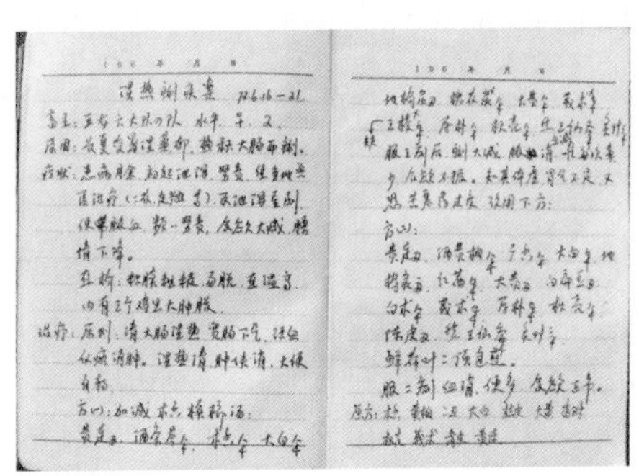

图 15-2　湿热痢疾案

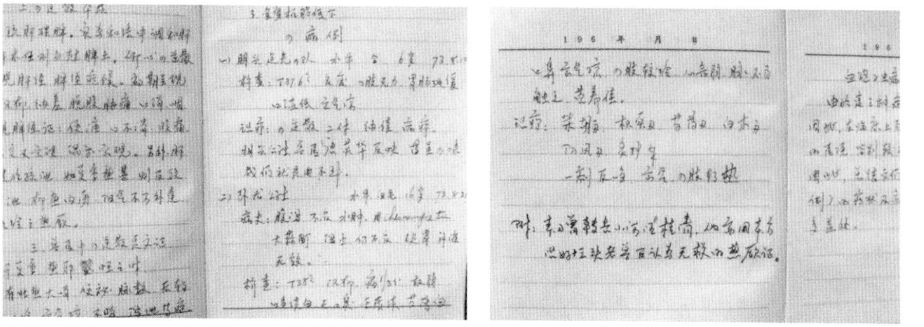

图 15-3　四逆散案

从上述病例可知，当时笔者尽管力图用中医理论来看牛病，力图脉证参诊看病，也力图以病因、病机、脏腑、经络学说的理论分析病情，力图用中药学、方剂学组方治疗，但仍然显得幼稚和粗糙。笔者学中医，用中医看畜病已50余年矣，至今仍自感是半瓢水，勉强应付临床而已。今天仍要不断学习经典中医著作，从中获得新的启迪，归元散便是在学习经典著作得到启迪的产物。如今，现实严峻，不拜金就可能难以生存，这无疑对年轻后生欲立志学中医是一大难关。

其四，中药西化的风潮不利于中医人才的成长。中药西化，被冠以中药现代化，在人医中得到了广泛应用。众多兽医与养猪人认为中药现代化就是经高科技处理的提取物，这是极其错误的。“形而上”的思维是贯通古今中外的，不会随岁月而流失。一剂桂枝汤，在汉代是当时现代化的方剂，在当今仍然是现代化的，它可治疗西医难以治疗的神经性疼痛、自汗、类风湿关节炎、更年期综合征、小儿多动症、皮肤瘙痒症等。以简驭繁，疗现代西医束手无策之证，难道不是现代化？

归元散虽然以最原始的、最简易的散剂形式呈现，但它却可以防治当今中外业界没有解决的底色病、可以防治多种疾病、可以提高生产性能，创中外业界一剂中药多功能之先河，难道不是现代化？

坦诚地告知业界，中药提取物与针剂在兽医上是没有前途的。道理很简单，猪不是人，不是无价之宝，必须讲究治疗成本，姑且不谈提取物疗效如何，仅成本的提高便不为养猪人所接受；猪病重在防，上工治未病，针剂何堪此任（详见附文，评中兽药状况）？

中医药有自己一套完美的临诊思维与模式，也有自己完整的教学方式，那就是临诊中的师徒传承，老师口传指点迷津，学徒心学感悟，如此方能学到传统中医。这就是传承。悟性高者会在传承的基础上，在临床实践中以自身特有的感悟付诸诊疗，这便是创新。没有传承，何来创新？悟性高者也可以无师自通，然万者成一而已。老中兽医至今寥寥无几，师徒传承，既无可能，唯自为无师自通者可摘冠。然路漫漫其修远矣，非常人可修炼。

行笔至此，笔者无奈叹息，传统中兽医可能断代在高科技与中药西化的今天。不然规模化养猪 30 多年，中兽药厂家多如牛毛，却至今可能只有一个真正治本、治未病的归元散问世？

有志传承中兽医之后生，欲获医道之真谛，一必泳于临床之海，更必苦耕于医书之野。

第十六章　践行大道而无为

第一节　必真读医书方为真医

养猪业界及相关产业的很多人都赚了钱，但富裕后却不读书了。2013年笔者在一家上市公司的药业公司任顾问时，我问该公司老总："你一年读几本书？"这位老总说："现在谁还读书！"

那种轻蔑、狂妄的表情至今令我难忘。悲哉！哀哉！悲哀的是整个业界没有读书的意识，更没有读书的迫切感。不读书便没有知识，便不能辨识真伪。业界里那么多荒唐事便是不读书的结果，养猪人吃了那么多闷亏便是不读书的必然。对于习医之人更应苦读医书。

清乾隆宜黄晋陵王光燮曰："岐黄一术，小之虽为技业之精，大之即为参赞之道，其功甚巨，其理甚微，自非有真学问真识见者出而为医，乌能博极群书，探本穷源，而得其真于不廖哉。盖天下有真儒，则始有真医，必有真儒，以为真医，则其医始真而不伪。必求真读医书以为真医，则其医尤真而不伪。"

此段至理之言讲了三个问题：第一，医道（岐黄之术），小到治病救人，大到管理国家，全在于奥妙之理，探究此理之人，必是有识之

士；第二，此有识之士，必定是真读医书之人（真儒）；第三，只有始起便真读医书，则其医方可不是伪医。

为什么从医道之人开始从医第一天就必须真读医书呢？清代名医张璐之言值得深思："医之有本经也，犹匠之有绳墨也，有绳墨而后有规矩，有规矩而后能变通，变通生于智巧，又必本诸绳墨也。"

此语虽小之为习药物本草之言，却放之习业医道皆准。其医道绳墨有《黄帝内经》《难经》《伤寒论》《金匮要略》《神农本草经》等。后世医书皆为此绳墨上或扩展创新，或详解完善。

《黄帝内经》明确了中医药的基本理论，构建了中医理论体系的基本框架，包括阴阳五行、藏象、经络、诊法、治疗、养生的内容，成为中医学发展的基石。东汉张仲景就是撰用《素问》《难经》等，并平脉辨证而完成《伤寒论》《金匮要略》。该二书总结了汉代以前的医学成就及张氏的临床经验，重点探讨了人体感受风寒邪气引起脏腑经络的病理变化和临床症候的特征，创造性地总结了一般外感疾病发生和发展的规律、治疗原则及药剂配伍方法。该二书始终严密而系统地遵其绳墨，将理、法、方、药一线关联，创造性地指导外感疾病与内伤杂病的辨证论治。

后来有金元时期刘完素，次后张从正、李杲、朱震亨等各自发挥《内经》中的有关理论，形成四大医学流派（寒凉派、攻邪派、脾胃论派、养阴派），到清代叶天士等创立温病学派。这些学派的创立，每一次都是中医理论的飞跃与治疗技术的重大提高，且都源于《内经》理论的启示。

《内经》成书于2 000多年前，文字古奥，语句艰深，初学者极难读明白。好在后来1958年周凤武等主编的《黄帝内经素问白话解》，1963年陈碧琉等编著的《灵枢经白话解》，2004年王宏图等主编的《黄帝内经素问白话解》，光明中医函授大学主编的《黄帝内经讲解》，为初学者真读医书提供了极大方便。上述白话解本，对学习中医古籍的一大障碍，即通假字、古今字、异体字、繁简字均有注释，读者可以便捷地学习到这些知识；诠释原著贴切，是真读医书、始为真医的上佳途径。

首先，有决心者通读一遍最好，对《内经》有整体概念。《内经》包括素问、灵枢两大部分，素问 79 篇、灵枢 81 篇，共计 160 篇。素问侧重于基本理论与原则，灵枢侧重于针灸经络。

《内经》论述的同一内容或命题常常分散在许多卷篇中，若要系统、全面地了解某一内容，读者必须自己摘录归纳。例如，有关阴阳五行学说的论述，就散在于阴阳应象大论、至真要大论、论疾诊尺脉要精微、天元纪大论、六元纪大论，阴阳离合论……；有关脏腑学说的论述则散在于六节藏象论、灵兰秘典论、邪客、痿论、逆调论，玉机真脏论。

学习《内经》要密切联系猪病，临床对号入座，其相关卷篇论述是学习重点。2006 年、2008 年所谓高热病流行时，针对业界只看到蓝耳病病毒一个病原，单因子思维防治效果甚微的现状，笔者重点重温《内经·汤液醪醴论篇》中的一段论述："黄帝问曰，为五谷汤液及醪醴奈何？岐伯对曰，必以稻米，炊之稻薪，稻米者完，稻薪者坚。帝曰何以然？岐伯曰，此得天地之和，高下之宜，故能至完，伐取得时，故能至坚也。帝曰，上古圣人作汤液醪醴，为而不用何也？岐伯曰，自古圣人之作汤液醪醴者，以为备耳，夫上古作汤液，故为而弗服也。中古之世，道德稍衰，邪气时至，服之万全。帝曰，今之世不必已何也？岐伯曰，当今之世，必齐毒药攻其中，镵石针艾治其外也。"

汤液醪醴就是米酒（醪糟）。远古时代，稻谷产量极低，是极为珍贵的粮食，而用于制作米酒，是弥为珍贵的药物，因此只作为备用药

物；到中古时代，人们顺应天之道差一点了，体质差一点了，邪气致病时，服用醪醴就可以治好病；但是到了黄帝时代，人们顺应天之道做得更差了，仅仅服用醪醴就治不好病了，必须服用其他药物，另外还要外加针灸方能治病。

《内经》这段话，清晰地指出：当事物内外环境复杂化时，单因子处事思维是行不通的。笔者告诫业界，当今猪的发病条件变化了，不能只考虑病原微生物，更应考虑猪体正气的衰微。防治的根本措施，应从恢复猪体正气始。大凡按其旨意实施的养猪人都收到良好的防治效果与生产成绩。

又如在探究新的临床症状原因时，笔者没有轻率地将其归咎于蓝耳病、圆环病毒病，而是重温《内经》（太阴阳明论篇）相关论述："故犯贼风虚邪者，阳受之；食欲不节起居不时者，阴受之。阳受之则入六腑，阴受之则入五脏。"故特别注意剖解病猪与"平猪"，发现五脏俱损特别严重，为行医50余年之罕见，直指"阴受之"病因为食欲不节、起居不时，绝非外感与瘟病（传染病）。再比较当今猪群特有的临床症状、起居环境、常用的饲料尤其是以玉米霉变事实，自然得出这些新症状的病因就是霉菌毒素。

至于霉菌毒素的本质是什么？是阴是阳？《内经》等绳墨经典并未有其记述，怎么办？笔者坚信医道是发展的，在浩如烟海的古中医文献中必另有记载。功夫不负有心人，笔者终于在《普济方》卷二百五十二发现论述："朽木生蕈，腐土生菌，二者皆阴湿之地气蒸郁所生也，既非冲和所产，性必有毒。"该论述一语中的，指出霉菌是纯阴（非阴阳相交的，非冲和所产的）之物，且有毒。既然霉菌是阴物，所产毒素自然亦为阴物，且是阴物之阴物，必为阴毒之最。《普济方》又曰："阴毒虽缓而难治。"因此，在众多中医古藉中，并未有治疗阴毒的专门方剂。

这意味着，欲以中药防治霉菌毒素中毒病（底色病），无成方可考，又必须遵医道之绳墨，更必须创新。创新而不悖绳墨，唯透解绳墨，方可推出创新。

《伤寒论》论述外感风寒之邪，以六经辨证确定发病、经络、脏腑、病情轻重与其传变预后配有 112 个经典方剂。这些方剂中，只有麻黄汤与桂枝汤是为初病而设的正治方剂，其他均为误治传变或病邪强盛传变而设。然而，读者会质疑在集约化养猪的今天，小环境相对稳定，猪只外感风寒之邪机会少，传变更是少见。若以此而论，学习伤寒论似乎并无太大现实意义。

其实，《伤寒论》以治六淫发病而设，绝非仅为寒邪而设。六淫致病概由表入里，十二经脉中唯太阳在表，为寒水之经，六淫致病必首犯太阳寒水之经，故曰伤寒。由此可知，此为寒水之寒，而非寒热之寒，这是其一；其二，该书以桂枝汤首列，治太阳中风证，而非单纯寒证，若专治寒邪，则当以麻黄汤、附子汤、四逆汤为先，况《伤寒论》又列白虎汤治暑，五苓散治湿，炙甘草汤治燥，承气汤治火。

六淫致病当以六经辨证。笔者认为六经辨证，对看猪病仍具有根本性的指导意义。正常生理状态下，心包络之相火循经下交于肾，肾水受相火温煦升腾上交于心，如此水升火降，水火既济，水火气血长养而无恙。肾水上奉涵养肝木，肝木得以疏泄条达，胆气顺正，则三焦之气通畅，进而上焦清和，下焦温暖，谓之上清下温，阴平阳秘。

以母猪为例，底色病之霉毒使其心肝肾俱损，以少阴病证便可直察病机、病本。心火不能下循，肾水无以上奉，心肾不交，水火不济，霉菌毒素直中少阴从水寒化更甚，阴寒内盛而阳气衰弱，出现一派寒化之证。霉毒同时损伤厥阴肝与心包，致相火上延为热，心火不能下达而为

寒。空嚼、不明原因的呕吐都是上热证；下寒证则为肢端皮温偏凉，欲寐不喜动，动则喘，小便色白，喜温饮。

少阴经病之主症为“脉细微，但欲寐”，均为虚证。以当今母猪为例，脉细微，当无以检之，但是可以从稍动即喘而推知；但欲寐之证，在猪可理解为少动，懒动，卧多动少。这种表现在一般人看来很正常，却是霉毒邪气直中少阴之证。霉菌毒素从口入，没有六经传变，直中少阴心肾经、厥阴肝心包经。如此，形成霉菌毒素作用下的水火气血失养，导致母猪不发情，产程长，死胎多，胎儿均匀度差，奶水少，易发生产后感染，断奶后如期发情率下降。因此，笔者在制定归元散时将心肾不交列入第一位，且用《易经》未济卦和既济卦深化认识。

《内经》所言伤寒较《伤寒论》所言之伤寒更为广义，包涵所有的外感发热的疾病，自然包涵疫病。《素问热论》：“人之伤于寒者，则为病热，热虽甚不死；其两感于寒而病者，必不免于死。”当今猪病中，底色病以使猪体感于一寒（内寒，阴经之寒）；若再继发疫病，便又感于一寒（外寒，阳经之寒），成为“两感于寒而病者”（阴阳两经同病），治愈率自然极低（《伤寒论》还有二阳合病、三阳合病之概念，非与此同）。由此可见，预防底色病这一病本之重要性。

可知学习《伤寒论》六经病证的重要性之一斑。

学习《伤寒论》的另一重要性在于知常达变，常变会通。常是绳墨，变是圆机活法。汉唐时代，桂枝汤仅囿于治疗伤寒中风，至清代柯韵伯广为拓展，将桂枝汤用于自汗、盗汗、虚痢、虚疟，并将其成功归结于“仲景方可通治百病”（《伤寒来苏集》）。桂枝汤原本治太阳中风证之辛温表剂，当加入龙骨、牡蛎后成为桂枝龙骨牡蛎汤，治心肾不交之剂。桂枝汤去大枣之腻，加麻黄以开腠理，细辛逐水汽，半夏除呕，五味子、干姜以除咳，即为小青龙汤，主治表寒不解的里寒水汽病。上述两个方剂在《伤寒论》中有记载，可见张仲景知常达变、常变会通之一斑。

学习伤寒论112方剂，可能对当今病种狭窄的猪病并无多大实用之处。但要除学习医圣张仲景组小方、组经典方之技巧，力争做到无一味虚设之药、无一分不斟酌之份量外，更应学习一眼看穿病本的本事。只有一眼中的，方能组小方、组经典方。反观当今业界，组大方成风，用名贵中药成风，只能表明看病不准，只能面面俱到，撒胡椒粉似用药，疗效平平，此皆不读经典、不做临床的必然结果。

还要指出，《伤寒论》在辨太阳病脉证并治上篇中就言及温病。并定义温病是“太阳病，发热而渴，不恶寒者，为温病”。但指出，温病“若被下者，小便不利，直视失溲；若被火者，微发黄色，剧则如惊痫，时瘛疭；若火熏之，一逆尚引日，再逆促命期”。意即若误用伤寒的辛温解表、误下、补火，即可出现坏病，学者不可不知。至于治温之法，《伤寒论》虽有麻杏石甘汤、白虎汤、栀子豉汤、黄连阿胶汤诸方的运用，但仍嫌不足。但是书毕竟是论伤寒，而不是论温病，故不可多言。

总之，学习《伤寒论》的重点是学习辨证施治，即以六经所系脏腑经络的病理变化所反应的临床证候为基础，结合病机转化，应用八纲辨证分析病势正邪消长、症侯的寒热属性，以及发病部位的表里属性而做出明确诊断，并在此基础上拟定确切的治法。

首先，掌握各经的主证便可进一步认识各种复杂的症侯是属何经之病或几经之病，是兼证还是变证。

其次，该书还用大量的篇幅讲述疾病发展、演变的辨证施治，这对于以群体为防治对象的猪而言，显然是不现实的，因此猪病的防治重在治未病。

再次，学习《伤寒论》应明确中医的治疗原则就是扶正与驱邪。总体来讲，三阳病以驱邪为主，三阴病以扶正为主。底色病属三阴病，自当以扶正为第一要务。

最后，有三点要注意：一是，有关六经病先后顺序。是书叙为太阳、阳明、少阳、太阴、少阴、厥阴，而现代中医界共识为太阳、阳明、少阳、厥阴、少阴。二是，该书第9、198、272、275、291、328条所列六经病欲解之时辰的论述，至今并无临床验证。三是，《伤寒论·辨阴阳易差后劳复病脉证并治》讲述伤寒病愈，气血尚虚，余邪未尽却因房事而致津亏火炽之证，名阴阳易。其治法用烧裈散，即用妇人内裤（裈）贴隐私处烧灰内服。然，此法至今无验证。

《金匮要略》是治疗杂病的经典。从病因言之，无外乎外感与内伤。内伤所致疾病，统称杂病。杂病是以脏腑、三焦、气血之病机指导辨证，因其是脏腑、三焦、气血之病，所以传变较少，治疗以扶正为主。

笔者学习该经典，对指导当今猪的杂病防治有如下现实意义。

第一，《金匮要略》开篇明义第一句话便是“上工治未病”。指真医治病在于治未发生传变之病，在于预防疾病的发生。纵观当今猪病中药方剂均为治已病为主，什么麻杏石甘散、清宫散、荆防败毒散，不一而足。唯有归元散是以治未病为宗旨设计的，按规程用药，能防止种猪及其后代多种疾病发生等，其良好预防作用就是“治未病”的体现。

第二，通过病症，学习病机。如水气病（水肿）的发生，与脾肺肾三脏的关系最密切。脾阳虚，既不能运化水湿，也不能克制肾水；肺气虚或肺气不宣，则不能通调水道，下输膀胱；肾主五液而施气化，肾阳虚不能气化，则水气不行。三脏之中，尤以肾为重要。因为肾又为胃之关，关门不利，即聚水而成水气病，并依水气病发生偏重脏腑的不一，分为风水、皮水、正水、石水、黄汗，其中正水、石水与肾之最密切。正水是因肾阳不足，水气停蓄；石水仍因阴寒凝结下焦，水气郁滞。这两种水肿在有底色病的猪群中广为存在，尤其以新生猪股后部、腹下水肿易见。

底色病是杂病，是由霉菌毒素引起的内伤。霉菌毒素直接入里，故无传变之说。但是一旦继发病毒性疾病自然病证变化多，治疗率低下，此时若用一剂不变之方剂，应万变之病证实多无效。此刻用 IFN 诱导技术与归元散结合便可弥补不足，达到更完美的境地。中西结合也是创新。

第三，《血痹虚劳病脉证并治第六》论述阴阳双虚的症候与治法。阴阳本来相互维系平衡，不然的话就会产生寒热错杂的临床症状，从医者自当认真辨别，而底色病的复杂症状正当属。在治法上，从张仲景遣方用药可以悟出其治疗原则是：欲求阴阳之和者，必求于中气；补中安肾分别用之。这对于当今防治猪病的遣方用药有重大指导意义。

《温病学说》形成明清时代，叶香岩、陈伯平、吴鞠通为代表人物。叶香岩·《外感温热篇》和《三时伏气外感篇》，陈伯平·《外感温病篇》，吴鞠通·《温病条辨》是经典文献。温病之辨证与伤寒六经辨证不一样，为卫气营血辨证为主，也不同于杂病的脏腑、三焦、气血辨证。六经辨证在识伤寒之深浅，卫气营血辨证在识温病邪之深浅。实际临床上，他们只是各自侧重不同而已，实则都有综合辨证，未有只伤经脉不损卫气营血者；也未有只伤卫气营血不损经脉者；也未有只伤经脉、卫气营血者不损脏腑者。

在杂病（主要是底色病）主宰当今猪群健康的今天，欲解决“平猪”这一临床现象，必须既用六经辨证，也用卫气营血病辨证，更用脏

腑辨证才可辨出病本。因此，尽管当今猪的瘟病为继发病，卫气营血辨证仍不可少。例如，母猪背部出血点就是阴毒损伤血分，寒凝血脉之证；母猪产后无乳或少乳，是阴毒损伤少阴肾经的表证；新生仔猪眼睑水肿是阴毒损伤少阴肾经之别经——阴跷脉、阳跷脉的结果；猪流红色眼露是阴毒损伤肝阳，阳损及阴致浮阳外越的症状。

温病病原是温热病毒，温热病毒致病的特点是易化燥伤津。猪群若患上温病，用中药治疗就必须考量其用药特点。

学习《温病学》，最好读王孟英编注的《温热经纬》。书中不仅有《叶天士温热论》的原文，而且有张虚谷、王孟英等的注释，此为学者理解原文提供了诸多方便。

《温病条辨》则是从三焦传变谈温病，丰富了温病学。

总之，从《内经》《伤寒论》《温病学》《金匮要略》等经典著作可以全面地学习中医的理论与临床，这对于立志用中医之道解决现代化养猪生产中病多而复杂的世界性难题的有识之士是极为必需的。

综上所述，“必求真读医书，以为真医，则其医尤真而不伪”。医真而不伪，真在何处？笔者以为真而不伪，其真有其三。

其一，学绳墨规矩（理、法、方、药）的岐黄之技，其具体的医技仍是据“本”之下的“形而下”的。岐黄之术最终落脚点，是治病救命的措施。学不好这些知识，岐黄之术就成空中楼阁。有兵来将挡，水来土屯的治“本”防治手段，医自然尤真而不伪。

其二，“形而下”手段运用得当与否，全赖岐黄之术中“形而上”为指导。唯有对“形而上”的气运分析、阴阳解析、生克乘侮的病机探讨，方可制定尤真而不伪的防治措施；反之，则陷入现代西医教育的单一“形而下”的残缺思维。“形而上”与“形而下”兼而有之始中医由真而不伪。正是“以大道为体，常道为用，天下之能事毕矣”（刘完素·《素问玄机原病式》)。

其三，中医极为讲究医德，肩负“医实代天生人”之重任，高尚医德铸就中医尤真而不伪。

第二节　必真读医书修心身

高尚医德铸就中医的尤真而不伪，此有两点内涵：第一，行医之人必真读医书，获绳墨规矩而不囿，却又能不墨守经典，更得经典之心；第二，德行高尚，以“医实代天生人”为己任。正如《渊鉴类函》言：“夫医者，非仁爱不可托也，非聪明理达不可任也，非廉洁淳良不可信也。”

清代文人，性情说创始人袁枚一语道破德与艺之间的关系：“德成而先，艺成而后，似乎德重而艺轻，不知艺也者，德之精华也。德之不成，艺之何有？”(《随缘全集·小仓山房文集》·卷三十四)

温病学派大家叶天士(叶香岩)是清代著名大医，德行高尚。一天叶天士坐轿出行，有一乡人在左边拦轿，祈求看病。叶天士下轿诊视曰：“大脉均调，奚病耶？”

乡人曰：“叶是名医，不会看错，但我患的是贫病，没有钱，他人不识，叶公您能治疗吗？”

叶天士笑答：“贫也是一种病症，也颇容易医治，你晚上来取方，一服可疗。”

晚间，乡人果来取方，叶天士告知：“你拾别人吃橄榄所弃之核种之，待苗出长壮告知。”

乡人尊其教。不多日，苗出而壮，告之叶天士。叶天士告知：“有求苗者，高价售之，切勿贱售。”

叶天士以橄榄苗为药引，众病人争购，数日苗不多，而求者更多，但价更高。

乡人获钱无数，具礼来谢。叶天士问："病好了吗？"乡人曰："全赖您，已全愈矣。"叶天士笑之送客。至今，浙江一带传为美谈（清·陆长春·《香饮楼宾谈》）。可见叶天士不仅医人，还具备上医治国之道，放之今精准帮贫脱贫仍有深远教义。

叶天士医道精湛，本诸绳墨又创新。一户人家娶妇，新娘入洞房，关门不久就晕倒。请叶天士诊视，叶掩鼻而入，视之后曰："易治耳。"命人将妇人抬至厅堂上，将数个装满大粪的桶围在四周，并搅之。厅堂秽气熏天，妇人苏醒。叶天士曰："此为檀香闭气所致，故以秽气解之。"并令新房中撤去香囊，即可入住。果如所言，不再发病。叶天士此举看似简单，无真学问真识见者，岂能如此智巧变通？不费一丸一汤救苍生于命危（清·采蘅子·《虫鸣漫录》）。笔者将患蓝耳病之母猪放归自然而愈，获异曲同工之效。

叶天士大名已风荡九州，可谓一世之医圣。一孝廉入都会试，至苏州病发，遂找叶天士诊治。

叶曰："系风寒感冒，一药即愈。"并问孝廉何往？

答之："赴礼部考试。"

叶曰："此去舟车劳顿，必发消渴症，无药可求，只能活一个月，望你速返乡里。"言完，开方，并嘱门徒登记。

孝廉回舟惶然泣下，辞伴欲归。同伴见状劝之："乃医者吓人生财之道，何必当真。"

孝廉服药，第2天果愈，在同伴怂恿下继续北上进京。舟抵江口，同人约游金山寺，孝廉见寺前医僧牌，又前往就诊。医僧诊断同叶天士一样，曰："消渴即发。"

孝廉曰："诚如叶天士言矣。"

医僧曰："叶天士怎么讲？"

孝廉曰："无药可救。"

僧曰："差矣。"暗自思忖叶医圣怎么会留一手呢？嘱孝廉："前面有一地名王家营，盛产秋梨，可满车收购，渴以梨代茶，饮梨作膳，食此物百斤，不会发病。"赶考一行人行至清河，消渴病果然发作，遵医僧言以梨为药，至京城未再发病。

汇考未录，返乡。至金山，感谢医僧救命之恩。僧收其礼物，却其二十金，曰："你再过姑苏城时，再见叶天士，请诊视，若曰无疾，可以叶氏前面所言质问。若叶问何人治疗，不妨将老僧告知，此胜于二十馈金。"

孝廉如其言，复见叶天士，叶果然曰，无疾。孝廉以叶之前言质之，叶氏急命徒儿查案相符。惊道："你遇仙人乎！"孝廉如实告知金山寺医僧。听完此言，叶天士曰："吾将停业以请益。"

随即摘牌散徒，隐姓埋名，着佣人服侍前往金山寺拜老僧为师，日侍左右。见老僧治过百人，叶士自觉医道不相上下，请求代老僧开方。老僧看过叶氏处方曰："你学业已与姑苏叶天士齐平，何不独立门户行医而依附老僧？"

叶天士曰："弟子恐如叶天士那样误人性命，必精益求精，万无一失，方可救人耳。"

老僧道："好啊，此言胜于叶天士矣（钱远铭·《经史百家医录》）。"

此段医话不仅体现叶天士精益求精之精神；更令人佩服其敢于视短、不耻下学的胸襟；钦佩病人至上、至亲、至己的责任操守。

明朝开国功臣之一，《卖柑者言》作者刘基于甲午之岁（未随朱

元璋起事之前），举家由青田来绍兴。绍兴地湿，一年寒暑又异常，家人疾病不绝，遂求证当地名医江仲谦，剂所投无不愈。故刘基一家以江仲谦为健康依靠，技精自不是虚传。刘基馈谢，江仲谦却拒而不收。刘基将江医义举，譬如魏公子救邯郸于垂亡，却不受赏，古今称以为贺见（明·刘基·《诚意伯文集》卷五）。

唐朝有人名宋清，在长安西市开药铺。无论迁升进京之官，还是受贬离京之人来卖药，宋清都亲自迎送。对于贪利砍价之人，也折价给药。乡间有急难，又倾财相救。无钱买药者写一张欠条即可，终积欠条如山。岁末，思无力还钱的，都焚而了之。市人都笑宋清，要么有病，要么另有生财之道。宋清知道说："我逐利是为养活家人，也无其他生财之道。"即或如此，宋青的生意却越做越大，获利更多。文人柳宗元议论："青人取利远，远故大，岂若小市人哉（清·陈梦雷·《古今图书集成·医部全录》卷五百七）。"

《医方类聚》是一本收集明代以前医方大成的藉本，总论首先讲的是"大医精诚"。更早的《景岳全书》，孙真人均有"大医精诚"的论述，今摘录如下："凡大医治病必当安神定志，无欲无求，先发大慈恻隐之心，誓愿普救含灵之苦，有疾厄来求救者，不得问其贵贱贫富，长幼妍媸，怨亲善友，华夷愚智，普同一等，皆如至亲之想；亦不得瞻前顾后，自虑凶吉，护惜身命。见彼苦恼，若已有之，深心凄怆，勿避险衅、昼夜、寒暑、饥渴、疲劳，一心赴救，无做功夫行迹之心，如此可为苍生大医，反此则是含灵巨贼。自古名贤治病，多用生命以济危急，虽曰贱畜贵人，至于爱命人畜一也，损彼益己，物情同患，况于人乎。"

"大医精诚"中的"精诚"二字了得。精诚所至，金石为开。只要精诚，授之真正的养猪技术，知之甚少的养猪人终会被感化，终会被教化；只要精诚，心中非份私利的金石也会被打开，再也不会虚伪欺骗地叫喊“做良心药，做放心药”；只要精诚，不求技精的惰性金石一定会被打开。欲成就大医、真医，必真读医书。书读得多深，医技便有多高；书读得多深，德行便有多高。

明大道以修身，兼二道以行医。

第三节　大道为体，常道为用

孔安国·《尚书序》云：“三坟者，五典之本也，非无常道，但以大道为体，常道为用，天下之能事毕矣。”

欲理解此文，首先要明白三坟者是谁？五典又是什么？孔安国·《尚书序》云：“伏羲，神农，黄帝之书谓之三坟，言大道也；少昊，颛顼，高辛，唐，虞之书谓之五典，言常道也。”众所周知《三坟之书》就是《易经》的原始版本，后经周文王立象演卦，周公述爻，后历500余年，孔子作《十翼》而完成流传至今的《易经》。《易经》阐述的是以阴阳五行为核心的大道，通过天地之至数，始于一而终于九，演绎阴阳相搏的爻的发展过程；同时，在每一爻的运化过程中体现了依据阴阳变化趋势处理具体事务的具体措施，即常道。正应了孔安国·《尚书序》所言：“三坟者五典之本也，非无常道，但以大道为体，常道为用，天下之能事毕矣。”

什么是“大道”？《易经》：“一阴一阳谓之道”“夫五运阴阳者，天地之道也，万物之纲纪也，变化之父母，生杀之本始，神明之府也，可不通乎？”“大道”便是天道。天道在乎《易》，《易》在乎阴阳交感的自然法则，正是“敬之者昌，慢之者亡，无道行私，必得夭殃（刘完素语）。”

大道是中医的主体思维。笔者敬畏大道，用大道的阴阳观分析五运六气之化，分析养猪环境变迁，分析体质之偏胜，分析病证之标本。极为清楚地看到，现代基因型种猪因育种措施的阴阳偏胜导致后代先天性阳虚；后天饲养环境是阴邪至重的环境（霉菌毒素、限位、限饲、高密度、不良的空气、疫苗与抗生素的滥用等），阴邪与猪体阳气相搏损阳，使得原本先天阳虚的体质更虚，病毒、细菌必然趁虚而入“平猪”，打破稳态，引发疫病流行。

阴搏（剥）阳在《易经》剥卦中讲得极为明白。

以《剥卦》为例详述三坟之书是如何讲诉阴剥阳，如何将大道与常道结合处理具体事物的。剥卦卦画䷖，艮上，坤下，山地剥，义为层层剥落，剥蚀，用何物去剥呢？从卦画上不难看出是阴剥阳。下面五个阴爻，上面一个阳爻，是层层向上剥。最后只存上九一个阳爻，宛如只剩下一个空壳，阴剥阳是如何剥呢？首先这个阴很厉害，如卦辞言：“柔变刚也。”它最先从床脚开始。爻辞：“初六，剥床以足，篾贞，凶。”已明确指出，这个“阴”来势汹汹，可是人们并未在意，剥得以继续；剥蚀到床垫，而人们依旧未加制止。剥发展到六三爻，由于六三与上九相应，有阳刚之道的上九干预或策应，阴虽发展到六三，但有惊无险；但是由于上九阳气较远，力度不够，故阴损继续发展到六四爻，已剥蚀到皮肤，正是“剥床以肤，切近灾也”。怎么办？仅用大道是不能阻止剥的发展的，必须要非常之手段，阳气不能镇住阴邪，如是对这些阴剥之物采用柔怀之策，出现“六五，贯鱼，以宫人，无不利”之语，也就是将这些鱼贯而来的阴邪，像乱朝纲的宠妃一样在宫内幽禁养起来，不让其作乱也就无忧了。作为阴阳之争并未结束，发展到上九爻，君子阳，得到民众拥戴；而小人阴本性难改，欲作难，但终被君子阳气镇服弃用。

剥卦的全卦，贯穿阴阳大道之争，六五爻的怀柔之策，又特别体现了常道的智慧，“大道为体，常道为用”在此得到了淋漓尽致的体现。

剥卦给我们何种大道智慧？将病毒视为阴，视为剥卦中的宫人，要想病毒不作乱发病，就必须如宫人一样幽禁起来。IFN 诱导技术将病毒幽禁在所亲嗜的细胞内，不能泛化作乱发病。这便是利益共同体的大道智慧。

笔者谨记“大道为体，常道为用，天下之能事毕矣”至理之言，将其用于猪病诊疗实践中无不应验。也正如清代屈大均言：“不知易者，不可以医，能以简易为道，调其阴阳，济其水火，行其气血而天下之疾已瘳矣（《翁山文外》·卷二）。”

2006 年与 2007 年所谓蓝耳病大流行时，在笔者近百次的出诊中，只见到数例为蓝耳病病例，这些病例的发病均与重度的饲料霉变密切相关；同时，众多安定猪场血液检测表明蓝耳病自然感染率高达 80% 左右，许多猪群中 S/P 值大于 2.5 者不在少数，这与权威人士言之的大于 2.5 者必为发病或必将发病相悖。笔者据此推断蓝耳病病毒这一病邪，于猪体正气之间是可以处于平衡态的，即稳态的，之所以发病与现代养猪环境中充满众多损阳因子——阴邪，尤其与霉菌毒素这阴毒尤为相关，阴毒逐步剥蚀猪体阳气，导致猪体无以维护与蓝耳病病毒的稳态而发病。依据这样的判断，笔者将患蓝耳病猪群放归大自然，让它们接触草木、土壤，呼吸新鲜空气，并饲以无玉米、麸皮的临时饲料（稻谷、糙米、细米）。总之，将患有蓝耳病的猪脱离原来的“现代”养猪环境，回归到“助生生之气”的大自然环境，历时 10~15d，除极危重者死亡外，绝大多数病猪无药而愈。

对这类病例的分析充分表明了“大道为体，常道为用，天下之能事毕矣”的普遍性指导意义。

“大道为体，常道为用”，在医学临床中体现为“唯以别阴阳，虚实最为枢要。识病之法，以其病气归于五运六气之化，明可见矣（刘完素·《素问玄机原病式》）。”另外，大道为体还体现在临床上，对理、法、方、药等常道的指导性应用中。如清吴仪洛《本草从新》言：“夫医学之要，莫先于明理，其次在辨证，在次则在用药，理不明，证于何辨，证不辨，药于何用。”这“理”者，便是“大道”之理，便是“常道”之理。

第四节　践行大道而无为

《德经》：“为学日益，为道日损，以至于无为，无为而无不为。”旨在做学问者，知识与日俱增；践行大道，欲望会日趋减少；随着道义的提高，欲望会进一步减少，以至于到最后，无欲无为，却什么也能做到。

笔者以为不要将“损”仅仅视为“欲望”之损，更应视为人们对事物过多的干预、错误乃至荒唐的干预。干预就是欲望，在不当的干预、错误的干预下，事物便失去了本来的面目与状态，演变得极为复杂，最后不为人们的干预所控制，从而走向反面。

现代化养猪的几十年，不就是人们过多干预养猪的可悲历史吗?

现代基因型种猪弱体质难道不是人类人工选育过多干预的悲剧吗?

玉米广为霉变难道不是人类过于追求作物高产的悲剧吗?

违背猪生活习性的现代化养猪环境难道不是人类追求贪婪的悲剧吗?

养猪业理应在现代养猪科技支撑下变得简单化、安全化、快乐化，但是事与愿违，“养猪难”的呼声却不绝于耳。无疑，这是“欲望”膨胀的报应。

孟子曰："行有不得反求诸己。"欲将养猪简易化，必践行大道无二择。大道必须在常道实施中得以体现，常道又是在大道绳墨下衍生，且是简略化的常道。实施常道使得那些过多的，乃至荒唐的干预被"道"损去，成为尘封的历史。

归元散、IFN 诱导技术、必要的系统控制措施，构成"生生之道"下的常道，是全新的符合客观现实的养猪系统控技术。其实施使得养猪变得简易，猪群健康了，生产性能提高了，养猪人无事可做了，养猪进入无为之态，盈利更多了，养猪人享受无不为的快乐。

老子曰："天下之事必做于细。"老子精大道，又极重视常道。养猪必须将归元散、IFN 诱导技术、必要的系统控制措施做细。细者，认真也。只有认真落实常道，大道才能展现无遗，养猪才能"无为而无不为"。

上述的常道，虽然"损之又损"了那些欲望下的干预，在很大程度上实现了"无为而无不为"，但却不是完美的"无为而无不为"。践行"道"还任重道远。但笔者坚信，进道不畏人言倒退，明道更有代人探索，道的阳光必将温煦养猪人，道的阳光必将升华业界的德行。届时，中国养猪业必将以国人原创的简易求真的养猪技术，以最科学的姿态傲然立于世界养猪之林。

附录一

猪病防治中的中药研发与应用现状剖析

畜牧业生产中，应用中药历史久远。距今2 000多年前，西汉刘安（公元前179—122年）所撰著《淮南子·万毕术》就记载有“麻盐肥豚法”；唐代《司牧安骥集》记叙四季用药预防疾病的疗法；《元亨疗马集》更是详细记叙“春灌茵陈与木通，硝黄三伏有奇功，理肺散宜秋季灌，茴香冬月莫教空”的顺应四时阴阳、预防时病的戒条。

中兽医药从来就是大中医药的一个分支，无论是理论还是实践都是在传统的中医药基础上得以发展与丰富。数千年文明史中，中医兼兽医的现象极为普遍，直到20世纪六七十年代，还存在这种现象，笔者也在那个年代用中医药看过不少的病人。因此，以下本文所涉及的理论与引用文献均来自传统的中医药。

中国养猪业经历了近几十年飞跃式的发展，早已步入现代养猪的轨道。应用了集约化的养殖模式，玉米－豆粕型的全价饲料，与西方一统的良种，与人医同步的抗菌药物与疫苗。遗憾的是，中国养猪业生产水平在得到小幅度提升之后，仍然长期处于低水平上，百病附身是中国养猪业挥之不去的痛结，西药疗效江河日下。严酷的事实迫使人们拾起这几被遗忘的国宝——中药。

历经5 000多年，乃至更悠久历史沉淀的中医药，在与人畜疾病斗争中保障了中华民族繁衍昌盛至今；且常用中药几百味，中草药1 000

多味至今无一淘汰。反观西药，从1848年鸦片战争后，人们合成的西药多达7 000余种，但至今被保留沿用的只有几百种。

古今严酷的事实，让人们不得不惊叹中医药的伟大与永恒的生命力。聪明的兽药生产商纷纷投入中兽药的生产，大量的中药制剂涌向养猪业。治病的、保健的，只要养猪人想要的，都可以找得到，真可谓百药斗猪病，好不壮观。在这番热闹的景象后面，中国的猪病同样也未因中药的面市而有丝毫的消停，质疑中药用于猪病无效论有增无减。中药到底怎么啦？为什么用于现代的猪病就无效呢？只有认真剖析中药研发、临床应用中的千百现象方可真相大白。

1. 正确认识中医药　剖析现状之前，必须先对中医药有正确认识，否则无以正确剖析现状。

（1）中医药本身就是哲学　中医药是超时空的，其丰富的哲学内涵，赋予了其科学的本质与永恒的生命力。

中医的核心理论是阴阳学说。阴阳两元素，体现的是辩证唯物主义哲学方法论中的矛盾对立统一规律。“一阴一阳为之道”（《易经·大传》），即阐述阴阳矛盾，最终统一为道。中医将万物分为阴阳，“天为阳，地为阴，日为阳，月为阴”（《素问·六节脏象论》）；《素问·生气通天论》则指出，“生之本，本于阴阳”，指出一切生命的生发源于阴阳；《素问·脉要精微论》以气候四季变迁为例，还指出阴中有阳，阳中有阴，“是故冬至四十五日，阳气微上，阴气微下，夏至四十五日，阴气微上，阳气微下”；《素问·金匮真言论》将一日分为阴阳，并指出人应顺应之：“平旦至日中，天之阳，阳中之阳也；日中至黄昏，天之阳，阳中的阴也；合夜至鸡鸣，天之阴，阴中之阴也；鸡鸣至平旦，天之阴，阴中之阳也，故人亦应之”。《素问·生气通天论》的“生之本，本于阴阳”则进一步指出，生命的本质就是机体内部阴阳的对立

统一运动并与自然界环境阴阳变化保持统一协调的产物。《素问·阴阳应象大论》的“阴胜则阳病，阳胜则阴病”则表明，疾病的发生就是阴阳失调的结果；其药物治疗亦是以药物之偏性纠正机体阴阳失调之偏胜，且是“以平为期”，即纠正到“阳平阴秘”，阴阳平衡为度，不可过之。

不难看出，中医阴阳的理论是从自然现象中高度概括、高度抽象的哲学属性。众所周知，正确的哲学属性是没有时空概念的，它产生于远古的几千年前，却万万岁于后世不疑，因为它永远是科学的。

（2）阴阳是有物质基础的　如前所述，自1848年鸦片战争后，世界研发的西药约7 000余种，但可以保留至今临床应用的只有几百种，绝大部分被历史淘汰。反观中药，流传几千年的1 000多味中药，至今无一被淘汰，仍活跃在临床舞台上，这无可辩驳的证明中医药的哲学生命力与超时空性。哲学上的概念是抽象的，如世界观、人生观、物质与意识，自然也包括中国古典哲学中的阴阳。无知的人们将这种看不见、摸不着的抽象概念说成是迷信、封建，说成是凭空捏造的，没有物质基础的。科学技术的进步，给予这种谬论无情的回击。业已证明，物质分解到夸克阶段，就是人们看不见、摸不着的东西，正负两种夸克在那里不停地运动，这与阴阳二气何其同质！无疑，几千年前被老祖宗们发现并概括、抽象的气与阴阳二气被现代科技证明是有物质基础的、是科学的。那些只凭自己感观决定事物存在的人们是不是也要否定自己感观不到的夸克的存在呢？如果人们抱着这种主观唯心的思维去看中医药，学习中医药就如同动物永远不能理解人类高级思维一样不能理解中医药，进不了中医药的门阈。

（3）中医临证的方法论是辩证唯物的　妇孺皆知，哲学既是世界观，又是方法论，是世界观与方法论的统一，即实事求是的原则与辩证唯物的方法论。

中医科学的方法论体现在中医临证不仅是看病，更重要的是看患病个体，看患病的这个人，看其体质，即首辨阴阳，这便是辩证唯物方法论的现象与本质的辩证在中医临床上的体现。当人们普遍认为蓝耳病是百病之源时，笔者发现当今的病猪表现高热，既畏寒又不渴饮，且肝肾均有重度的炎症、变性和硬化。这就意味着，猪在发生蓝耳病之前就已经形成了阳虚内寒的体质，是这种阳虚内寒的体质诱发了蓝耳病。因此笔者认为，平调阳虚内寒体质就可以预防蓝耳病的发生，且不需要接种蓝耳病疫苗，体质调整好了，阴阳平衡了，不仅不发生蓝耳病，其他病也极少发生甚至不发生，生产水平也大幅上升。

中医临诊从不将疾病视为孤立的事件，而是察环境、追因果、辨真假，如此方可探求真正的病因，从根本上防治疾病。《素问》疏五过论篇第七十七明确指出了临诊时容易出现的五种过失：第一过失是临诊前不先问“尝贵后贱”，或“尝富后贫”，导致“良工所失，不知病情”，这是讲环境变迁与精神失落对病情的影响；第二种过失是临诊前不问“饮食居处”，导致“不知补泻，不知病情，精华曰脱，邪气乃并”，这是进一步讲环境中饮食居处对体质、外邪及治疗的影响；第三种过失是“为脉者未能比类奇恒从容知之”，导致诊断的正确性受到质疑；第四种过失是“医不能严，不能动神，外为柔弱，乱至失常，病不能移，则医事不行”，即医工对自己与医疗对象均不能严格要求，不能解除精神上的压力，导致医疗失败；第五种过失是对诊者不知“终始”，不知“余绪”，切脉“不合男女”，不知“离绝菀结，忧恐喜怒”，均可导致“五脏空虚、血气离守”，此时对正气已虚之体仍用针灸，“亟刺阴阳”，导致“死日有期”“医不能明”。

显而易见，中医临诊极其讲究系统观察、系统分析、系统控制，特

别注重治疗对象的环境变迁、饮食居处、精神因素等信息，而不仅仅靠切脉看病，更不是仅仅依靠某一单项治疗技术，如针灸、药物治病。

反观当今之临诊猪病者，不看养猪环境、不看猪群的饮食居处，仅依抗原、抗体检测指标看病者充栋兽医之流；只知用疫苗防病，用抗菌药治病者更是泛滥于全行业。

笔者正是秉承中医的方法论，在发现猪群阳虚内寒的体质后，通过察环境，证明现代集约化养猪的环境中存在多种的损阳因子，如高密度、不良的舍内空气、乏运动、饲料广为霉菌毒素污染、现代基因型种猪的先天性阳气的衰退等。它们以叠加的、四维应激的方式作用猪群，导致阳虚内寒的体质。笔者以此制定了猪群阳虚内寒体质的系统控制技术，为养猪人降低了成本，提高了生产水平，获得了好效益。这与西医只看传染源，无视猪体，无视环境，只用疫苗，只用抗菌药，无视系统控制形成天渊的反差。

（4）中医经方本身就是哲学　所谓中医经方是指千古流传至今的经典方剂，如伤寒论以 91 味中药，组成经方 113 方。经方本身经历无数次临床验证，依据药物的性、味，严格按照君臣佐使缜密组方而成，其丰富的内涵体现了辩证唯物哲学的先进的方法论。仅以当今猪病中应用较多的麻杏石甘散为例阐述，该方是用于邪在气分、垫壅于肺、肺气不利导致的身热烦渴和咳喘。在宣泄上用了石膏与麻黄，二药配伍相反者是麻黄温宣，石膏清寒；相畏者石膏又制约麻黄宣肺助热，而麻黄制约石膏清热寒凝；在平喘上选用麻黄与杏仁，二者相使配伍，宣降并用，调理肺机；为防石膏寒凉太过，又配炙甘草使其相畏，反之，石膏又制约炙甘草益气留邪，炙甘草还可制约麻黄宣发太过伤气，而甘草又得麻黄辛温而益气温通；并且四药的用量比例即麻黄：杏仁：石膏：甘草是 1∶1∶2∶2/3，决定了本方既不是发汗解表，也不是清阳明之热而是宣肺平喘。

如此构思缜密，选药精良，剂量讲究，处处浸润辩证思维的经方在中医古籍中俯首即拾，让人在学习经方的同时，受到先进哲学思想的熏陶。正如晚清重臣曾国藩所言："各朝文人学者没有不读易的，也没有不懂医的，医者易也。"《易经》阴阳求变、万变至简的哲学思维便是中医八纲辨证的精髓。

言中医是哲学，就在于中医体现的是哲学中最基本的规律——矛盾律，致力于穷尽机理探求至简之道。万物生于阴阳，万变不离阴阳。用阴阳之变分析千百疾病，繁杂的疾病就变得极为简单，抓住阴阳就可以简驭繁。这在讲究群防群治的养猪生产中是至关重要的，只有一方统万方才具备实用价值。如《内经知要》所言："智者求同，愚者求异"，简易之道是最高的哲学层次，远远跳出对各别事物的元、亨、利、贞的范畴。

相反的是逢病必细化见物，逢病必言 PRRSV、PCV-2 等不休，必用五花八门的疫苗与抗菌药不休。遗憾的是，在这种猪病防治的主流思维指导下，猪病不仅没有得到有效的预防和治疗，而且还愈演愈烈。无可置疑，这是人为将简单的猪病复杂化，失败的根本原因是人们没有遵循先进哲学的基本原理行事。伤寒论中一剂桂枝汤，由桂枝、芍药等五味药组成，具有解肌发表、调和营卫之功能。桂枝汤不仅治疗外感风寒、营卫不和证，而且在现代临床中的应用也极为广泛，如用于治疗流感、上呼吸道感染、不明原因发热、盗汗、头痛、坐骨神经痛、带状疱疹神经后遗症、类风湿病、心律失常、多发性动脉炎、白细胞减少症、肠易激综合征、妇人崩漏、更年期综合征、痛经、小儿多动症、遗精、不育症、皮肤瘙痒症等，几乎涉及临床各科，充分体现了中医至理求简、执简而驭繁的哲学内涵与境界。

许多人看不起中医的哲学内涵，但是西方的众多名人却并非如此。德国哲学家黑格尔赞扬《易经》“代表中国人的智慧”；发明微积分和计算机原理的德国数学家莱布尼茨就是从“阴”“阳”的智慧中获得灵感创立了二进制，方有了当今的电脑世界，变化万千又都至简于1和0；量子力学的创始人、诺贝尔奖得主——丹麦科学家玻尔，将渔阳八卦太极图作为家族的徽号。看看西方人的作为，多少国人是否汗颜！

2. 中药方剂研发现状剖析

（1）中药提取物泛滥　中药提取物用于临床始于发达国家，如德国、日本。日本于20世纪70年代开始研究中药提取物，为什么？日本深受中华传统文化的影响，“医”“易”同源，众多日本的文化人看到了中医的神奇，称其为汉方医学。《医方类聚》是一部950余万字的中医医方巨著，但在中国与朝鲜均已散佚。1979年人民卫生出版社出版的本书，即是依据1861年日本人丹波元坚整理的江户学训堂本刊印，可见中日文化的源远流长。但是中医药高度哲理化的思维让持有现代科技手段的现代日本人神奇不解，于是应用现代药物化学与生物化学的提纯技术来破解中药玄妙作用的思潮兴起。短短几十年，几乎涉及常用的数百味中药，并将提取物用于临床。但事与日本人愿违，临床证明，它非但未能破解中医药之玄妙，也没有原方剂的效果。

深受日本影响，近10多年来我国也掀起了中药防治猪病研发的热潮，中药提取物制剂风靡猪病临床。典型的例子，如黄芪多糖不仅单味中药提取物用于临床疗效不佳，即或按经方组方一味不漏地组合提取物疗效亦不佳。

无须临床上的例证，最好的例证就是那些曾经用黄芪多糖作为当家高科技产品的制药公司已开始转向生产经方散剂。

为什么中药提取物没有预期的效果呢？

①单一提取物无以替代原中药多系统、多层次、多靶点、多成分的药物作用，原中药的这些特点是中药的多成分本质决定的。

黄芪对免疫系统、代谢系统、心血管系统、泌尿系统、中枢神经系统、肝脏都有正性药理作用，同时还有抗应激的作用。这些作用有机综合而成为黄芪的补气升阳、益卫固表、利水消肿、托疮生肌的临床疗效，其疗效的发挥是众多活性成分共同有机作用的结果。蒙古黄芪有大豆皂苷、黄芪苷、胡萝卜苷 3 种黄芪多糖，以及 2 种葡聚糖（AG-1、AG-2），2 种杂多糖（AH-1、AH-2），21 种氨基酸等。黄芪多糖并非是黄芪所含免疫增强作用的唯一成分，其含有的蛋白质大分子、氨基酸、生物碱与苷类均有免疫增强剂的作用。另外，免疫功能的良好发挥离不开肝、心功能的正常，而黄芪苷是抗肝毒损伤的有效成分，并且还有正性心肌力的作用，故而单一的黄芪多糖促免疫功能是有限的，大不敌黄芪全药。如果另有病毒感染，黄芪里的氨基酸、生物碱、黄酮和苷都有不同程度的抗病毒作用，可与黄芪中的各种促免疫功能成分一并彰显更好的临床效果，而这是单一的黄芪多糖根本无法达到的。

②沿用西方开发天然药物与化学合成药物的思路来开发中药，必然脱离了中医药理论的指导，必然不能体现中药与经方本身的特色与风格。丧失了中医药本身的丰富的哲学内涵，注定是进入了一条死胡同，不仅不能传承名古中医药，更不可能攀登中医药的现代高峰，是对传统中医药的亵渎。

如前所述，中医药丰富的哲学内涵赋予它永远的“行而上”的生命力。《易·系辞上》“形而上者谓之道，形而下者谓之器”，唐李鼎祚的《周易集解》引用唐崔憬言“妙理之用以扶其体，则是道也”，均指明“行而上”是为用、为道，是研究自然和社会基本规律的，其理是微妙的，是要悟性去意会的。例如，阴与阳，五行生克；为什么肝属春

木？为什么春天易发肝经风证？为什么子时至丑时不卧休（指人）会损伤肝脏？当人们用上述之理论指导应时起居时，身体就健康。

中医认为酸则入肝，涩则收敛。因此，在用柴胡疏肝理气的同时少佐芍药味酸性涩，可敛肝阴，防柴胡升发太过，达到以平为期的目的，如果仅用柴胡注射液是无法达到这一目的的。相反，柴胡注射液只有退热作用，难以疏肝理气。一药多用是中药的特点。反观西药中的植物提取物，如从曼陀罗中提取的阿托品就只能是胆碱能神经的阻滞药；如从毛花洋地黄提取的洋地黄毒苷就只可以用于充血性心力衰竭。由于提取药成分单一，因此不可能达到中药的多系统、多层次、多靶点性的药物作用，更不可能用中医的阴阳学说、脏腑学说、药物的四气五味、药物归经等理论指导用药。

显而易见，用西医研发药物的思路去探讨、研发中药与经方用药是欲以“行而下”取代“形而上”，是以低级思维取代高级思维。这种必细化见物的“形而下”的思维方式，见到疫病必追究是什么细菌、病毒所致，然后用抗生素、用疫苗去杀而后快。中医决然相反，是从整体上、系统控制上铲除疫病。前车之鉴，后事之师。如果将这种思维方式再用于所谓中药现代化，是注定要失败的。

笔者并不反对“形而下”的见物细化的研究方法，但是决不可以简单、机械地照搬到中医药的研究上来，不要以为罩上了高科技的外衣就是中医药现代化。因为传统的中医药是一门历经数千年发展，有丰富的、完善的哲学内涵的“形而上”的学科，它的现代化也一定只能沿着“形而上”的道路发展，哪怕应用了高科技的手段。

③中药与经方提取物尺度化任重而道远　中药与经方永远是随历史的车轮前进的。1973 年长沙马王堆 3 号汉墓出土了一部医用帛书，后定名为《五十二病方》，共记载了 189 方，仅单味药方就达 110 方。这

是中医药有文字可考的最早的医书，可见经方原始之端倪。至唐代，大医家孙思邈著《千金翼方》与王焘著《外台秘要》，均收录了6 000上方剂。到明代，《普济方》更是收录了61 739方剂。而张景岳又开创了按治法分类方剂的先河；吴昆《医方考》本着对方剂“考其方药，考其见证，考其名义，考其事迹，考其变通，考其得失，考其所以然之故，非徒苟然志方而已”的原则，对方剂的命名、药物、功效、适应证、方义、加减应用、禁忌等均有系统和全面的论述，开创了“方之有解”的先河；清代名医吴鞠通著《瘟病条辨》，创制桑菊饮、银翘散、清营汤、为方剂学注入了新的内容；晚清至民国再到现今，扶阳派兴起，突破附子用量禁区，赋予回阳救逆方剂新的活力。

总之，中药与方剂的产生与发展，都体现了与时俱进，却都遵循着中医药的传统理论与方法论，并且都是在其指导下得以发展和丰富。

在科技飞速发展的今天，中药与方剂该怎样发展呢？笔者以为在中医药传统理论指导下的尺度化是赋予其现代化的途径。

何谓中药与经方提取物尺度化？其是指中药与经方提取物不是单一的某种活性成分，而是多种药理活性物质固有的集合，可用指纹图谱控制其质量，且得以定量。由于它是多种药理活性物质固有的集合的物质基础，因此是符合中医药本来面目的，没有半点人为的干预增减。但是要达到这种多种药理活性物质固有的集合，首先必须探求这种“固有集合”的物质基础，不然就谈不上质量尺度与制订现代化的生产工艺。

由于相同的药材在不同方剂中的作用与地位不同，其发挥作用的物质基础也不相同。因此，一种药材可有多种不同尺度的提取物，并且提取物之间必然有一个最佳的组分比例，以体现其不同的疗效，如生黄芪与炙黄芪、生甘草与炙甘草。再例四物汤与当归补血汤均有当归，两方均用于血虚，前方用于血虚无热，后方用于血虚有热。当归在方中地

位虽均为臣药，但在四物汤中，当归重于行血中之气，让熟地能更好地发挥生血效用；而在当归补血汤中，当归重在养血补虚，使君药黄芪对浮阳内潜有阴平的基础。同一当归在两种经方中的尺度提取物是有差别的，可见中药提取物的尺度化是一个非常艰巨、庞大的系统工程，任重而道远。事实证明急功近利用单一提取物妄图取代全中药与经方是一条失败的路，是对传统中医药的亵渎。总之，只有能体现中药与经方的药理作用的有效部位与有效层次上的多种药理活性物质（成分）的固有组合才能体现中药与经方的特点。

④现有中药提取物在猪业生产中的定位　显而易见，现今中药单一成分提取物不能完整且全力度地体现中药原本的药理作用，更无法用它们去组合成经方，体现经方的临床价值。鉴于此，欧美国家对中药单一成分提取物的实用性定为疗保兼顾，以保为主，即或是治疗药物也是辅助治疗药物，余它概为补充食品，国内人医方面也是如此。无疑，这对中药单一成分提取物用于养猪生产是标杆性的借鉴，充其量是辅助治疗药物，将其作用神秘化、扩大化的做法都是错误的。

（2）丧失中医药理论与哲理指导的组方　经方多至千万，从晋唐流传至今方书多达 1 950 种，没有专利，谁都可以抄录，谁都可以开方。尤其是一些原本生产化学药品与抗生类药品的企业，在销量日趋萎缩的今天，想到了这几乎没有研发成本又无需特殊设备便可生产的中药与经方，于是快速上马生产。出乎意料的是这些产品疗效并不佳，产品同质化严重，全靠五花八门的营销手段推销。为什么陷于如此尴尬的境地？

①用毫无中医临床经验的人选方和组方　笔者见到生产中成药的企业研发人员有两类：一类是有高学历的年轻的博士、硕士；一类是所谓有一定兽医从业经历的人员。这两类人员均未接受中医的系统教育，更无中兽医临床经历与经验，根本不懂临床上理、法、方、药的逻辑关系

与统一性，更不知以证为纲的至关重要性。以证为纲，以证立法，以法统方，以方带药，随证施治是中医不变的原则。中医立方用药始于辨证，便是以证为纲，即以临床证候为依据，通过机理分析，首辨阴阳，即辨阴或阳偏盛与不足；再辨六纲，仍然依临床证候辨病症的虚实，辨病证性质寒热，辨病证部位之表里；再次以证立法，即以辨证之结果，选择治疗方法，在老八法（汗、吐、下、和、温、清、消、补）与新八法（化、祛、理、活、安、开、固、驱）中择其适者而定之；季次以法统方，在一法或二、三法中选择适当的经方或自己善长惯用的经方；最后以方统药，即依据临证之不同对经方用药进行化裁，使之更贴切临证之个体或群体。

这一思维过程，丝丝相扣，缜密无瑕，都是以临床征候为基础的，脱离临床与上述思维过程与判断都是空想。故而，无以想像没有中医理论与兽医临床经验的人如何去组方。因此，当今流行的用于猪病的中成药多是以研发人之昏昏，使养猪人昏之又昏，谈何疗效。

②照抄经方，以清热解毒经方遍治猪病　荆防败毒散、清瘟败毒散、黄连解毒散、龙胆泻肝散、双黄连口服液等大量面市便是这种行径的真实写照。这类中药用于当今的猪病疗效甚微，其根本原因就在于这类中药是用于外感的实邪证或者脏腑的实火与湿热，万不可用于虚证之体，否则阳气愈伤，津液愈竭，邪气入深，最终无以施救。而今，在集约化饲养环境下，猪群多虚证，用之自当大忌。

③不知猪的生理特点，用大量解表药组方　众多清热解毒的中成药中大量应用了解表药，意在开鬼门，逐邪从汗出。猪体能用解表药达到邪从汗出的目的吗？人体皮肤约有 500 万个汗腺，外感邪气自当可用辛温或辛凉解表药，达到邪从汗出之目的。以桂枝为例，其解表降体温的作用在于兴奋汗腺，而荆芥的发汗解表作用在于增加皮肤血液循环，增

强汗腺分泌（高学敏·《中药学》）。可是猪呢，每平方米的皮肤只有50个汗腺，汗腺如此之少，如何达到汗出逐邪的目的？可见解表中药用于猪病临床是没有生理结构与病机支持的，是不适宜的。笔者见到，此类中药用于临床，多造成郁热与外邪内传，病情反而转笃。

这些制药公司与制方者，以为照抄以往的中兽医经方绝对没错，哪知以往的兽医经方多是用于以马、骡的，而马、骡汗腺发达自当无误。今之失误又表明，这些制药公司没有长期中医临床经验的专业人才，方犯如此低级的错误。

④不知少阳经证广泛存在于现代猪群中，滥用三禁的中药　笔者见到，组方者称当今犯病为邪气所致，开鬼门驱邪理所当然，开鬼门除前述邪从汗出外，邪还可从二便出，于是在一些组方中有了解表药、泻下药、渗利水湿药。组方者全然不知当今集约化环境下的猪群广泛存在少阳经证。少阳经证在猪表现体温时而轻度升高、时而正常，猪群中有呕吐现象，眼分泌物呈红色；此外，呈亚健康状态均可视为少阳经证。少阳经证有三禁，禁汗、禁下、禁利。汗则亡阳，下则陷阳，利则损阳，是亘古不变之法则，万不可滥用，唯和则病祛。因此，大凡在方中有三禁之中药，临床疗效几无。

⑤嫁接中药药理，误导临床用药　萆薢是分清降浊的良药，治疗小便混浊，湿浊下注不化之淋浊症，如萆薢分清饮，与八正散、导赤散均为治疗不同类型淋浊证的经方。将这种中药的分清降浊无限夸大，萆薢摇身一变就成为了可以识别病毒、细菌、毒素的特效药，并成为方剂可以抗菌、抗病毒、解霉素。稍有中医知识便知，萆薢只能分降太阳膀胱经之湿热之毒，并不能识别、排出阴毒性质的霉菌毒素，更不能识别引发瘟疫的细菌、病毒，更不可能将其分降排出。

⑥号称1g中药可治猪病　有这样的中药散剂，1t饲料只添加1kg，

折合 1 kg 饲料只含中药 1 g，却宣称可以强食欲、除毒素、提高免疫力。稍有中兽医临床经验的人便知，一头 100 kg 的猪的中药用量是人用药量的 3 ~ 5 倍，人医单味中药常用量为 5 ~ 10g，以常见八味中药的方剂为例，猪每天的饲用量为 40 ~ 50g，乃至更多，因此猪以 1d 的治疗量至少在 100g。纵观多种用中药治猪病的书籍，单味中药用量多在 10 ~ 15g，未闻 1g 中药可治猪病之奇事。敢如此放言者，是不是将猪视为鸡？ 1kg 饲料含 1g 中药恐怕连鸡病也治不了！若果真有点效果，必然是掺杂了西药，这样做还是在传承名古中医药吗？

（3）中药方中掺杂西药　中药成药中掺杂西药是有悖药典的违规组方。以人医为例，这种现象由来已久，20 世纪 50 年代末掀起中西医结合的高潮，人们简单地认为在中成药里掺有西药就是中西结合。应用最多的是掺有对肝肾有损伤的镇痛消炎药，如吲哚美辛、可以成瘾的镇咳药可待因、可以减轻临床症状却有免疫抑制作用而又无以治本的可的松类，而且这种所谓的创新药剂还得到了当时人医药监部门的批准。近 20 多年，人们认识到这种创新的危害，不再审批这类中西结合的成药。

近 10 多年，猪用中药成药不仅没有借鉴人医的教训，而是步后尘过之无不及，掺用最多的是人医不敢用的抗生素类，如催乳的三碘酪氨酸、减少活动喜睡的安定类、长瘦肉的重分配剂类；以及并没有实效的尚不成熟的概念药物，如核糖核酸、免疫核糖核酸、转移因子、白细胞介导素、植物血凝素、集落刺激因子、反义寡核苷酸等。这类药物中的中药含量甚少，无以发挥治疗作用，真正发挥药效的是西药。这些西药多数不准用于兽医临床，但在套上了传承名古中药外衣或保密成分的外衣后，便可堂而皇之上市流通无阻，给兽药制药公司和经销商带来巨额利润。

（4）超微粉碎　超微粉碎技术是 20 世纪 90 年代逐步兴起的加工

技术，是将粉体粉碎成直径为 30μm 以下的微粒。在这样的粒度下，中药材的细胞壁被打破，内含的药物成分被直接暴露出来，有利于其在肠道的吸附、吸收和药物成分的提取。大量的研究证明，被超微粉碎的药材，只是发生了物理性状的改变，但药材的性味并未变化，但剂量可以减少 30% ~ 75%，是一种极具前景的加工技术。

但是经超微粉技术的中药应用到猪病方面仍面临许多问题。首先，不是任何药材越超微越好，例如黄芪，以粉体直径为 0.038mm 为好，此时有效成分析出最多，并且这种粒度还与药材水分含量、粉碎温度息息相关。因此，针对复方中药散剂中的每一味中药要探究出最佳粒度并非易事。

其次，猪用中药散剂是饲服的，而饲料的粒度直径为 0.4 ~ 0.8mm，与超微粉中药物粒度小于 0.03mm 相去甚远，临用混合必然分级，是饲服大忌。要避免这一缺点，只有对微粉中药再包被成与饲料颗粒大小近似的颗粒，显然这增加了工艺难度与成本。

再次，超微粉不是新剂型，只是粉碎工艺的革新，尽管它可以减少用量，提高吸收效果，但药效的发挥仍然是以经方为基础的。经方的化裁做不到理、法、方、药的一体性，超微粉碎也达不到期望效果。

最后，超微粉中药在与饲料混合过程中会形成比常规粉碎中药多得多的气溶胶。这些气溶胶飘浮在空间，形成中药材超常规粉碎的事实上的浪费，养猪人要付出更大的代价。

（5）缺乏严谨的选材与传统炮制　传统中医药极为讲究药材的选择，依据主产地选择药材。例如山药，以河南怀庆产者为佳，山西太谷产者次之；内蒙古库伦芪，以金杯银盛芪为最佳，次为东北正布奎芪，再次为山西浑沅芪和甘肃棉芪，而川芪最次。另外，还要依据不同的临床目的选择药材。例如柴胡，以解表为目的宜选北柴胡，以疏肝解郁为目的宜选南柴胡。再如刺五加，功善补益，以治脾肾不足之虚证宜选北刺五加；若治疗风湿痺痛，兼补肝肾，宜选南刺五加。除上述药材选择外，当今药材市场假货充栋。以白术为例，以外色灰白的白术（不入药）冒充外色褐黄的浙白术，以菊叶三七冒充云南产的铁皮三七，还有更甚者，将浸提后的药材冒充生药材。

至于中药的炮制更有学问，炮制可以改变药性，如生甘草味甘偏凉，而蜜炙后则味甘偏温；生地味甘性寒，制后的熟地则味甘性微温。但炮制甚繁，以地黄为例，历代炮制方法繁多，以宋代九蒸九曝、光黑如漆、味甘如饴糖的熟地炮制最复杂，九蒸九曝中若不用首乌水去套，仍达不到光黑如漆的外观。当然，现代炮制已省略许多，但制法仍严谨。黄酒浸泡的生地是要隔水蒸至酒干为度；再如山茱萸，有蒸制品、酒制品、醋枣制品、其均依临床效用不同而炮制。正因为选材与炮制至关药性的发挥，所以从古至今医家都极为重视。故而，同仁堂堂训曰：品味虽贵必不敢减物力，炮制虽繁必不敢省人工。

可是当今有几家中兽药企业是按传统工艺去做的？不按传统工艺去做又谈何传承名古中医药？

（6）非法贩卖，夸大效果　有的人在保密的幌子下，专门非法贩卖所谓的中药核心料给制药企业，制造1g中药治疗猪病的骗人神话，牟取暴利，坑害养猪人。

（7）鼓吹用名贵中药组成大方剂　如用人参、金钗石斛，如果还要用这类名贵中药才能养猪，那么养猪还有什么意义？二三十味中药组成的大方剂，只能证明组方人看不清猪病的证。无奈之下，只能面面撒胡椒面，既防治不了猪病，也医死不了猪。

3.中药方剂应用现状

（1）凡是体温升高的猪就用清热解毒的中成药　清热解毒的中成

药的应用，适应证一定是瘟病初起以后传变入阳明经等脏腑的实热证，病猪表现为壮热，口渴多饮，溲短黄，粪干少，喜困泥卧水，但此证在现代猪病中极为少见。仅仅体温升高之症极为常见，实为虚寒证的表现。仅以体温升高作为应用清热解毒的中药的指证必然导致药证不符，必然没有疗效，甚至传变殒命。

（2）猪群平时保健用药仍是清热解毒中药，如此加剧了清热解毒中药的滥用，加剧了猪群阳虚内寒体质的程度。

（3）将多种中成药胡乱联合应用，只要是自己公司生产的，全部联合应用。笔者见过为了推销产品，将 4 种中成药一并应用的情况，其中的 3 种中成药与证不符。

（4）将西药另包装成引药与中成药一并应用临床。这种形式的用药是与小剂量的中成药配套的，如 1kg 饲料中只含有 0.5 ~ 1.0g 的中成药，就配上这种引药。如果不为人们质疑，当然是冠冕堂皇的中药引药，一旦被质疑则美其名中西结合。生产这类产品的企业，自身没有研发能力，被没有临床经验的所谓的中兽药制方名人左右，在传承名古中药的幌子下，结成利益共同体，坑骗养猪人。事实证明，这类企业的客户更新率极高，坑人骗人的名声不胫而走，企业能走多远？值得深思。

综上所述，用于养猪生产的中成药制剂无论是研发、生产、临床应用已经远离了中医药“行而上”的哲学属性，远离了传统中医药理论，在各种名目的高科技的幌子与无抗养殖名目下招摇于猪业生产中，损坏了传统中医药的名声，亵渎了传统中医药的精髓，我国的中兽药企业应该正视之。要发挥中药无抗养殖的优势，企业要占领中药的制高点，保持长久的生命力，就必须真正地遵循中医药“行而上”的属性与思维，研发符合当代猪体实情的方剂，名副其实地传承名古中医药，为中兽药真正成为养猪业的卫士而努力奋斗。

附录二

猪的其他临床症状相关图片拾遗

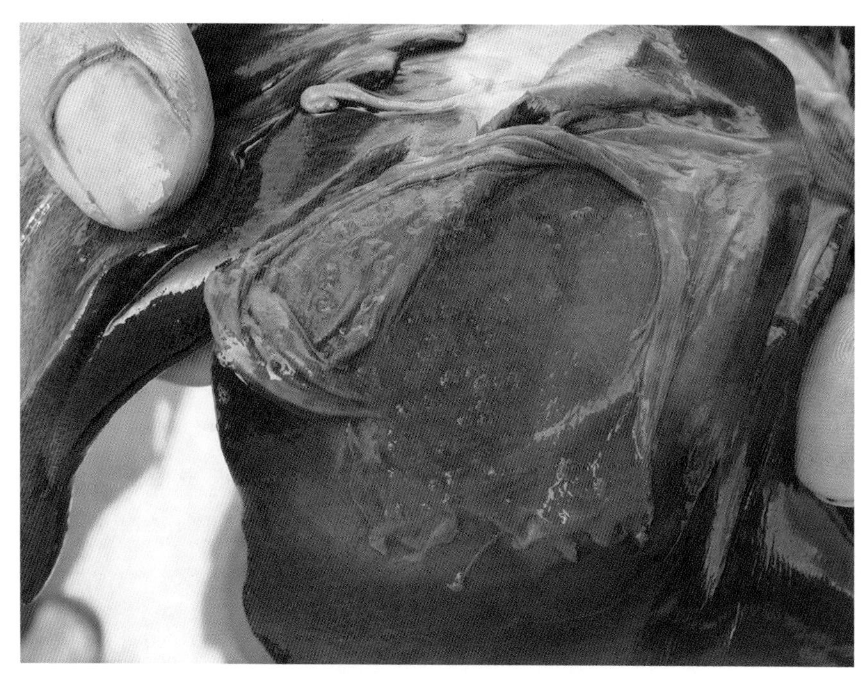

附图 1　胆结石

皮下组织黄染

浆膜广泛黄染

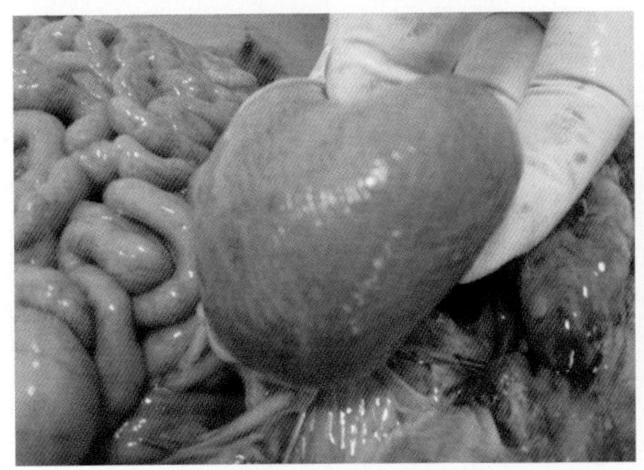
膀胱外观呈黑红色

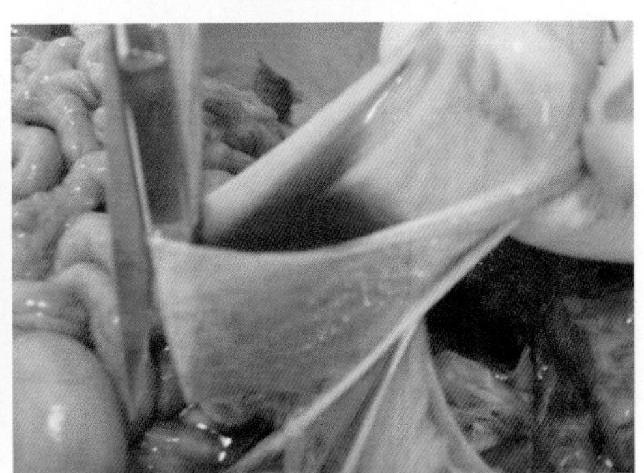
膀胱内尿液呈淡血红色，乃血红蛋白尿

附图 2　猪附红细胞体病

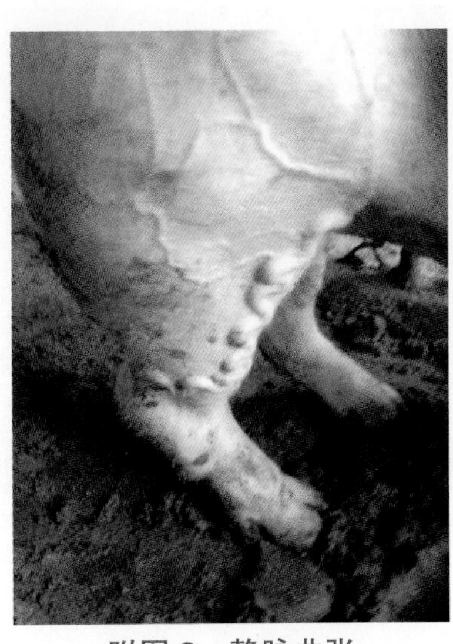
附图 3　静脉曲张

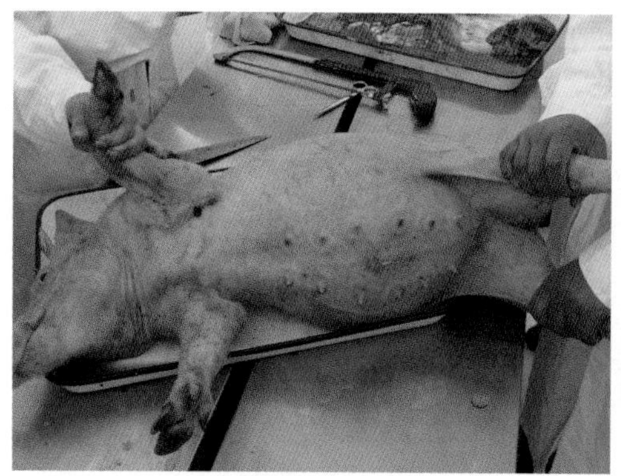

生长缓慢，腹部呈对称性膨大

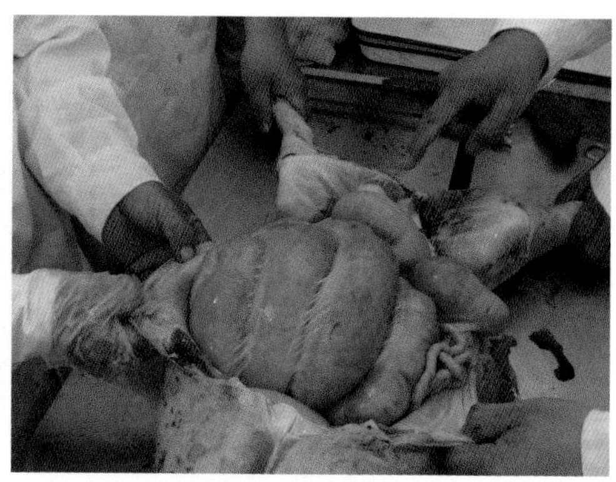

结肠膨大，充满整个腹腔

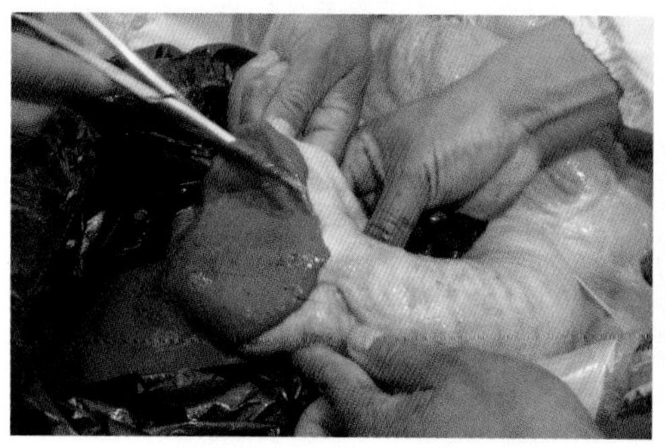

从结肠与直肠结合部剪开，流出稀粥样粪便

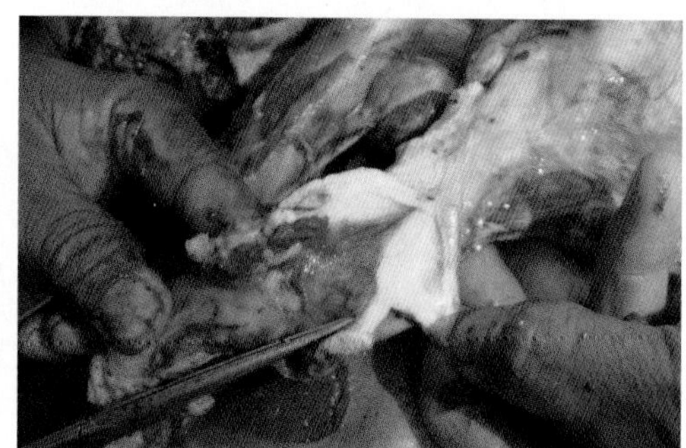

沿直肠向肛门方向剪开，出现直肠狭窄，仅容镊尖通过

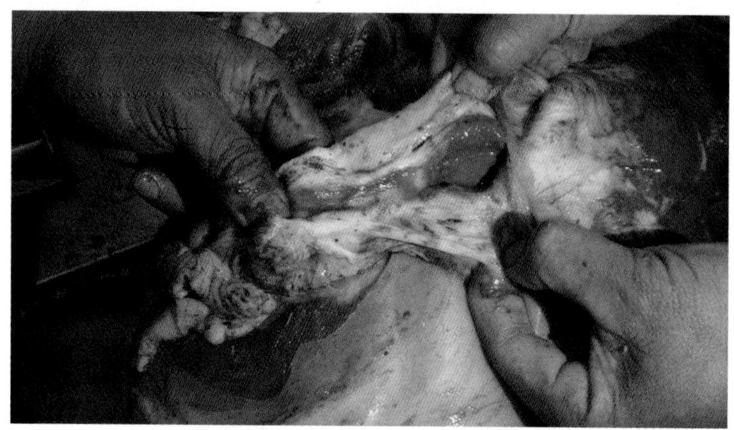

直肠狭窄导致巨大结肠，此多与遗传有关

附图 4　巨大结肠

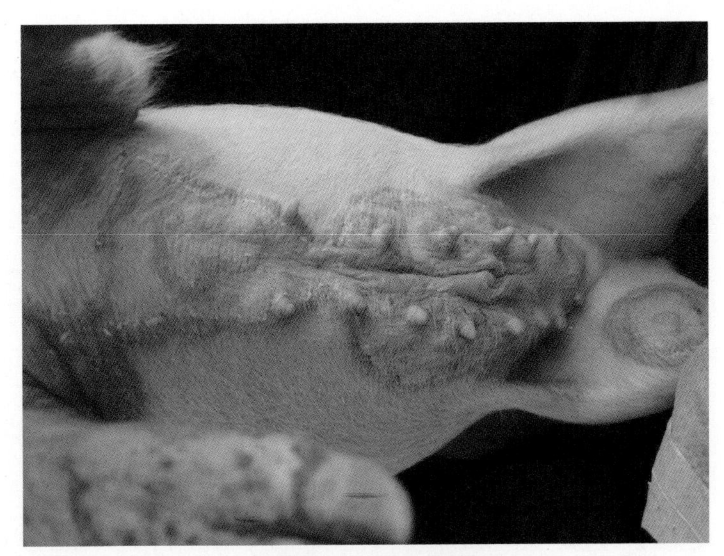

附图 5　玫瑰糠疹
（皮疹充血，隆起，界线分明）

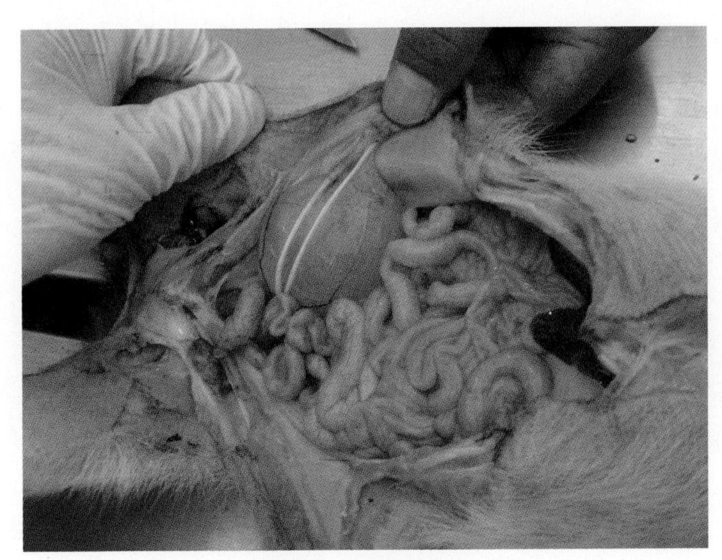

附图 6　膀胱异位

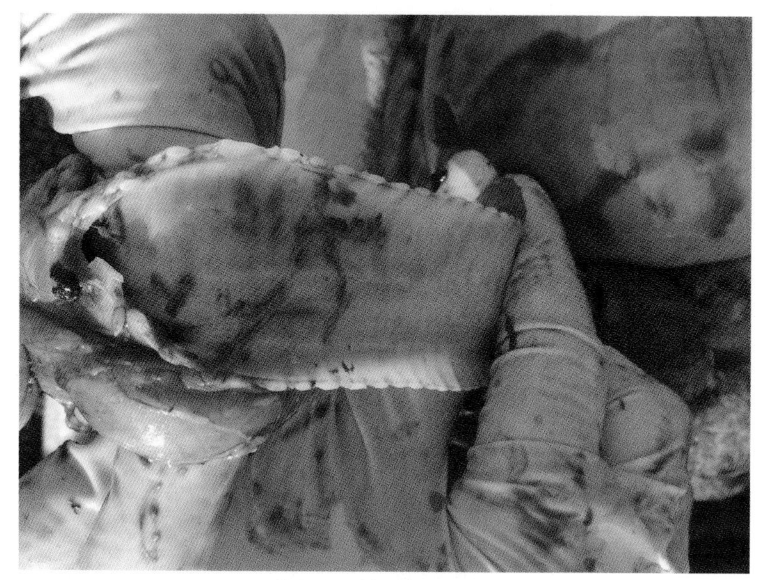

附图7　气管内尘埃

（猪群咳嗽喘气不已，可见舍内环境之差，是仅考虑传染病造成的）

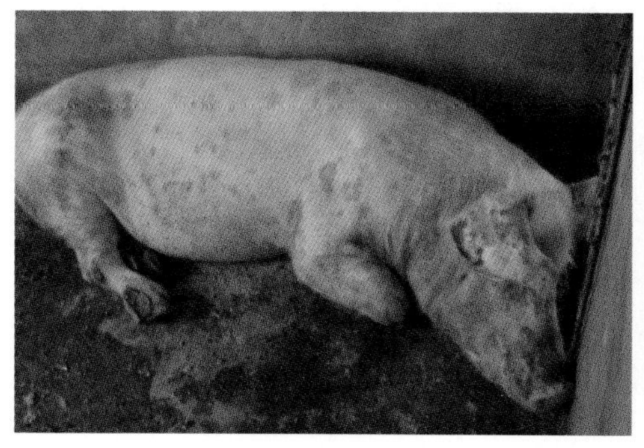

皮疹型初期

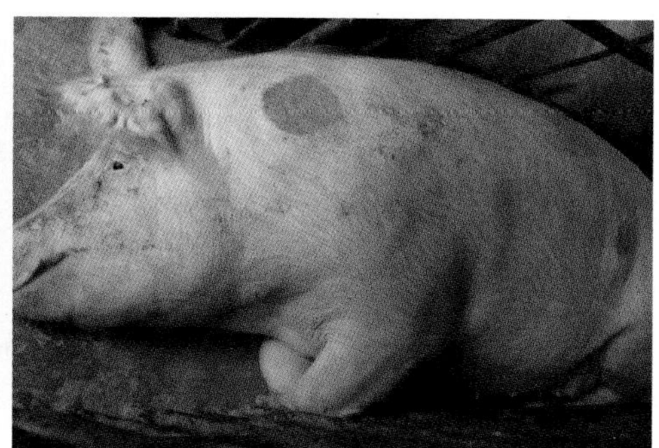

皮疹型中期

附图8　猪放线杆菌病

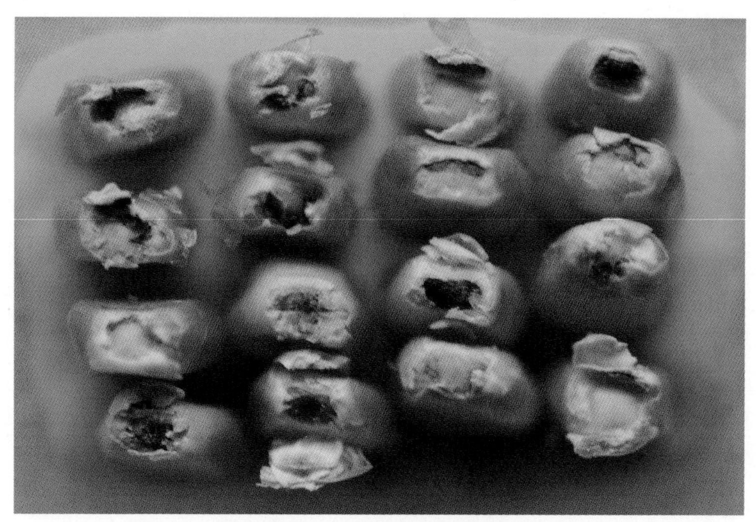

附图 9　玉米胚芽霉变

附图 10　种用玉米霉变

后 记

杀青归元了，终于归元了。

始于大道，终于大道，此乃10余年之正觉矣。

在近10多年，笔者相继出版了5本有关猪的书籍。2007年出版的《中国福利养猪》（与万熙卿教授合著），是一本以大道为指导的书。笔者在后记中写道："上士闻道，勤而行之，中士闻道，若存若亡，下士闻道，大笑之，不笑不足以为道。"福利养猪自然是"道"，而且是"大道"，但是囿于当时的养猪与临床实践，能用以维护"大道"的"常道"太少，书中所论述的常道措施依旧是"形而下"的就事论事，无以中的。但它欲以"大道"指导养猪的思维毕竟是霹雳、是闪电，惊觉这迷茫的养猪界。

其后，笔者亦从"常道"入手，相继出版了《跟芦老师学看猪病》《跟芦老师学猪的病理剖检》《跟芦老师学养猪系统控制技术》。临床实践与养猪生产实践证明，这些"常道"在养猪生产中是正确的、必须的，是"大道"下的"常道"，但毕竟不是"大道"，它们不能解决中国养猪业的根本问题。

被养猪人誉为神药的归元散的问世，使养猪系统控制技术又回归到"大道"。笔者花了10多年时间，终于完成了现代猪病认识论上的一次完整的、飞跃的过程。

这种归元的感觉是我最大的享受。

在欣慰的今天，不会忘记10余年探索真理的艰辛。相关部门的封堵，知识层的鄙蔑，养猪人的疑惑，都没能让我放弃过对真理的追求。

正是“道在迩而求诸远，事在易而求诸难”。

事物永远是发展的，大道永远不会停顿，只要习之“以大道为体，常道为用”，定能毕养猪难之事，定能继而创新。

现代化养猪中，欧美未能有效防治霉菌毒素的危害，中国人解决了！

现代化养猪中，欧美未能解决的体质问题、病多死亡多的问题，中国人解决了！

现代化养猪由此变得简易！

是不改变现有品种、现有环境的高效养猪！

这是原创的中国特色的养猪方式！

这就是“大道”的魅力！

这就是践行“大道”“常道”的优势！

笔者相信，明道还需代人探索，进道不畏人言倒退，坦道却充满坎坷。这就是实践“道”的境界与乐趣。祈愿所有的养猪人能享受这份境界与乐趣，在丰收的乐趣中得“道”。

戊戌仲秋于南湖正觉斋堂

扫一扫上面的二维码图案，加我微信